全国老科技工作者
作用发挥现状与人才资源开发研究

山东省老科学技术工作者协会
山东财经大学 著
中国科协创新战略研究院

科学出版社
北京

内 容 简 介

本书立足于我国新时代经济社会发展对科技人才的新需求和老龄化快速发展的现实背景，运用人力资本理论系统阐释了老科技工作者人才资源开发的价值意义，建立了包括主观价值认同、客观价值认同和综合价值认同三个维度在内的老科技工作者人才资源开发价值体系；通过深入调查研究，全面解析我国老科技工作者作用发挥的现状与存在的问题，通过借鉴国际经验，明确了新时代我国老科技工作者人才资源开发的指导思想、基本原则、重点工作及运作机制，构建了以用为本和注重知识能力培训的多层次、多方位的人才资源开发体系；从完善顶层设计、健全政策法规、加强老科协基层组织建设等方面提出老科技工作者人才资源开发的政策建议。

本书可供党政领导干部，高等学校、科研院所、企事业单位的科技工作者，老科协组织管理人员等阅读使用。

图书在版编目（CIP）数据

全国老科技工作者作用发挥现状与人才资源开发研究 / 山东省老科学技术工作者协会，山东财经大学，中国科协创新战略研究院著. —北京：科学出版社，2021.6

ISBN 978-7-03-069148-4

Ⅰ. ①全… Ⅱ. ①山… ②山… ③中… Ⅲ. ①科学工作者-人才资源开发-研究-中国 Ⅳ. ①G316

中国版本图书馆 CIP 数据核字（2021）第 110279 号

责任编辑：魏如萍 / 责任校对：贾伟娟
责任印制：霍 兵 / 封面设计：蓝正设计

科学出版社 出版
北京东黄城根北街 16 号
邮政编码：100717
http://www.sciencep.com

三河市春园印刷有限公司 印刷
科学出版社发行 各地新华书店经销

*

2021 年 6 月第 一 版　开本：720×1000　1/16
2021 年 6 月第一次印刷　印张：15 3/4
字数：350 000

定价：126.00 元
（如有印装质量问题，我社负责调换）

《全国老科技工作者作用发挥现状与人才资源开发研究》

指导委员会

主　任：陈至立

副主任：齐　让　朱正昌

委　员（以姓氏笔画为序）：

　　　　任　辉　任福君　李云云　张　丽　张体勤

　　　　张艳欣　周　齐　赵立新　董国勋

撰写组成员名单

耿　新　房茂涛　王　晶　王　鹏
庄玉梅　李　贞　赵景雪　薛　靖

序

陈至立

2019年10月，在中国老科学技术工作者协会（简称"老科协"）成立30周年之际，习近平总书记做出重要指示："中国老科学技术工作者协会成立30年来，团结广大老科技工作者，老有所为、积极作为，为促进我国科技创新，推动经济社会发展作出了积极贡献。老科技工作者人数众多、经验丰富，是国家发展的宝贵财富和重要资源。各级党委和政府要关心和关怀他们，支持和鼓励他们发挥优势特长，在决策咨询、科技创新、科学普及、推动科技为民服务等方面更好发光发热，继续为实现'两个一百年'奋斗目标、实现中华民族伟大复兴的中国梦贡献智慧和力量。"[1]习近平总书记的重要指示，充分肯定了广大老科技工作者在助力科技进步和推动经济社会发展中的重要作用，体现了党和国家对发挥老科技工作者作用、开发老科技工作者人才资源寄予的殷切期望，同时也对各级党委和政府，特别是对老科协组织做好新时代老科技工作者人才资源开发工作提出了更高的要求。

老科技工作者作为老龄人力资源中具有较高知识技术水平和较强创新创造活力的人才群体，兼具老龄人才和科技人才双重特征，拥有厚重的专业知识储备和丰富的实践经验积累，目前已成为老龄人力资源开发的重要主体。长期以来，广大老科技工作者坚持奋斗在科研、教育、工程技术、文化卫生和农业等领域，凭借自身卓越的专业水平和过硬的业务能力，通过建言献策、学术研究、科技创新、科学普及、科技助农、诊疗惠民等多种方式，为我国科技事业和经济社会发展做出了积极贡献，涌现出一大批不忘初心、守正创新、积极作为、乐于奉献的优秀典型。目前，我国老

---

[1] 中国老科学技术工作者协会. 中国老科协关于进一步深入学习贯彻落实习近平总书记重要指示精神 服务常态化疫情防控 促进科技经济融合发展的通知. http://www.casst.org.cn/cms/contentmanager.do?method=view&id=cms038d44bb88136[2020-04-16].

科技工作者总量已达 1900 多万人，老科技工作者人才队伍将在未来 10 年迎来年均约 6%的增速，高素质老龄人力资源开发将进入黄金机遇期。但我们也要清醒地认识到，当前我国老科技工作者人才资源开发依然存在着诸多不足之处，还面临着一些需要解决的体制机制问题。

党的十九届五中全会提出，实施积极应对人口老龄化国家战略。第七次全国人口普查数据显示，我国人口老龄化程度进一步加深，给经济社会发展带来了更多的机遇和挑战。面对不断加剧的老龄化形势，我们应该将老年人视为生产性社会资源，创造条件使其继续为国民经济和社会发展做出力所能及的贡献，这既是积极应对人口老龄化的应有之义，也是开启我国第二次人口红利的必然选择。

开发老科技工作者人才资源将对稳定科技人才队伍、建设创新型国家具有积极的作用，对我国实施积极应对人口老龄化国家战略具有示范作用。为此，山东省老科协、山东财经大学的研究团队会同中国科协创新战略研究院，围绕我国老科技工作者作用发挥现状与人才资源开发问题开展了系统的研究。该研究立足老科技工作者在积极应对人口老龄化中的重要作用，深入阐释新时代老科技工作者人才资源开发的价值意义，全面总结了近年来我国老科技工作者人才资源开发所取得的成效、经验以及当前存在的主要问题，并借鉴国际经验提出新时代我国老科技工作者人才资源开发的指导思想、基本原则、重点任务和有针对性的政策建议。这项研究成果的付梓很有价值，对吸引更多的专家学者加入到老科技工作者人才资源开发研究的队伍中来，共同探索建立符合中国国情、富有中国特色、更加科学有效的老科技工作者人才资源开发体系具有积极的推动作用，也是向党的百年诞辰的献礼。希望广大老科技工作者立足新发展阶段，贯彻新发展理念，在构建新发展格局、推动高质量发展、实现"第二个百年"奋斗目标的新征程中贡献更多的智慧和力量。

是以为序。

2021 年 6 月

前　言

面对我国人口老龄化快速发展的社会现实和"第二个百年"奋斗目标对科技人才的迫切需求，山东省老科协、山东财经大学会同中国科协创新战略研究院合作开展了"全国老科技工作者作用发挥现状与人才资源开发研究"。全国老科技工作者作用发挥现状与人才资源开发研究团队（简称研究团队）经过调查研究、统计分析、专题研究等过程，取得了系列研究成果，本书是相关研究成果的系统集成之作。

一、研究背景

2019年11月，中共中央、国务院印发了《国家积极应对人口老龄化中长期规划》。党的十九届五中全会提出，"实施积极应对人口老龄化国家战略"，"积极开发老龄人力资源"。2019年10月，在老科协成立30周年之际，习近平总书记做出重要批示，"老科技工作者人数众多、经验丰富，是国家发展的宝贵财富和重要资源。各级党委和政府要关心和关怀他们，支持和鼓励他们发挥优势特长，在决策咨询、科技创新、科学普及、推动科技为民服务等方面更好发光发热，继续为实现'两个一百年'奋斗目标、实现中华民族伟大复兴的中国梦贡献智慧和力量"。中共中央制定的国家战略、党和国家的政策法规以及习近平总书记的重要指示为老科技工作者人才资源开发研究指明了方向，提供了根本遵循。

老科技工作者主要是指具有中级及以上专业技术职称、达到退（离）休年龄的科技工作者，尤其是曾在科学研究、技术发明、文教卫生、规划管理等领域做出卓著贡献的专家、学者、领导干部和知名人士，包括科研人员、教学人员、工程技术人员、卫生技术人员、农业技术人员以及其他从事科技工作的人员和相关管理人员。研究团队调查发现，截至2019年底，我国老科技工作者总量已达1929.2万人，其中专科及以上学历的有 509 万人（约占 26%）；而随着人口基数庞大、文化程度更高的"60 后"逐步达到退休年龄，老科技工作者队伍将在未来 10 年保持年均 6.05%的增速，高素质老龄人力资源开发已迎来黄金机遇期。老科技工作者兼具科技人才和老龄人才双重特征，开发老科技工作者人才资源将对延长我国人力资本投资回收期、开启第二次人口红利、进入创新型国家前列具有积极作用，将成为我国开发老龄人力资源、实施积极应对人口老龄化战略的重要切入点。

2018 年 4 月至 2019 年 8 月，山东省老科协与山东财经大学合作开展了"山东省老科技工作者作用发挥现状与人才资源开发效能提升研究"，取得了标志性成果。2019 年 10 月，中国老科协会长陈至立对主要研究成果报告做出批示，"山东省老科协的研究报告具有系统性和科学性，所研究的问题和成果具有普遍意义"，"建议在此基础上把研究范围扩大，并采取上下联动、各地联动的方式，摸清情况，科学分析，形成一份全国性的研究报告"。根据陈至立会长的批示精神，山东省老科协、山东财经大学会同中国科协创新战略研究院共同开展了"全国老科技工作者作用发挥现状与人才资源开发研究"。

研究团队认为，我国应进一步明确老科技工作者人才资源开发的重要意义，积极推动老科技工作者人才资源开发，充分发挥老科技工作者在决策咨询、科技创新、科学普及、科技为民服务等方面的优势特长，这对贯彻落实积极应对人口老龄化国家战略具有重大意义。

二、研究目的与内容框架

本书立足于我国新时代经济社会发展对科技人才的新需求和老龄化快速发展的现实背景，运用人力资本理论系统阐释老科技工作者人才资源开发的意义，通过深入调查研究，全面解析我国老科技工作者作用发挥的现状与存在的问题，吸取国外先进经验，构建老科技工作者人才资源开发体系，并从完善顶层设计、健全政策法规、加强老科协基层组织建设等方面提出老科技工作者人才资源开发的对策建议。本书深度挖掘并系统总结了老科技工作者人才资源开发的经验，创新性地形成老科技工作者人才资源开发价值体系,在一定程度上丰富和拓展了人才资源开发理论,为新时代人才资源开发实践提供了理论依据;此外,本书还构建了以用为本和注重知识能力培训的多层次、多方位的人才资源开发体系,为实施积极应对人口老龄化国家战略、推动老科技工作者人才资源开发提供了决策参考和路径支持。

本书内容主要包括以下四个方面。

1) 新时代老科技工作者人才资源开发价值研究。研究团队通过分析新时代我国人口老龄化和科技发展给老科技工作者人才资源开发工作带来的机遇与挑战,阐释新时代老科技工作者人才资源开发的价值和意义,构建包括主观价值认同、客观价值认同和综合价值认同三个维度在内的老科技工作者人才资源开发价值体系。其中,主观价值认同是老科技工作者对自身知识能力、经验智慧、工作态度、工作意愿、人脉资源等方面的主体认同,构成了老科技工作者人才资源开发的主观意愿基础;客观价值认同是老科技工作者在决策咨询、人才培养、引领示范、科普宣传等方面的客体认同,构成了老科技工作者人才资源开发的客观需求基础;综合价值认同是党和国家对老科技工作者人才资源开发在积极应对人口老龄化国家战略、激发经济增长新动能、创新驱动高质量发展、促进人口和经济协调发展、推动社会和谐文明进步等方面的总体价值认同,构成了老科技工作者人才资源开发的宏观理论基础。

2) 老科技工作者作用发挥现状及其存在的问题。研究团队通过问卷调查、数据分析等方式,客观把握全国老科技工作者人才队伍的规模、结构状况及发展趋势,全面总结我国老科技工作者作用发挥的成效与主要经验,重点从作用发挥水平、政策法规、体制机制、平台建设、素质提升、社会环境等方面剖析制约老科技工作者发挥作用的主要因素。

3) 老科技工作者人才资源开发的国际比较研究。研究团队采用比较分析方法,选取美国、日本、欧盟、韩国、新加坡等老龄化程度较高的国家和地区,考察它们为推动老龄人才资源开发所采取的有效做法和特色举措,归纳总结这些国家和地区在转变传统的老年人就业观念、完善法律法规体系、构建教育培训体系、优化薪酬福利税收政策、加强行政管理和执行机构建设、推进加强各类服务平台建设、加大人才资源开发与利用的资金支持等方面的经验与启示，为我国老科技工作者人才资源开发提供借鉴。

4）加强老科技工作者人才资源开发的对策和建议。针对我国老科技工作者人才资源开发存在的主要问题，借鉴国际经验，从老科技工作者人才资源开发的指导思想、基本原则、重点工作和运作机制等方面构建了老科技工作者人才资源开发体系，并提出推动我国老科技工作者人才资源开发的对策和建议。

三、研究过程

本书所做的研究主要经过以下五个阶段。

1）文献梳理与理论研究阶段。2019年12月开始，研究团队研读和梳理了大量学术文献资料和政策文献资料，内容涉及老科技工作者人才资源开发的意义、老科技工作者人才资源的特征与优势、国内外老科技工作者人才资源开发现状及其存在的问题，以及取得的经验、采取的相关举措等。基于上述工作，研究团队深入探讨了老科技工作者人才资源开发的价值和意义，并形成价值体系，为后续研究奠定了理论基础。研究团队负责人张体勤教授与山东省老科协会长朱正昌合作撰写的《发挥老科技工作者的智慧》一文，于2019年12月19日在《光明日报》发表。

2）调研方案制订与调整阶段。2020年2月，研究团队初步拟订了调研活动实施方案，对调研目的、调研对象、调研内容、组织实施方式与进度安排等做了详细规划，设计完成了"全国老科技工作者状况调查问卷""全国老科协组织状况调查问卷""全国临近退休科技工作者状况调查问卷"，并经上下协调、反复讨论、多次修订后定稿。受新冠肺炎疫情的影响，研究团队对调研方案进行了多次调整，如改用网络方式进行问卷调查，现场访谈改为线上、线下相结合的方式。

3）调研活动实施阶段。2020年6月开始，在中国科协创新战略研究院、中国老科协创新发展研究中心、中国老科协秘书处的协调帮助下，研究团队在全国范围内（不含港澳台地区）开展了线上问卷调查和视频访谈工作。其中，问卷调查利用问卷星平台，通过给每个调查对象单独发放验证码的方式，确保问卷填写质量。回收山东、北京、江苏、湖南、辽宁、四川、陕西、重庆、福建、湖北等17个省（直辖市）的调查问卷4581份。其中，全国老科技工作者状况调查问卷3233份，全国临近退休科技工作者状况调查问卷836份，全国老科协组织调查问卷512份。8~9月，研究团队与北京、上海、江苏、辽宁、广东、湖南、陕西、重庆等重点省份的老科协联系沟通，召开线上座谈会，对老科技工作者、临近退休老科技工作者、老科协组织工作人员中的27人进行深度访谈。此外，在山东省科协的帮助下，研究团队还专门奔赴日照对中国科学院的金之钧院士、焦念志院士以及中国工程院的高从堦院士、彭永臻院士进行了面对面的深度访谈。上述访谈成果，对丰富本书研究主题、深化相关认知等发挥了重要作用。

4）系统研究与报告撰写阶段。研究团队以访谈结果及调研统计数据为基础，结合搜集掌握的相关文献资料和政策文件，针对重点问题开展系统研究。2020年9~10月，研究团队整理、统计相关调研数据，完成了调查分析技术报告。10~12月，研究团队对全国老科技工作者人才资源开发现状与存在的问题进行分析、对老科技工作者人才资源开发进行国际比较分析，此外还对老科技工作者人才资源开发的相关对策、建议进行研究，最终撰写完成《全国老科技工作者作用发挥现状与人才资源开发研究》总报告和四个子报告。

5）成果论证发表阶段。研究团队将报告征求意见稿呈送有关领导和专家学者，并向其征求意见，经认真修改最终定稿。基于研究成果，研究团队撰写了成果专报，经中国科协创新战略研究院组织专家论证、指导，再次修改后，提交中国老科协和中国科协创新战略研究院，之后又经进一步整理、充实内容，最终完成本书的定稿工作。

四、章节安排

本书的撰写以最终形成的系列研究报告为基础，经梳理完善，主要内容分为六章。第一章总论，是对全国老科技工作者作用发挥现状及人才资源开发研究成果的总体性概述；第二章主要分析凝练新时代老科技工作者人才资源开发的价值和意义；第三章是全国老科技工作者作用发挥现状研究，包括总体规模与发展趋势、作用发挥成效、经验总结、制约因素等；第四章比较分析老科技工作者人才资源开发的国际经验；第五章是老科技工作者人才资源开发效能提升的对策建议研究；第六章则是根据收集到的调查问卷，进行统计分析和数据挖掘。本书最后附以调查问卷供读者参考，以更全面地呈现研究成果的全貌。

山东省老科学技术工作者协会
山东财经大学
中国科协创新战略研究院
2021 年 5 月

目 录

第一章 总论 ... 1
一、新时代老科技工作者人才资源开发的价值意义 ... 1
二、全国老科技工作者人力资源开发取得的主要成效与经验 ... 8
三、全国老科技工作者人才资源开发存在的主要问题 ... 12
四、加强老科技工作者人才资源开发的建议 ... 16

第二章 新时代老科技工作者人才资源开发价值研究 ... 24
一、新时代我国人口老龄化面临的机遇与挑战 ... 24
二、老科技工作者在积极应对人口老龄化中的作用 ... 30
三、新时代老科技工作者人才资源开发的价值意义 ... 33

第三章 全国老科技工作者作用发挥现状研究 ... 42
一、全国老科技工作者的总体规模与发展趋势 ... 42
二、全国老科技工作者作用发挥所取得的成效 ... 46
三、全国老科技工作者人才资源开发经验总结 ... 52
四、当前制约老科技工作者作用发挥的主要因素 ... 62

第四章 老科技工作者人才资源开发的国际比较研究 ... 71
一、国外老龄人力资源开发与就业的法律制度体系 ... 72
二、国外老龄人力资源开发与就业的支持和保障体系 ... 75
三、国外经验对我国老科技工作者人才资源开发的启示 ... 82

第五章 老科技工作者人才资源开发效能提升研究 ... 92
一、进一步提高对老科技工作者人才资源开发战略意义的认识 ... 92
二、进一步明确老科技工作者人才资源开发的指导思想和基本原则 ... 93
三、进一步明确老科技工作者人才资源开发的重点工作和运作机制 ... 95
四、强化老科技工作者人才资源开发的政策建议 ... 98

第六章 问卷调查统计研究 ... 113
一、全国老科技工作者状况调查统计分析 ... 113

二、全国老科协组织调查统计分析 …………………………………… 150

三、全国临近退休科技工作者状况调查统计分析 ………………… 174

参考文献 ……………………………………………………………………… 201

附录A　全国老科技工作者状况调查问卷 ……………………………… 204

附录B　全国老科协组织状况调查问卷 ………………………………… 217

附录C　全国临近退休科技工作者状况调查问卷 ……………………… 225

后记 …………………………………………………………………………… 234

第一章 总　　论

习近平总书记指出，"老科技工作者人数众多、经验丰富，是国家发展的宝贵财富和重要资源。各级党委和政府要关心和关怀他们，支持和鼓励他们发挥优势特长，在决策咨询、科技创新、科学普及、推动科技为民服务等方面更好发光发热，继续为实现'两个一百年'奋斗目标、实现中华民族伟大复兴的中国梦贡献智慧和力量"。截至 2019 年底，我国老科技工作者总量约为 1929.2 万人，其中专科及以上学历 509 万人（约占 26%）；而随着人口基数庞大、文化程度更高的"60 后"陆续达到退休年龄，老科技工作者队伍将在未来 10 年保持年均 6.05% 的增速，高素质老龄人力资源开发已迎来黄金机遇期。老科技工作者兼具科技人才和老龄人才的特征，开发老科技工作者人才资源将对延长我国人力资本投资回收期、开启第二次人口红利、进入创新型国家前列具有积极的作用，并对我国开发老龄人力资源、发展银发经济、实施积极应对人口老龄化战略发挥重要示范作用。

一、新时代老科技工作者人才资源开发的价值意义

（一）新时代人口老龄化给我国带来的机遇与挑战

人口老龄化是 21 世纪大多数国家面临的重大战略问题。截至 2019 年底，我国 60 岁以上老年人 25 388 万人，占总人口的 18.1%，其中 65 周岁及以上的老年人为 17 603 万人，占总人口的 12.6%。我国已进入深度老龄化阶段，并逐步转向重度老龄化阶段。

1. 人口老龄化带来的挑战

一是劳动力供给不断减少，供求矛盾更加突出。从 2011 年开始，我国劳动年龄（16～59 岁）人口连续 9 年下降。如何应对劳动力市场供求

矛盾对经济增长的负面影响是我国老龄化面临的重要挑战之一。二是社会抚养负担加重，劳动参与率持续下降。1990~2020年，我国劳动参与率由79.1%降至67.5%。而随着我国老龄化进程加快，社会抚养比逐年攀升，劳动年龄人口抚养负担加重，因此开发老龄人力资源、减少家庭养老负担，成为提高劳动参与率的重要途径之一。三是人工成本不断增长，社会保障压力增大。在劳动力市场供求态势的影响下，劳动力工资不断提高。另外，为了缓解养老保险等收支压力，财政转移支付、扩大缴存范围和提高缴存比例等措施陆续实施，也在一定程度上提高了企事业单位用工成本。四是代际协调日趋复杂，社会治理面临新挑战。在老龄化进程中，经常伴随人口与资源、环境的不协调现象，涉及复杂的代际利益和资源分配问题，尤其在家庭高龄化、"空巢化"趋势的影响下，资源在不同群体之间的分配存在一定程度的代际冲突，老年人就业权益的落实与保障问题更加突出，如何在老龄化程度不断加深的背景下继续保持社会的健康、稳定、和谐、公平，是我国社会治理面临的新挑战。

2. 人口老龄化带来的机遇

首先，人口预期寿命延长会产生新的人口红利，即第二次人口红利。一方面，为了在退休后的更长时间内依然保持较高的生活质量，人们可能会在劳动年龄时期更加积极地储蓄或增加人力资本投资，从而对经济增长产生积极影响。另一方面，预期寿命的延长增加了劳动人口的实际工作年限，老年人口可以通过再就业直接产生人口红利，也可以通过为年轻群体提供代际支持提高中青年劳动力的参与率，从而推动经济发展。

其次，人口质量显著提升，银发人才开发潜力巨大。2011年以来，我国低龄、高知老年人口大幅增加，具有较好经济条件、较高教育背景、丰富经验积累、高需求、较强的消费能力等特点的新老年群体正逐渐取代传统的老年群体，从而形成丰富的银发人才资源。挖掘新老年群体的发展潜力和内在需求，将产生高知老年人口红利，促进消费结构的改变和产业结构的调整，推动经济增长和社会进步。

再次，消费需求结构改变，银发经济成为社会高质量发展的新动能。老年人口数量逐步增加，成为新时期规模庞大的消费群体。银发产品和服务需求不断增长,将赋予传统产业新的增长点,引致产品创新、技术创新、服务创新、商业模式创新等,催生新的产业和就业岗位,为我国经济的高质量发展注入新的动力。

最后,公共服务需求攀升,推动养老模式创新发展。尽管目前我国依然以传统的家庭养老模式为主,但在家庭规模缩小和中青年劳动力工作压力增大的影响下,老年人口能够从家庭中获取的养老资源呈现日趋减少的趋势,未来对社会养老资源的需求愈加凸显,他们将更加依赖养老、康复、医疗、家政、托幼、无障碍设施等公共服务供给,这为养老模式的创新提供了新的机遇。

(二)老科技工作者人才资源在积极应对人口老龄化中的作用

1. 老科技工作者是调节劳动力供需矛盾的重要资源

调节劳动力市场供求矛盾需要供给侧和需求侧的共同努力,老科技工作者人才资源在其中可发挥双重贡献。一是对于供给侧来说,老科技工作者是老龄人力资源中投资回报率和劳动生产率较高的高素质群体,对其进行开发能够直接提高整个社会的劳动力供给质量。二是对于需求侧来说,老科技工作者厚重的知识储备和丰富的科研经验,可以推动科技进步和技术创新,减少社会生产对劳动力的依赖,降低劳动力需求。

2. 老科技工作者是创造第二次人口红利的重要依托

第二次人口红利的开启主要依靠人力资本的提升带来更高的投资回报率。一方面,老科技工作者人力资本积淀深厚,对其进行再开发将成为推动经济增长的重要力量,产生第二次人口红利。另一方面,相当比例的老科技工作者具有从事教育、培训、科普宣传等方面工作的经历,在退休后如果能继续参与上述工作,那么将有利于全社会各个年龄段人口人力资本的提升,创造第二次人口红利。

3. 老科技工作者是老龄人才资源开发的主要对象

老科技工作者作为银发人才队伍中高知识、高技能、高素质的特殊群体,是我国经济社会发展急需的人才类型,在专业工作领域发挥着举足轻重的作用。老科技工作者人才群体再开发的起点高、潜力大、成本低、效用好、贡献优,且对其他银发人才资源开发具有示范效应,因而成为我国银发人才资源开发的主要对象。

4. 老科技工作者是推动银发经济持续发展的重要力量

银发经济为老龄化社会的经济发展注入了新的动力,银发经济相关产业的成长和布局离不开科技进步与技术创新。老科技工作者作为我国老龄人才和科技人才的重要组成部分,是银发经济服务的直接对象,对老年群体的消费需求非常了解,而且具备厚重的知识储备、丰富的研发经验,是银发经济发展的核心创新主体和主要消费者群体。

5. 老科技工作者是新养老文化和养老模式的引领群体

形成中国特色的养老体系和更加符合时代特点的养老文化,减少代际矛盾,是人口老龄化背景下我国社会文明进步的重要内容和标志。老科技工作者作为老年人口中的高知群体,不仅是创新养老模式和养老文化的先行者,还是养老文化和模式创新的重要主体,社会的文明程度与科技水平成正比,保证老年人拥有高质量的社会生活,实现老有所乐、老有所养等都需要依靠科技进步,老科技工作者在其中发挥着重要的作用。

(三)新时代老科技工作者人才资源开发的价值和意义

基于人力资本理论,在充分借鉴老年人人才开发最新研究成果的基础上,结合系统调研,笔者认为,新时代老科技工作者人才资源开发的价值和意义体现为三个层面:①综合价值意义,即党委和政府对老科技工作者人才资源开发的价值认同;②客观价值意义,即用人单位和社会组织对老科技工作者人才资源开发的价值认同;③主观价值意义,即老科技工作者人才资源开发的自我价值认同。

1. 综合价值意义

综合价值意义主要体现为老科技工作者在政治、经济、文化等领域的价值,构成了党委和政府开发老科技工作者人才资源、促进其效能发挥的价值依据,具体包括以下五个方面。

1)对实施积极应对人口老龄化国家战略的价值认同。党的十九届五中全会首次提出"实施积极应对人口老龄化国家战略",老科技工作者在其中起着举足轻重的作用:对调节劳动力供求矛盾发挥着双重贡献,是开启第二次人口红利的重要主体,是银发人才资源开发的首要客体,是银发经济发展的重要驱动力量,是创新养老文化和养老模式的先行者。此外,做好老科技工作者人才资源开发工作还可为积极应对人口老龄化国家战略的落实提供示范经验和实践参考。

2)对激发经济增长新动能的价值认同。老科技工作者作为老龄人才与科技人才相互交叉形成的人才群体,在激发第二次人口红利、银发经济、银发人才开发等经济增长新动能方面具有重要价值。首先,老科技工作者是开启我国第二次人口红利的重要主体。其次,老科技工作者对银发经济发展具有供给推动和需求拉动双重作用。最后,老科技工作者的再开发不仅能够提高劳动力供给,而且可以产生高知老年人口红利,为经济增长提供新动能。

3)对驱动高质量发展的价值认同。创新型国家以科技人才为创新的根基。老科技工作者属于存量科技人才资源,对其进行开发利用,可快速有效地充实科技人才队伍。老科技工作者凭借其专业知识、经验与威望优势,可以为研究与开发提供规划指导、为创新成果的取得攻坚克难、为产学研用合作牵线搭桥、为成果转化落地添柴助力、为创新活动管理提供周密安排。

4)对促进人口与经济协调发展的价值认同。老龄化背景下人口与经济的协调发展将主要依赖高质量人口的参与和科技进步。老科技工作者在力所能及的情况下,可以继续为社会做贡献,也可为处于其他年龄阶段的人口提供教育、培训等服务,帮助其尽快成长,从而为经济发展提供更多高质量的劳动人口。同时,老科技工作者具备丰富的科技创新经验,可以继续产出高质量的科技成果,这样做既有利于提高整个社会的科学技术水平,又有利于减少社会生产对劳动力数量的依赖。

5）对推动社会和谐与文明进步的价值认同。实现六个"老有"是社会和谐与文明进步的重要标志，老科技工作者在其中发挥着重要的推动作用。老科技工作者是新养老模式和养老文化的先行实践者，是养老文化和模式创新的重要主体。老科技工作者在退休后继续参与社会生产和服务的意愿与能力通常都比较高，在实现"老有所为"、彰显老年人口与社会共同进步方面可发挥示范作用。

2. 客观价值意义

客观价值意义是企事业单位等用人主体对老科技工作者多方面价值的客观认可，构成了老科技工作者人才资源开发的需求基础，具体包括以下几个方面。

1）专业技术价值认同。老科技工作者直接参与科研、教学、医疗服务、技术研发与应用等工作，由此会创造大量高水平的工作成果和可观的经济社会效益。抽样结果显示，退休后继续从事"教学或科学研究工作""新技术、新产品、新服务研发工作""技术推广"的老科技工作者的占比分别为19.68%、14.73%和15.52%。

2）决策咨询价值认同。许多老科技工作者在科学技术领域具有较高的权威性和较强的影响力，对科学技术工作的规律有着深刻的认知和准确的把握，是宝贵的智囊群体，是有关部门和组织决策的重要咨询对象。抽样调查结果显示，48.99%的老科技工作者在退休后继续"参与建言献策"。

3）人才培养价值认同。老科技工作者作为老专家、老学者、老前辈，可充分利用其知识、经验、优良品行和人格魅力，通过言传身教发挥传帮带作用，助力青年人才成长。抽样调查结果显示，有16.24%的老科技工作者在退休后通过"教育培训"继续发挥价值。

4）引领示范价值认同。老科技工作者普遍比较爱党、爱国，比较关注国家大政方针，对国家发展战略目标具有坚定的信心。许多老科技工作者具备坚定的信念、高尚的情操和持续奋斗的精神。宣传老科技工作者优秀典型，对弘扬社会主义核心价值观具有引领示范作用。

5）科普宣传价值认同。老科技工作者是参与科普宣传教育活动的重要力量,他们拥有的丰富经验、较高社会声誉等均有利于推动社会公众接受科技文化知识。抽样调查结果显示,46.2%的老科技工作者在退休后通过各类科普活动继续发挥科普宣传价值。

3. 主观价值意义

主观价值意义是老科技工作者对自身价值的主观认同,构成了老科技工作者人才资源开发的供给基础。

1)知识能力认同。老科技工作者普遍具有较高学历和专业技术等级,在相关领域取得了一定成就,且经常接触专业领域的前沿理论和知识,对自身知识能力的评价一般比较客观。抽样调查结果表明,60.97%的老科技工作者对"自身能力知识水平评价"比较高或非常高。

2)经验智慧认同。老科技工作者长期从事专业技术和管理工作,在理论研究、技术研发、实践应用等方面积累了丰富的经验,对专业事务拥有较为深刻的见解和综合思考能力,解决工作难题的方法充满智慧。调查结果显示,75.65%的老科技工作者认为"自身工作经验比较丰富或非常丰富"。

3)工作态度认同。老科技工作者多数都经历了相对艰苦的成长、学习、工作环境,普遍政治觉悟较高、顾大局、识大体,工作责任意识强,工作作风细致认真、扎实严谨,同时具有奉献精神和进取精神,这些都体现了他们对自身工作态度较高的认同度。

4)工作意愿认同。老科技工作者积累了丰厚的人力资本,非常渴望通过合适的机会和平台实现"老有所为",继续充实自我。调查结果显示,88.03%的老科技工作者在退休后"非常愿意或比较愿意"继续发挥作用为社会做贡献,且愿意为继续工作而学习。

5)人脉资源认同。科技工作需要多个环节领域相互配合与协作,老科技工作者在长期从事科技工作过程中,结识了大量相关领域的专家、学者、党政干部、经营管理负责人等高层次人才及合作伙伴,其人脉资源不仅范围广泛,而且质量和紧密程度较高。

6)身体条件认同。随着社会生活水平的提高和医疗条件的改善,包括老科技工作者在内的老龄人才群体的健康水平不断提高、平均预期寿命显著延长，许多老科技工作者对自身身体条件和生活状况更加满意、更有信心，这为他们继续发挥作用提供了现实基础和身体保障。

二、全国老科技工作者人力资源开发取得的主要成效与经验

（一）全国老科技工作者人力资源开发取得的主要成效

1. 参与决策咨询，积极为党和政府建言献策

众多老科技工作者充分发挥经验和专业优势，围绕重大战略问题和热点问题建言献策，积极为党和政府提供科学决策服务。全国老科技工作者的问卷调查结果显示，退休后仍在工作的老科技工作者中，通过"参与建言献策"方式继续发挥作用的人数最多，占比达48.99%。近十年来，各级老科协提出建议近7万份，得到省部级领导批示2000余份，其中200余份获得国家领导人肯定。《关于加快农村沼气服务体系建设的建议》《南水北调西线工程备忘录》《关于全面推动既有住宅加装电梯的建议》等多项建议报告，对政府决策产生了重要的影响。

2. 坚持科技创新，取得诸多标志性科技成果

众多老科技工作者在退休后继续攀登科技事业高峰，迎来创新创造的"第二个黄金时期"，甚至创造了比离退休前更重要的成就。调查显示，退休后仍在工作的老科技工作者中，通过"教学或科学研究工作""新技术、新产品、新服务研发工作"等方式继续发挥作用的占比约为34%。1990年以来，老科技工作者为近2万家企业提供了技术咨询和服务，服务项目近5万个。

3. 注重人才培养，培育造就大批年轻的科技骨干

老科技工作者退休后通过教育教学、指导示范、资助扶持、言传身教等方式，或担任研究生导师，指导博士生或硕士生；或从事教学工作，在课堂上继续发光发热；或在工作中继续扮演师傅、教练等角色，积极发挥对年轻人的传帮带作用，培养造就了大批年轻的科技人才，为我国

科技人才队伍的不断壮大贡献了力量。调查显示，退休后仍在工作的老科技工作者中，通过"教学工作""教育培训"等方式继续发挥作用的比例约为36%。

4. 投身科普事业，提升公众科学素养

众多老科技工作者通过开设科普讲堂、深入基层宣讲、出版科普读物等多种方式开展科普宣传活动，获得了社会的广泛赞誉，为提升民众科学素养做出了卓越贡献。调查显示，退休后仍在工作的老科技工作者中，通过"举办科普讲座或培训""编著出版科普读物""为科普场馆提供服务""就科技问题接受大众媒体采访"等方式继续发挥作用的比例为48%。各级老科协目前有科普报告团5000余个，老专家5万余人，1990年以来先后举办科普报告活动30万余场，受益人数达3000多万人次；为近千所农村中学科技馆的建设和正常运行助力。

5. 践行科技为民服务，助力科技、经济、社会融合发展

众多老科技工作者通过向企业转让技术专利、为企业提供技术指导或科技咨询、向农民传授农业技术知识、利用掌握的技术成果自主创业等方式，积极推动科技成果转化应用，践行科技为民服务理念，给经济社会发展带来了切实利益。据不完全统计，1990年以来，老科技工作者为2万余家企业提供了技术咨询和服务，服务项目近5万个；各级老科协先后组织农业科技培训20余万次，受益3000余万人，建立示范基地（点、园）2万余个，推广新技术2万余项，使60余万户脱贫。

（二）全国老科技工作者人才资源开发取得的主要经验

1. 各级党委和政府的重视与支持，为老科技工作者人才资源开发工作提供了根本保障

一是国家制定的政策为老科技工作者人才资源开发工作提供了有力保障。《中央组织部、中央宣传部、中央统战部、人事部、科技部、劳动保障部、解放军总政治部、中国科协关于进一步发挥离退休专业技术人员作用的意见》《关于进一步加强和改进离退休干部工作的意见》

《关于进一步加强和改进老科技工作者协会工作的意见》等文件先后出台，为老科技工作者人才资源开发提供了有力支持和保障；积极应对人口老龄化国家战略的实施，更是为推进老科技工作者人才资源开发工作提供了新的战略指引。二是地方各级党委、政府进行了政策制定乃至立法方面的积极探索。2010年，北京市出台《关于发挥离退休专业技术人员作用的意见》，对老科技工作者服务平台建设和权益保障问题作出了明确规定；2020年，河北省委、省政府出台《关于进一步发挥新时代老科技工作者作用的意见》，提出要把开发老科技工作者人才资源纳入人才强省战略当中；2020年，《山东省人才发展促进条例》明确提出，"县级以上人民政府应当为退休专家、老科技工作者等服务经济社会发展提供支持和便利；鼓励通过退休返聘、购买劳务服务等方式，为其在决策咨询、科技创新、科学普及、推动科技为民服务等方面继续发挥作用创造条件"，从而首次将老科技工作者人才资源开发与服务纳入地方性法规。

2. 老科协组织建设不断完善，为老科技工作者发挥作用提供了有力的组织保障

一是坚持政治站位。各级老科协始终坚持以政治引领为主线，将学习宣传贯彻习近平新时代中国特色社会主义思想融入老科协日常工作中，引领老科技工作者在思想上、政治上、行动上自觉与党中央保持高度一致，为经济社会发展再做贡献。调查显示，55.08%老科协的党组织"设有日常工作机构"，50.59%"设有支部委员会"，12.11%"设有总支部委员会"，44.53%"定期召开'三会一课'"，35.35%"有党员档案管理、活动组织等工作制度"。二是加强领导班子建设。各级老科协领导班子的组建与换届工作严格按照章程要求与规范流程组织实施，班子成员均具有较高的威望，能够以饱满的工作热情、良好的服务意识、突出的专业能力，扎实推进老科协的各项工作。三是加强和创新组织体系建设。多数省级老科协已建立起贯通省、市、县三级的机构体系，高等院校、科研院所和大型企业的老科协团体得到进一步发展。湖南省针对社区老科协开展的"建档立卡、建章立制、建队立项"的"三建三立"工作，山东省临沂市兰山区老科协实施的"一级法人、三级组织"模式，均为强化基层社区老科协建设提供了有益的借鉴。

3. 探索多样化参与方式，有效调动了老科技工作者的积极性

一是着力打造"五老品牌"。科协智库、老科协报告团、老科协奖、老科协大学堂、老科协日等品牌性工作安排，为老科技工作者的建言咨询、科学普及、科技创新和知识更新提供了丰富而多样化的平台。二是实施助力精准扶贫和乡村振兴战略行动计划。2019年，中国老科协推动实施《助力乡村振兴行动计划》，以精准扶贫、产业振兴等五大目标为导向，积极探索扶贫助农新途径，充分实现了老科协的资源下沉、人才下沉和服务下沉。各级老科协积极组织老科技工作者与乡镇、村组或农户结成帮扶对子，大力推广新品种、新技术、新工艺，帮助农民群众抓好科学种养，实现提质增效。据不完全统计，1990年以来，各级老科协组织举办示范基地（点、园）2万余个，推广新技术2万余项。三是实施助力企业技术创新行动计划。中国老科协在2018年制定《中国老科协助力企业技术创新行动计划（2018—2020年）》，在全国深入开展组织联络服务、信息咨询服务等七大行动，以会企结合方式，有效发挥了老科技工作者在助力企业技术创新、推动产业转型升级方面的作用。各级老科协积极组织大批学识渊博、造诣精深、功底厚实的老科技工作者参与科技研发、技术革新、科技推广。1990年以来，老科技工作者为2万余家企业提供了技术咨询和服务，服务项目近5万个。

4. 推动人力资本积累和职业发展，满足了老科技工作者的自我发展需求

一是老年教育得到长足发展。自1983年我国第一所老年大学创办以来，全国各级各类老年大学数量持续增加，办学水平大幅度提升。截至2018年底，全国各类老年大学、老年学校已有49 289所，在校人数近587万人。二是老科技工作者间的互动频次明显增加。各级老科协组织积极开展老科协大学堂、科普宣讲等活动，已形成省、市、县三级联动网络，每年参与科普报告活动的老专家有近4000名，这些活动为老

科技工作者提供了共同做事、相互学习的良好机会。三是老科技工作者职称评定工作有序开展。各地老科协积极承担老科技工作者职称评定职能，以公平、公正、严格、权威的工作原则推动职称评定工作顺利开展。例如，山东省老科协系统目前已连续 15 年圆满完成了职称评定工作，共评定副高级职称 2319 人、正高级职称 2704 人，为老科技工作者职称提升和职业发展提供了较大便利。

5. 打造人才集聚平台，持续增强了各级老科协的凝聚力和向心力

一是分专业搭平台，集聚了大批专业化、高水平的老科技工作者。各级老科协经过多年探索实践，根据会员的专长优势，选拔优秀老科技工作者组建教育、卫生、水利、咨询、农业、林业、海洋与渔业等各类专业委员会；初步构建了科技决策咨询服务平台、科普宣传服务平台、科技推广服务平台、科技培训服务平台等平台体系。二是坚持开放姿态，集聚了一批优秀中青年科技人才。各级老科协突出开放型、枢纽型、平台型特色，尤其注重遵循开放原则加强专家智库建设，积极吸收国内外高层次科技人才加入智库；各级老科协的日常办事机构，如秘书处工作人员多为年轻人，"科普报告团""老科协大讲堂"等活动注重新老科技工作者搭配。

三、全国老科技工作者人才资源开发存在的主要问题

（一）继续发挥作用的老科技工作者的比例亟待进一步提高

一方面，老科技工作者发挥作用的比例较低，远低于意愿比例。在被调查的老科技工作者中，仅有 15.88%的人在退休后通过特定渠道继续发挥作用，与"非常愿意"或"比较愿意"为社会做贡献高达 88%的比例形成鲜明对比，说明多数老科技工作者处于闲置状态，存在较大程度的人才资源浪费现象。另一方面，老科技工作者发挥作用的渠道较为单一。在"影响自己继续发挥作用的主要问题"的调查中，26.35%的老科技工作者选择"缺乏相关渠道"，排在全部选项的第二位；另外，退休后继续工作的老科技工作者中，有 48.61%的人利用原工作关系受聘

于其他单位，31.39%的人被原单位返聘，以上两种途径占继续工作总人数的 80%，表明老科技工作者发挥作用的渠道比较有限，平台牵线搭桥、社会兼职、自主创业等途径有待进一步开发利用。

（二）老科技工作者发挥作用的政策法规亟待进一步健全

一是老科技工作者人才资源开发的顶层设计尚不健全。《国家积极应对人口老龄化中长期规划》和《中共中央关于制定国民经济和社会发展第十四个五年规划和二〇三五年远景目标的建议》作为国家总体性规划，对包括老科技工作者在内的老龄人才资源开发的部署安排较为笼统，亟待国家有关部门联合出台针对老科技工作者人才资源开发的明确规划。二是老科技工作者人才资源开发的支持性政策措施尚不健全。当前老科技工作者人才资源开发工作主要依据的政策文件为《中央组织部、中央宣传部、中央统战部、人事部、科技部、劳动保障部、解放军总政治部、中国科协关于进一步发挥离退休专业技术人员作用的意见》，该文件颁布至今已时隔 16 年，已无法满足新时代实施积极应对人口老龄化国家战略下老龄人力资源开发的现实要求。尽管 2016 年中国科协等三部委联合出台了《关于进一步加强和改进老科技工作者协会工作的意见》，但政策影响效力相对不足，难以形成老科技工作者人才资源开发的政策合力。三是为老科技工作者继续工作提供政策支持的相关法律法规尚不健全。退休政策过于僵化，当前我国法定退休年龄相关规定已沿用了 40 余年，退休年龄设定过低，同时忽视了人才在身体条件、素质能力、价值贡献等方面的差异，加剧了人才特别是科技人才短缺的现象。现有法律对老龄人才就业的税收、劳动关系、报酬分配、社会保障、年龄歧视等具体问题的规定较为模糊，有些甚至无法找到适用的条款，导致老龄人才在继续参加工作后缺乏有效的法律保护。

（三）体制机制亟待进一步完善

一是人事管理机制有待创新和完善。不同性质的部门或单位间人事管理机制缺乏必要的衔接和互动，不少企业中的院士等高层次科技人才卸任行政职务或退休后，希望转入高校、科研院所继续发挥作用，却因人事制度的局限而难以实现；有些单位（如某些医院）限制或禁止退休员工在本行业继续从事相关工作或进行自主创业；有些单位（如某些高校、科研机构）不允许退休员工继续依托本单位申报研究课题或申请科研成果奖励等。二是统筹协调机制有待完善。各地老科技工作者联席会议制度普遍落实不到位，相关部门间仍缺乏对接的组织与相关机制，存在各自为政、工作衔接不畅等现象。退休后，企业科技人才的组织人事关系完全脱离原工作单位而划归社区，各部门对此类老科技工作者的管理职责划分得较为模糊，导致这类人才大多处于零散分布和无组织状态。三是再工作激励机制有待完善。老科技工作者普遍希望工作成果获得认可并获得合理回报，"为更好地发挥作用希望获得的支持"的调研结果显示，37.24%的老科技工作者选择"给予一定的劳动报酬或者奖励"，然而"影响自己继续发挥作用的主要问题"调研结果显示，33.56%的人选择"缺乏经费支持"，18.65%的人选择"缺乏激励机制"。

（四）相关平台建设亟待进一步加强

一是地方、基层老科协组织建设尚需加强。领导班子建设方面，某些机构存在主要领导候选人迟迟难以确定、领导班子组建和换届不及时等问题。组织体系建设方面，一些老科协存在"四落实"落实不到位的现象，通过加强老科协建设将大量从企业退休的、分散于社区中的老科技工作者有效组织起来，任务艰巨。服务平台建设方面，一些老科协受资金、技术、信息等方面的制约，难以为老科技工作者继续工作搭建有效的服务平台，且有些服务平台由于宣传不到位，服务平台没有发挥应有价值。会员队伍建设方面，统计显示多地老科协会员占当地老科技工作者总数的比例不超过10%，大量老科技工作者仍游离于老科协之外。二是市场化平台建设尚需加强。一方面，老科技工作者人才市场发展迟缓，各地普遍缺少以老龄人才特别是老科技工作者为主要服务对象的人才市场、中介机构，另外老科技工作者对某些中介机构也普遍缺乏信任。调查结果显示，仅有3.77%的老科技工作者选择通过"人才市场或中介组织"渠道发挥作用。另一方面，老科技工作者人力资源管理平台建设亟待完善，缺乏统一的规划、管理，各层级人力资源管理平台的建设主体不明确，尚无统一的平台接口向社会开放。

（五）提升老科技工作者素质的渠道亟待进一步拓展

一是老年大学有待进一步加强建设。42.75%的老科技工作者希望通过到"老年大学或者其他稳定教学点"学习来提升自我，然而我国老年大学名额不足、一座难求的现象比较普遍，有些老年大学存在规模较小、课程设置不够合理、办学模式不够灵活、教学功能过于单一、师资队伍匮乏等问题。二是老科技工作者培训服务有待进一步提升。我国针对老科技工作者的培训较为缺乏，参与培训服务的主体较少，缺少如日本"银色人才中心"、韩国"老年人才银行"等获得政府认可、专门从事老龄人才职业指导与培训的组织机构。三是老科技工作者的交流互动式学习有待进一步加强。老科技工作者参加交流会、报告会、参观学习等较高层次的交流活动的机会较少，老科协受经费等因素的限制，组织的科普讲座、报告团等活动的覆盖面相对有限。

（六）社会环境亟待进一步优化

一是社会观念有待转变。长期以来，人们对包括老科技工作者在内的老龄人才的认识存在不少偏见、误区，主要表现为出现了"无用论""包袱论""抢饭碗论"等言论。二是用人单位的工作环境有待优化。许多用人单位轻视老科技工作者的价值，将老科技工作者安排在不重要或别人不愿做的岗位上；不少用人单位在工作制度、工作设备、工具使用等方面并未针对老科技工作者的实际情况做适度调整和匹配，这在一定程度上限制了他们工作效能的发挥。三是需要得到家庭成员更多的支持。在一些家庭，家庭成员不支持老科技工作者继续参加工作；有些老科技工作者退休后，需要照看第三代或照顾老伴，所以他们不能再继续参加工作。四是自我观念有待调整。一些老科技工作者意志不够坚定，怕别人对自己说三道四，或简单地认为退休就是颐养天年，或缺乏持续学习的主动性，存在思想观念固化、知识结构老化、技能经验陈旧化的风险。

四、加强老科技工作者人才资源开发的建议

（一）加强顶层规划，健全老科技工作者人才资源开发的体制机制

当务之急是进一步落实好习近平同志对中国老科协成立30周年之际，所做出的重要指示精神，以及《国家积极应对人口老龄化中长期规划》要求，重点要做好以下三项工作。

一是尽快将老科技工作者人才资源开发纳入各级人才工作总体规划。鉴于我国应对人口老龄化的迫切需要以及科技人才资源需求缺口依然较大的客观现实，尤其考虑到今年是"十四五"规划开局之年，建议由中央组织部人才工作局牵头，会同有关部门对老科技工作者人力资源开发予以充分重视，并将其纳入全国人才发展总体规划，推动老科技工作者队伍建设与经济社会同步发展。

二是进一步增强各级、各部门对老科技工作者继续参加工作的重要意义的认识。鉴于《中央组织部、中央宣传部、中央统战部、人事部、科技部、劳动保障部、解放军总政治部、中国科协关于进一步发挥离退休专业技术人员作用的意见》的发文时间已较久远，为进一步贯彻落实习近平同志对新时期老科技工作者人才作用的指示精神，建议以中共中央办公厅、国务院办公厅的名义发布进一步加强老科技工作者人才资源开发、发挥老科技工作者作用价值的文件，进一步明确老科技工作者作为我国科技人才队伍的重要组成部分，这对服务党和国家工作大局、助力经济社会发展，以及对全国老年人继续发挥社会效能具有示范意义；明确老科协作为党委和政府联系老科技工作者的重要桥梁和纽带，在团结带领老科技工作者服务创新驱动发展过程中的引领地位，以及在服务组织老科技工作者继续发挥作用、再做贡献过程中的属性定位。

三是尽快建立健全各级老科协工作联络机制。建议自国家层面至地

方层面，由中国科协牵头，联合科技、人社、教育等部门共同建立联席会议制度，形成老科技工作者人才资源开发相关部门各司其职、相互沟通、协调协作、齐抓共管的组织管理工作体系。定期听取老科协工作汇报，帮助老科协解决发展中的实际问题；支持老科协适应经济社会发展需要，多渠道筹集活动经费，创新开展更为丰富的社会服务项目；支持老科技工作者人才资源开发工作突破既有的不合理体制机制的障碍，为老科技工作者人才资源开发开拓新空间。

（二）强化以用为本，完善老科技工作者人才资源开发的政策法规

一是探索和建立弹性退休制度，或鼓励以"退而不休"代替"延迟退休"。建议以国家研究制定延长退休制度为契机，探索制定针对老科技工作者的弹性退休制度，将退休条件与待遇分开，实行不同行业区别对待的方法，如在科研、教育、医疗等专业性较强的领域，可考虑在征得本人同意的情况下适当延迟其退休年限。同时，建立基于年龄段的弹性或梯级退休保障金和医疗保障金制度，建立与退休年龄结构相匹配的个人所得税制度，应对延迟退休的老年人收入所得税税率进行调整，防止因个人所得税累进税率计算方法而导致其收入不升反降。此外，也可鼓励相关部门试行返聘老科技工作者的措施，明确规定退休返聘中双方具体的权利和义务，以"退而不休"代替"延迟退休"的方式，在最大限度上发挥老科技工作者的价值。

二是探索健全老年人就业保障法律或政策体系。建议我国借鉴日本《高龄雇佣保险法》、英国《禁止年龄歧视法》、韩国《雇佣上禁止年龄歧视及高龄者雇佣促进法》等，通过修法或立法就反就业年龄歧视、以合同方式保障老年人就业的报酬收益、老年人依法享有科研成果转化收益、老年人就业因工作发生职业伤害的权益保障以及劳动争议处置等方面作出明确规定。此外，可以考虑以老科协等群团组织为平台，组织动员司法战线老专家，或联合相关职能机构和社会服务组织，为老年人就业提供法律咨询、培训、维权等方面的服务。

三是探索出台老科技工作者与在职人员享有同等科研项目申报权

和科技成果奖励权的政策。建议科技主管部门在当前《关于进一步加强和改进老科技工作者协会工作的意见》有关"鼓励符合条件的退休专业技术人才依托研究机构开展科研创新，可以受聘作为项目组成员，参与国家科技计划项目"规定的基础上，探索出台进一步突破年龄制约的政策，保证有能力、有意愿的老科技工作者在各级各类科技计划项目申报、科技成果奖励申报中与在职人员享有同等权利。

四是加强调查研究，为出台更为有效的老科技工作者人才资源开发政策提供依据。深入开展老科技工作者人才资源开发的基础理论研究，积极探索老科技工作者人才队伍建设和人才资源开发工作的规律，尤其要重视老科技工作者人才资源的统计调查等基础性工作。立足积极应对人口老龄化时代背景以及服务党和国家的工作大局，进一步明确我国老科技工作者人才资源开发工作的方针、目标、思路和举措。同时，从老科技工作者作用发挥的现实需要出发，出台更具针对性、可操作性和效力的老科技工作者人才资源开发政策。

（三）遵循价值规律，构建政府有为、市场有效的老科技工作者人才资源开发体系

首先，充分发挥政府投入对老科技工作者人才资源开发的撬动作用。建议借鉴韩国、日本、欧盟吸纳老年人就业的做法，对老科技工作者人才达到员工总数一定比例的企业进行税收减免或提供财政补贴，或者对返聘老科技工作者的用人单位进行相应奖励；建议对老年人占员工总数比例较高的企业提供财政补贴以降低其用工成本，保证延迟退休人员得到合理的报酬；建议对退休后再就业的老科技工作者，调整其应纳税所得额的起征点、速算扣除数等，降低再就业老科技工作者应缴税额，鼓励其为社会继续贡献力量。

其次，充分发挥市场机制对老科技工作者人才资源要素的配置作用，做到市场有效。为充分运用竞争机制激发老科技工作者创新研究活力，建议中国老科协争取专项财政资金设立"老科协科技创新和智库计划"项目，对部分经济效益和社会效益突出的科技攻关项目与智

库咨询课题给予资助。为充分调动老科技工作者继续工作的积极性，建议有关部门出台相关政策，允许向参与社会服务活动的老科技工作者发放部分酬劳或报销相关费用，并明确规定退休返聘的老科技工作者的薪酬待遇参照同类型在职专家标准，以激发老科技工作者继续工作的积极性。

（四）推进平台建设，做好老科技工作者与用人单位的对接服务

一是畅通决策建言渠道，建立健全老科技工作者为政府决策建言献策的咨询论证平台。建议在国家和省级老科协层面设立"老专家智库咨询计划项目"，围绕国家和地方政府决策咨询需求征集研究主题，组织开展课题攻关，并借鉴全国哲学社会科学工作办公室编制《成果要报》的做法，将研究成果向有关部门报送，以进一步扩大老科协智库的影响。进一步办好"老科学家圆桌会议"，可考虑借鉴国家自然科学基金委员会"双清论坛"的做法，提前征集和规划会议主题，定期编制、形成正式的会议简报，并可考虑针对特定主题采取与政府相关部门、科技项目主管部门联合举办的形式，吸引相关领域中青年科学家参与，以更好地发挥战略科学家在为政府决策提供科学论证、完善国家科技创新体系顶层设计等方面的作用。

二是借助新兴技术，打造统一规范的全国性老科技工作者为民服务网络平台。加快启动全国老科技工作者人才信息化工程，以国家和省级老科技工作者协会网站为依托，建立健全老科技工作者人才信息库和科技成果库，并实现与组织人社部门、科技部门相关人才信息库和成果转化平台的对接互通。以老科技工作者人才信息库和科技成果库的大数据信息平台为依托，进一步建设全国性的集人才推荐、供需中介、科技成果转化、软科学项目咨询服务、素质能力培训为一体的中国银色人才网，并打造成品牌。建议以政府购买服务的方式，引入社会中介组织力量对中国银色人才网进行专业化建设、运营和管理，推动老科协等群团组织在为老科技工作者提供服务过程中实现供给侧结构性改革和市场化转型。

三是出台专门的政策，鼓励、支持老科技工作者参与科技成果转化活动。建议科技、商务、财政等有关部门研究出台专门文件，倡导、鼓励和支持有条件的老科技工作者参与大众创业、万众创新活动，并在证照办理、场地提供、融资支持、孵化指导等方面给予一定倾斜。建议各级政府明确规定，对创办、领办企业或应聘到企事业单位继续从事专业技术工作并做出贡献的老科技工作者，也应将之纳入各级各类优秀人才资助奖励范围。同时，建议各级老科协借助网络化平台，为老科技工作者创办、参办、帮办科技企业提供供需对接服务支持，以提高老科技工作者科技成果和专利成果转化的利用率。

四是借助"三馆"（科技馆、图书馆、博物馆）资源，打造、完善老科技工作者科学知识普及服务的柔性宣讲平台。建议各级老科协组织要着重加强与同级"三馆"的对接与联系，充分发挥自身在科学普及方面的优势，借力"三馆"的公益性平台，弥补自身在场地、资金和科普受众资源等方面的不足，通过与公益性科普教育机构的优势互补，推动"老科协报告团""老科协大讲堂"等品牌性科普活动进一步深入基层、深入民众，并扩大受众面，使"三馆"公益平台成为老科技工作者进行科普宣传的柔性宣讲平台。

（五）加强学习培训，持续提升老科技工作者人力资本水平

一是发挥好老年大学的示范引领作用。建议各级老年大学进一步完善办学体制，提高办学水平，在充分利用教育资源集聚优势的基础上，尝试通过与社会力量联合办学和开办远程在线课程等形式向乡镇（街道）、村（社区）等延伸，将优质教育资源向基层推广，在办学模式示范、教学业务指导、课程资源开发等方面对本区域内的老年教育发挥示范带动作用。鼓励各高等院校（科研院所）向区域内老科技工作者开放教育资源，探索创建富有特色的老年教育模式。

二是办好老年科技大学。在筹建老年科技大学过程中，既重视以科技馆等实体机构为依托，又重视对现代信息技术加以充分运用，打造线上、线下相结合的智慧老年科技大学。在课程设计上，兼顾科学知识普

及与技术前沿跟进，兼顾已退休老科技工作者对知识更新的需求；在教学方式上，充分利用互联网技术以及微博、微信公众号、手机 APP 等新兴技术手段推动老科技工作者培训教育模式创新，推进线上线下一体化教学顺利开展；在教学资源上，力求通过教育资源的跨区域在线共建共享，实现对老科技工作者群体的全覆盖；在培养产出上，可借鉴日本建立银发人才中心的经验，将培训项目与科学普及、企业创新等相结合，进一步完善老年科技大学的人才输出功能。

三是鼓励社会力量参与老科技工作者的培训工作。充分激发市场活力，通过政府购买服务、项目合作等方式，支持和鼓励社会力量参与老科技工作者的培训活动，以实现老科技工作者教育培训活动举办主体、资金来源渠道多元化。建议人社部门梳理包括老科技工作者培训在内的老年教育公共服务职能，进一步拓展政府向社会力量购买老科技工作者培训教育的事项目录，将适合通过社会化提供服务的事项全部纳入政府购买服务范围，鼓励和支持各类社会培训机构为老科技工作者提供教育培训服务。

（六）健全组织体系，强化以老科协为代表的群团组织在联系、团结和凝聚老科技工作者方面的作用

一是加强和创新老科协党组织建设。进一步深入学习领会习近平总书记对中国老科协工作的重要指示的重大意义和深远内涵，将指示精神切实贯彻落实到老科协的各项工作当中，以使相关工作再上新台阶。进一步强化基层党建工作，在省、市、县三级老科协推广将党支部由秘书处扩展至协会领导班子全体成员的做法，规范和健全基层党组织，继续坚持党建工作常态化。创新党建工作模式，以信息平台为载体刊发党建工作动态和学习文章，增强老科协党建工作的影响力和辐射力，进一步实现党建宣传的常态化、规范化。

二是加强老科协基层组织特别是社区老科协组织建设。重点做好在老科技工作者集中的部门、单位建立老科协组织等相关工作，探索采用单企独建、园区联建、行业统建、组建联盟等多种方式，积极加强老科

协的组织建设。着力探索和强化社区老科协组织建设，针对大量企事业单位老科技工作者退休后转入城市社区的实际状况，在资金、场所、人员、设施等"四有"条件具备的社区，建立实体性社区老科协组织；在"四有"条件不完善的地区，借鉴"学习强国"软件设有虚拟党支部的做法，借助网络、手机APP等，建立社区老科协组织，充分发挥社区老科协在促进老科技工作者参与社会服务中的支撑作用。

三是壮大老科协会员人才队伍。尝试将协会会员吸纳工作关口前移，由各基层老科协组织与企事业单位合作，在老科技工作者即将退休时就提供"退休规划"服务，促使其更快地融入老科协组织。加强老科协会员管理信息化建设，充分利用微信公众号、手机APP等手段建设老科协会员信息数据库，促进老科协会员的便捷吸纳和会员服务信息的实时更新。老科协专家库应与科技部门、人社部门高层次人才库建立对接，承接老科技工作者退休后的个人信息数据的更新管理工作和科技创新供需对接工作，迅速整合老科技工作者资源，提高老科技工作者人才资源的利用率。

四是加大对老科协工作的支持力度。各级党委和政府应贯彻落实好习近平总书记的指示精神，并按照《国家积极应对人口老龄化中长期规划》有关强化涉老财政投入保障的要求，对老科协的财政经费和人员编制给予一定的政策倾斜，尤其做好经费、场所、人员、设施等方面的保障工作，切实解决好部分地区、高校和科研院所老科协开展工作过程中所面临的突出问题、尴尬问题。此外，建议各级组织部门开辟申诉渠道，对符合《中共中央组织部关于规范退（离）休领导干部在社会团体兼职问题的通知》相关要求的老科技工作者畅通审批渠道和加快审批进度，以更快、更好地释放老科技工作者的工作热情。

（七）强化舆论引导，提高老科技工作者的客观价值认同

一方面，从积极应对人口老龄化战略出发，深化对老科技工作者人才资源开发重要意义的认识。充分利用网络、报刊、广播等媒体及时宣传我国当前所面临的严峻形势及其对未来发展所造成的严重影响，大力

宣传以"老有所为""社会参与"为主旨的积极老龄化政策对经济社会高质量、可持续发展所具有的重要意义。

另一方面，利用学习先进事迹和成功典型等方式，加强对老科技工作者人才资源开发价值的舆论引导。充分利用多个渠道，宣传老科技工作者"老有所为"的先进事迹，讲好老科技工作者服务经济社会发展的故事，不断总结经验、宣传推广好的做法，持续提升老科技工作者作用发挥的显示度、贡献度和认可度。

（八）发挥自身潜能，加强老科技工作者的主观价值认同

一是老科技工作者要构建更为积极的心理年龄观。老科技工作者应树立积极服务社会的观念，正确认识到社会对他们仍有需求，自己应继续发挥自身优势，积极融入退休后的新工作环境，并通过持续接受相关培训，进一步挖掘自身潜力，增强适应和驾驭新工作所需的相关能力。

二是老科技工作者家庭要鼓励支持老科技工作者积极主动参与社会活动。家庭成员应意识到，老科技工作者参与社会活动是积极应对人口老龄化的大势所趋，并可大幅度提升老科技工作者对自身价值的认可度，会给他们带来精神上的愉悦与富足，有利于他们的身心健康。

三是以老科协等群团组织为代表的社会力量应在老科技工作者主观价值认同提升方面发挥支持作用。以老科协为代表的群团组织要通过吸引和组织老科技工作者参与各项社会服务活动，帮助其进一步认识到自我价值实现的重要意义；通过组织开展各类教育培训活动，帮助老科技工作者实现人生价值，提升其对自身知识能力的认可度；通过关心老科技工作者的实际需求，如争取合法权益、享受丰富的业余文化生活，提升老科技工作者对自身工作能力、人脉资源和身体条件的主观认同。

第二章 新时代老科技工作者人才资源开发价值研究

一、新时代我国人口老龄化面临的机遇与挑战

（一）我国人口老龄化的现状和未来趋势

人口老龄化是 21 世纪大多数国家面临的重大战略问题。2000 年，我国 60 岁及以上人口占全社会人口比重超过 10%，2001 年，65 岁及以上人口占全社会人口比重超过 7%，标志着我国开始进入老龄化社会。截至 2019 年底，我国 60 岁及以上人口为 25 388 万人，占全社会人口的 18.1%，其中 65 岁及以上人口为 176 03 万人，占全社会人口的 12.6%。如图 2-1 和 2-2 所示，2009～2019 年，老龄人口占比不断攀升，我国已进入深度老龄化阶段，且 65 岁及以上老龄人口的增长速度快于全国老龄人口。我国人口老龄化正处于加速推进阶段，并逐步转向重度老龄化。

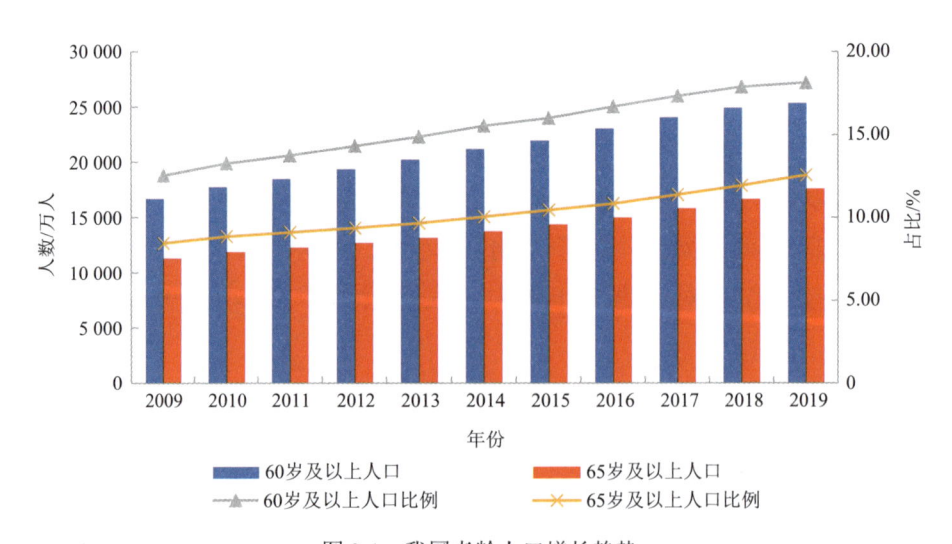

图 2-1 我国老龄人口增长趋势

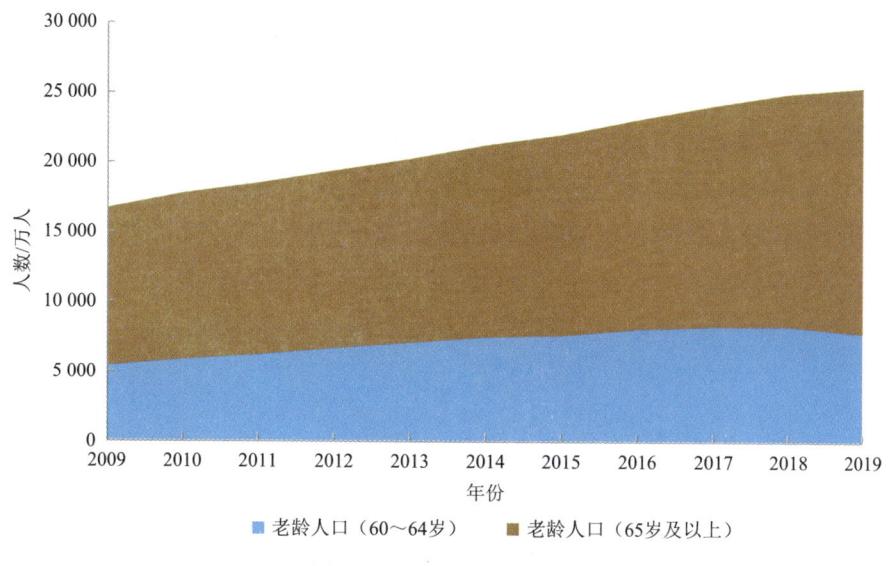

图 2-2 我国老龄人口结构

人口老龄化是人口和经济社会发展的客观规律。人口老龄化在带来挑战的同时也蕴藏着机遇。党的十九大报告提出，"积极应对人口老龄化，构建养老、敬老、孝老政策体系和社会环境，推进医养结合，加快老龄事业和产业发展"。党的十九届五中全会强调"实施积极应对人口老龄化国家战略"。积极应对人口老龄化，事关实现"第二个百年"奋斗目标、事关实现中华民族伟大复兴的中国梦，对于坚持以人民为中心的发展思想、实现经济高质量发展、维护国家安全和社会和谐稳定来说意义重大。

（二）新时代我国人口老龄化面临的挑战

1. 劳动力供给不断减少，供求矛盾更加突出

我国正处在转变发展方式、优化经济结构、转换增长动力的攻关期，社会对劳动力尤其是高素质劳动力的需求持续增加，我国劳动力市场的监测数据显示，求人倍率长期保持在 1 以上，表明劳动力供不应求已然成为常态。而随着老龄化的加速推进，劳动力供给不断减少，加剧了供求的不平衡。自 2011 年开始，我国劳动年龄（16～59 岁）人

口连续9年下降,如图2-3所示,由2011年末的9.4亿人减少至2019年末的8.96亿人。有研究预计,未来劳动年龄人口规模的下降幅度会进一步增大,"十四五"期间年均下降约348万人,之后降幅继续增大,到2035年将减少至8亿人左右,2050年将减少至约7亿人。另外,中青年劳动年龄人口(20～49岁)规模加速下滑,预计年均减少量超过800万人。

图2-3 我国劳动力供给变化趋势

如何应对劳动力供给减少、劳动力市场供求矛盾对经济增长产生的负面影响是我国老龄化面临的重要挑战之一,其路径主要有两条:一是从供给角度来看,可以通过提高生育率、开发非劳动适龄人口资源,如老龄人力资源等来增加供给;二是从需求角度来看,可以依靠科技进步和技术创新等减少对劳动力的依赖,降低需求。

2. 社会负担加重,劳动参与率持续下降

劳动参与率是指愿意工作和真正工作的人口占劳动年龄人口的比例,表征着实质参与经济活动的人口规模。一般而言,老龄化会形成三个递减曲线,其中之一即劳动参与率递减。根据环亚经济数据有限公司中国经济数据库的统计,1990～2020年,我国劳动参与率由79.1%降至 67.5%。而随着老龄化进程的加快，社会抚养比不断攀升，劳动年龄人口抚养负担加重，一些中青年劳动力不得不将更多的精力投入到家庭抚养中。在未来，我国的劳动参与率预计会加速下降。如图 2-4 所示，自 2011 年开始，我国人口的总抚养比进入持续上升期，由 34.4%增长到 2019 年的 41.5%，其中老年抚养比的增幅明显大于少儿抚养比，由 12.3%增长到 17.8%，且呈现出增长速度不断加快的态势。开发老龄人力资源，有利于减轻家庭养老负担，因此成为提高劳动参与率的重要途径之一。

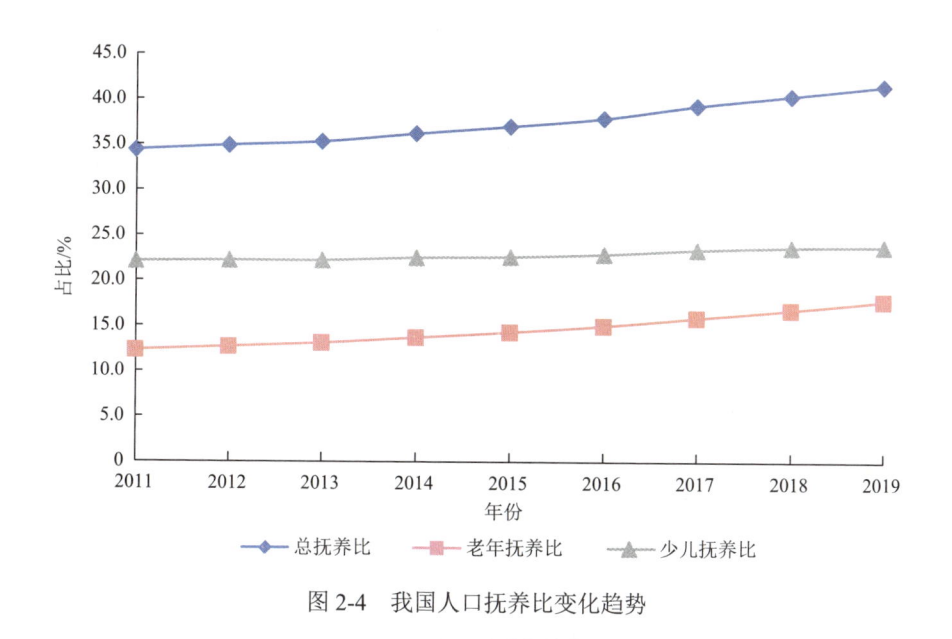

图 2-4 我国人口抚养比变化趋势

3. 人工成本不断攀升，社会保障压力增大

自我国进入老龄化社会以来，劳动力市场日渐呈现出"五降一升"的态势，即人口增速下降、适龄劳动人口下降、劳动力人口下降、劳动参与率下降、就业人数下降和求人倍率上升。在上述供求态势的影响下，劳动者的工资不断增加，我国经济增长过去长期依赖的劳动力比较优势逐渐减弱，企事业单位的用工成本持续增加。另外，伴随人口老龄化进程的加快，养老保险、医疗保险的收支压力增大，部分省份基本养老保险基金出现收不抵支的情况。为了缓解压力，财政转移支付、扩大缴存

范围和提高缴存比例、划转部分国有资本充实社保基金等措施陆续实施，在为保障公民基本生活水平和提高社会福利做出巨大贡献的同时，也在一定程度上增加了企事业单位的用工成本。用技术和资本替代劳动力、优化生产方式、更新生产资料、提高劳动生产率等成为应对人工成本不断攀升的必然路径，因而我国在科技进步、技术创新、人才培养等方面面临新的挑战。

4. 代际协调日趋复杂，社会治理面临新的挑战

在老龄化进程中，经常伴随人口与资源、环境的不协调现象，涉及复杂的代际利益和资源分配问题，对原有的观念、秩序产生冲击。我国自古就有"尊老养老"的文化传统。我国政府历来重视老龄工作，针对老龄工作，我们明确提出"六个老有"的目标，即老有所养、老有所医、老有所为、老有所学、老有所教、老有所乐；习近平同志提出，"要让所有老年人都能有一个幸福美满的晚年"。在实现上述目标的进程中，也存在一些困难：一是随着老年人口的不断增加和中青年劳动力跨区域、跨国界流动的日渐频繁，家庭高龄化、"空巢化"趋势明显，对老年人疏于照顾、精神慰藉不足等现象日益普遍；二是社会公共资源、经济利益在不同群体之间的分配存在一定程度的代际冲突；三是在实际操作中，人们对"老有所为"的认识不足，老年人的就业权益没有得到很好的保障；等等。积极应对人口老龄化有助于推进社会公平，同时有利于和谐社会的建设。如何在老龄化程度不断加深的背景下继续保持社会的健康、稳定、和谐、公平是我国社会治理面临的新挑战。

（三）新时代我国人口老龄化面临的机遇

1. 人口预期寿命延长，产生第二次人口红利

过去，劳动年龄人口和壮年劳动力人口比例升高的双重人口红利是推动我国经济发展的重要力量之一，随着老龄化进程的加快，上述比例不断下降，"第一次人口红利"逐步消失且不可逆转，但人口预期寿命延长会产生新的人口红利，即"第二次人口红利"。根据中国统计

年鉴和我国卫生健康事业发展统计公报，我国人口的平均预期寿命由 1981 年的 67.77 岁延长至 2019 年的 77.3 岁。人口预期寿命的延长一方面会对个人的储蓄行为和人力资本投资等产生影响，为了在退休后依然保持较高的生活质量，人们可能会在劳动年龄时期更加积极地储蓄，加强教育、培训、卫生保健等方面的人力资本投资，从而对经济增长产生积极影响；另一方面，人口预期寿命的延长和老龄人口健康程度的提高，延长了劳动人口的实际工作年龄，老年人口规模庞大且经验丰富，如果可以再就业就可直接产生人口红利，也可以通过为年轻群体提供代际支持，产生老年人口影子红利，还可以在婴幼儿照料和青少年培养等方面做出贡献，并提高中青年劳动力社会活动参与率，推动经济发展。

2. 人口质量显著提升，银发人才开发潜力巨大

自 2011 年以来，尽管我国劳动年龄人口数量不断下降，但质量显著提升，整个社会的平均人力资本水平逐年提高：教育经费投入力度持续加大，由 2011 年的 23 869 亿元提高到 2019 年的 50 175 亿元，劳动年龄人口平均受教育年限由 2011 年的 9.5 年增长为 2019 年的 10.7 年；随着科学技术的发展，用人单位也提高了对劳动力的要求，促使劳动力知识和技能水平不断提升；卫生保健投资的增加和医疗技术的不断突破增强了人们的体质，人们的健康水平得到提升。在此背景下，我国低龄、高知老年人口大幅增加，相关研究显示，具有较好经济条件、较高教育背景、丰富经验积累、需求高、消费能力强等特点的新老年群体正在逐渐取代传统的老年群体。随着老龄化进程的加快，日趋庞大的新老年群体会形成丰富的银发人才资源，通过挖掘其发展潜力和内在需求，能够产生高知老年人口红利，会促进消费结构的改变和产业结构的调整、推动经济增长和社会进步。

3. 消费需求结构发生改变，银发经济成为高质量发展的新动能

随着我们进入老龄化社会，老年人口数量逐步增多，成为新时期规模庞大的消费群体。与其他年龄段的人群相比，老年人的消费具有更注重商品质量和服务质量、休闲消费与服务性消费所占比例大等特点。随

着我国老龄化程度不断加深，这些特点会通过改变消费需求结构的方式影响相关产业，银发经济迎来战略发展期。银发经济是指为满足老年人需要的所有经济活动的总和，包括有形的产品和无形的服务。从外延上看，银发经济主要包括老年医疗器械、保健品、生活用品等产品，以及体育、旅游、金融等方面的服务。目前，我国的银发经济尚处于起步阶段，仍有较大的发展空间。随着我国老年人口的持续增长，他们对银发产品及其相关服务的需求不断增加，将推动产品创新、技术创新、服务创新、商业模式创新等，由此催生新的产业和就业岗位，将为我国经济的高质量发展注入新动能。

4. 公共服务需求不断攀升，推动养老模式创新发展

尽管目前我国依然以传统的家庭养老模式为主，但在老龄化社会家庭规模缩小和中青年工作压力增大的影响下，老年人口能够从家庭中获取的养老资源呈现日趋减少的趋势。在未来，社会对养老资源的需求将越来越大，也将更加依赖医疗、家政等公共服务供给，这就为养老模式的创新提供了新的机遇。从总体上看，我国需要构建"以居家养老为基础、社区养老为依托、机构养老为补充"的多层次养老服务体系，而在具体实践中，上述基础模式有着更加丰富的内涵和外延，可以衍生出大量新型的养老模式，如智慧养老、医养结合养老、小型家庭养老院、暖巢管家养老、日托养老、异地互动养老等。公共服务供给的升级和养老模式的创新，有助于形成具有中国特色的养老体系和更加符合时代特点的养老文化，减少代际矛盾，缓解人口与资源的不协调，对经济社会发展具有重要的意义。

二、老科技工作者在积极应对人口老龄化中的作用

如前所述，新时代我国人口老龄化面临着诸多挑战的同时，也充满着机遇。积极应对人口老龄化，既要着眼于经济社会发展全局，强化科技进步和技术创新的支撑作用，缓解劳动力市场供求矛盾，提高劳动力供给质量，开启第二次人口红利，形成与人口老龄化相适应的经济社会

发展模式；也要重点关注日益增多的老年人口群体，分析其具体需求，并开发银发人才、发展银发经济，从而构建具有中国特色的养老体系。在此过程中，老科技工作者因为兼具科技和老年人口因素，所以在积极应对人口老龄化中发挥着举足轻重的作用。

（一）老科技工作者将对调节劳动力供求矛盾做出双重贡献

老科技工作者主要是指具有中级及以上专业技术职称、达到退（离）休年龄的科技工作者，尤其是在科学研究、技术发明、文教卫生、规划管理等领域做出卓著贡献的专家、学者，包括科研人员、教学人员、工程技术人员、卫生技术人员、农业技术人员以及其他从事科技工作的人员和相关管理人员。人口老龄化导致劳动力供给不断减少、劳动参与率降低、供求矛盾更加突出、人工成本攀升。调节供求矛盾需要供给侧和需求侧的共同努力，老科技工作者在其中将做出双重贡献。一是供给侧，开发老龄人力资源和提高人力资源素质是增加劳动力有效供给的重要路径，老科技工作者是老龄人力资源中的高素质群体，是老龄人力资源中投资回报率和劳动生产率较高的群体，对其进行开发能够直接提高整个社会的劳动力供给质量和增加劳动力供给数量。二是需求侧，可以通过科技进步和技术创新优化生产方式、更新生产资料等方式，减少社会生产对劳动力的依赖，从而降低劳动力需求和人工成本。老科技工作者作为科技人才的重要组成部分，其厚重的知识储备和丰富的科研经验，将有利于相关领域的科技创新。

（二）老科技工作者是开启第二次人口红利的重要主体

第二次人口红利是进入老龄化社会之后形成的新的经济增长源泉。与第一次人口红利主要依赖劳动力数量增长和劳动参与率上升不同，第二次人口红利的开启主要依靠人力资本的提升所带来的投资回报率，其关键是通过发展教育和提供相关培训，提高各个年龄段人口特别是老年人口的素质，使他们保持更长的健康工作时间和更高的劳动效率，从而提高劳动参与率和全要素生产率。老科技工作者是老龄人才与科技人才相互交叉形成的人才群体，他们长期从事科学技术、教育培训等相关工作，是开启我国第二次人口红利的重要主体。一方面，老科技工作者人力资本积淀深厚，人才质量和层次较高，一般精通技术、有较高的管理水平，他们在工作实践中积累了丰富的经验，拥有较高的声誉与威望，退休后其内在的重要人力资本价值依然存在，对其进行再开发将成为推动经济增长的重要力量，有利于产生第二次人口红利。另一方面，相当比例的老科技工作者具有从事教育、培训、科普宣传等工作的经历，在退休后继续开展上述工作，将促使全社会各个年龄段人口人力资本的提升，从而有利于创造第二次人口红利。

（三）老科技工作者是银发人才资源开发的首要客体

银发人才资源是指随着老龄化进程的加快，逐步形成的具有较好经济条件、较高教育背景、丰富经验积累、需求高、消费能力强等特点的新老年群体。银发人才资源能够产生高知老年人口红利，促进消费结构的改变和产业结构的调整，是人口老龄化背景下经济社会发展的重要力量。老科技工作者作为银发人才队伍中高知识、高技能、高素质的特殊群体，是我国经济社会发展急需的人才，在专业工作领域发挥着举足轻重的作用。老科技工作者人才群体再开发的起点高、潜力大、成本低、效用好、贡献优，因而成为我国银发人才资源开发的首要客体。一方面，有必要为老科技工作者提供合适的平台、岗位等资源，帮助其继续投入工作，以便为社会发展继续做出贡献；另一方面，有必要积极为老科技工作者提供相关的教育、培训服务，帮助其不断更新知识与技能，进一步提升人才效能，以适应经济社会发展的新需求。将老科技工作者的再开发作为典型，推动其他银发人才资源的开发，为积极应对人口老龄化国家战略的实施做出贡献。

（四）老科技工作者是银发经济发展的重要驱动力量

银发经济是我国经济发展的重要组成部分，银发经济相关产业的发展离不开科技进步和技术创新。2017年,《智慧健康养老产业发展行动计划(2017—2020年)》明确提出,"推动关键技术产品研发"是智慧健康养老产业发展的重点任务之一。近年来,我国在"互联网+"养老、智能化护理机器人、疑难病症治疗技术等方面取得的成就持续推动银发经济的发展。老科技工作者作为我国老龄人才和科技人才的重要组成部分,是银发经济的直接服务对象,他们对老年群体的消费需求非常了解,而且具备厚重的知识储备、较强的专业技能、丰富的研发经验,因而成为银发经济发展的核心创新主体。此外,老科技工作者作为主要的消费者群体还会对银发经济的发展产生拉动作用。因此,老科技工作者是我国银发经济发展的重要驱动力量。

(五)老科技工作者是养老文化和模式创新的先行者

形成具有中国特色的养老体系和更符合时代特点的养老文化,减少代际矛盾,缓解人口与资源的不协调,是人口老龄化背景下我国社会文明进步的重要标志。老科技工作者作为老年人口中的高知群体,往往具备高学历、高技能、高素质和较高的收入水平、较强的消费能力等特点,是养老文化传承与创新、养老模式探索与转型的先行者。相关研究显示,当前我国高知老年群体呈现出较强的自养型特点,他们对子女的依赖度较低,主要依靠自己的退休金和再就业收入生活,并倾向于通过社会公共服务供给获取生活照料服务,对日托所和托老所等机构养老的接受度高于其他老年群体,也更乐于参与各类文化养老活动。老科技工作者不仅是新养老模式的先行实践者,还是养老文化和模式创新的重要主体,保证老年人拥有高质量的社会生活,实现老有所乐、老有所养等需要依靠科技进步,老科技工作者作为科技人才的重要组成部分在其中发挥着重要作用。

三、新时代老科技工作者人才资源开发的价值意义

综上所述,从新时代人口老龄化面临的机遇和挑战出发,基于老年

科技工作者在积极应对人口老龄化国家战略中的作用，结合人力资本价值和人才资源开发理论，老科技工作者人才资源开发价值可概括为综合价值认同、客观价值认同和主观价值认同三个层面。客观价值认同和主观价值认同为综合价值认同提供了基础和支撑，综合价值认同则是另外两类价值认同的逻辑延续和本质体现，它们共同构成了老科技工作者人才资源开发的价值体系。

（一）综合价值认同

综合价值认同主要体现为老科技工作者在政治、经济、文化等宏观层面的价值，这构成了各级党委和政府开发老科技工作者人才资源、促进老科技工作者人才效能发挥的价值依据。具体而言，老科技工作者的综合价值认同主要体现在落实积极应对人口老龄化国家战略的价值认同、激发经济增长新动能的价值认同、创新驱动高质量发展的价值认同、促进人口与经济协调发展的价值认同、推动社会和谐与文明进步的价值认同等五个方面。

1. 落实积极应对人口老龄化国家战略的价值认同

十九届五中全会首次提出"实施积极应对人口老龄化国家战略"，这是以习近平同志为核心的党中央总揽全局、审时度势，在应对人口老龄化方面做出的重大战略部署，需要我们深入学习领会、全面理解把握，并采取有力措施推动落实。老科技工作者在积极应对人口老龄化中起着举足轻重的作用：对调节劳动力供求矛盾发挥了双重贡献，是开启第二次人口红利的重要主体，是银发人才资源开发的首要客体，是银发经济发展的重要驱动力量，是养老文化和模式创新的先行者。做好老科技工作者人才资源开发工作，不仅能够在上述多个方面产生巨大价值，而且可为落实积极应对人口老龄化国家战略发挥示范作用。我国老科协组织架构比较健全、构建的保障机制较为有效，在总结已有开发经验的基础上，积极探索构建老科技工作者人才资源开发的组织体系和服务体系，切实提高老科技工作者人才资源使用效能，将为其他领域的老龄人力资源开发发挥示范作用，为积极应对人口老龄化国家战略的落实提供有益的经验和实践参考。

2. 激发经济增长新动能的价值认同

进入老龄化社会后，尽管劳动力供给减少和劳动参与率下降对经济增长产生了负面影响，但第二次人口红利、银发经济、银发人才开发等也为经济增长注入了新动能。老科技工作者作为老龄人才与科技人才相互交叉形成的人才群体，在促进上述经济发展方面具有重要的价值。首先，老科技工作者不仅自身蕴藏着丰富的人力资本，而且可以通过继续提供教育、培训等方面的服务为全社会各个年龄段素质的提升做出贡献，因而成为开启我国第二次人口红利的重要主体。其次，老科技工作者因为兼具科技人口和老年人口的双重属性，既是银发经济发展的核心创新主体，也是银发经济的主要消费者群体，对银发经济的发展具有供给推动和需求拉动的双重作用。最后，老科技工作者作为银发人才队伍中高知识、高技能、高素质的特殊群体，对其进行再开发不仅能够提供更多的劳动力供给，而且能够产生高知老年人口红利，为经济增长提供新动能。

3. 创新驱动高质量发展的价值认同

十九大报告提出，创新是引领发展的第一动力，是建设现代化经济体系的战略支撑。2020年中央经济工作会议提出，要"强化国家战略科技力量"。创新驱动的实质是人才驱动，创新型国家以技术创新作为经济社会发展的核心驱动力，科技人才作为技术创新的直接参与者和贡献者，是科技创新的根基，因此要广开进贤之路、广纳天下英才、唯才是举、聚天下英才而用之。当前我国科技人才发展面临高水平创新人才不足、人才使用机制不健全等问题。老科技工作者人才资源属于存量科技人才资源，对其进行开发利用，可快速有效地充实科技人才队伍。创新型国家建设需要强化基础研究，需要催生大批原创性科技成果并推动科技成果的转化应用，老科技工作者凭借其专业、经验与威望等优势，可为研究与开发提供规划指导，可为产学研用合作牵线搭桥、为成果转化落地助力、为创新活动管理提供周密的安排和后勤保障。

4. 促进人口与经济协调发展的价值认同

改革开放以来，有利的人口年龄结构是推动我国经济高速发展的重要影响因素。随着我国人口结构转变进入新阶段，未来的经济发展必然与老龄化相伴而行。老龄化背景下人口与经济的协调发展将主要依赖高质量人口参与社会建设活动。老科技工作者是老年人口中的高素质群体，具有可开发利用的投入小、产出高等特点，只要为他们创设合适的环境，他们就可以继续为社会发展做出贡献，并可为处于其他年龄的人口提供教育、培训等服务，帮助其尽快成长，从而为我国经济发展提供更多高质量的劳动人口。另外，老科技工作者具备丰富的科技创新经验，可以继续产出高质量的科技成果，并通过为企事业单位提供专家咨询等服务，提高整个社会的科学技术水平，减少社会生产对劳动力数量的依赖，进一步促进人口与经济的协调发展。

5. 推动社会和谐与文明进步的价值认同

老龄工作是构建社会主义和谐社会的重要工作之一，实现老有所养、老有所医、老有所为、老有所学、老有所教、老有所乐是社会和谐与文明进步的重要标志，老科技工作者在其中发挥着重要的推动作用。首先，老科技工作者是新养老模式和文化的先行实践者，主要依靠自己的退休金和再就业收入生活，对子女的依赖度较低，乐于尝试各种新兴的社会养老服务，对各种新型文化养老活动的参与度较高。其次，老科技工作者是养老文化和模式创新的重要主体，在智慧养老、医养结合养老等银发产业的发展中，老科技工作者因为同时是消费者和先行者，具有其他人才所没有的优势，更易产出符合实际需要的创新成果。最后，老科技工作者在退休后继续参与社会生产和服务的意愿比较强烈，他们作为推动"老有所为"目标实现的重要主体，在推动老年人口与社会共同进步方面能够发挥示范作用。

（二）客观价值认同

客观价值认同是企事业单位等用人主体对老科技工作者专业技术

价值、决策咨询价值、人才培养价值、引领示范价值以及科普宣传价值的客观认可，构成了老科技工作者人才资源开发的基础。

1. 专业技术价值认同

老科技工作者可直接参与科研、教学、医疗服务、技术研发与应用等工作，并可推动形成大量高水平的研究成果，由此可以产生出可观的经济效益。例如，大量医务工作者特别是医术高超、德高望重的专家医师，退休后通过返聘、续聘等方式继续工作在医疗一线，为患者提供高水准的医疗服务，获得广泛赞誉；许多科研院所和高校的专家教授，退休后仍活跃于科研、教学领域，或参与申报重大重点科研项目、发表高水平论文、出版有影响力的专著，或直接参与教书育人工作，在业界产生了较大影响；不少高级工程技术人员，退休后自主创业，或在企业中负责技术开发与应用工作，研发完成大量新技术、新产品、新业态、新模式，获得市场认可和好评。对全国范围内1392位仍在工作的老科技工作者的抽样调查结果显示，2018～2019年，274位老科技工作者在退休后继续从事"教学或科学研究工作"，占比为19.68%；205位开展"新技术、新产品、新服务研发工作"，占比为14.73%；216位参与"技术推广（为个人、组织推广技术，推动技术应用）"，占比为15.52%。

2. 决策咨询价值认同

许多老科技工作者在科学技术领域具有较高的权威性和影响力，对科学技术发展规律有着深刻的认识，他们可以作为宝贵的智囊群体，是有关部门和组织制定政策的重要征询对象。例如，有些老专家、老教授被选举或被推荐为各级人大代表或政协委员，他们可代表老科技工作者提出相关议案或提案；一些知名专家教授可作为评审评价专家，参加科研课题评审、技术成果鉴定、技术标准制定等工作，同样体现了其决策咨询价值。课题组对全国范围内1392位仍在工作的老科技工作者的抽样调查结果显示，2018～2019年，老科技工作者在退休后通过"参与建言献策"继续发挥作用的人数最多，达682人，占总调查样本的48.99%。此外，还有22.27%的老科技工作者通过"为政府部门等提供科技咨询服务"发挥决策咨询价值。

3. 人才培养价值认同

老科技工作者作为老专家、老学者、老前辈，可充分利用其专业知识、丰富的工作经验、优良的品行和人格魅力，通过言传身教发挥传帮带作用，为青年科技人才提供指导和帮助，助力青年人才快速成长。许多老科技工作者作为博士生和硕士生导师，为培养研究生花费了大量的心血，通过指导学生，能帮助学生完成高水平的科研项目并快速与社会需求对接；一些老科技工作者是某科研团队或者项目的带头人，他们认真负责、扎实严谨、敬业奉献的作风，会对年轻人才产生潜移默化的正面影响。他们在工作中关心和指导青年工作者，可帮助年轻人才少走弯路、快速成长。课题组对全国范围内 1392 位仍在工作的老科技工作者的抽样调查结果显示，2018~2019 年，16.24%的老科技工作者退休后通过"教育培训"继续发挥人才培养价值。

4. 引领示范价值认同

老科技工作者长期接受党和国家的教育培养，他们中有不少人还是优秀党员、劳动模范等，他们普遍爱党、爱国，比较关注国家大政方针的制定，对国家发展战略目标有着坚定的信心。许多老科技工作者把一生钟爱的事业作为人生追求的目标，对事业、对组织有较高的忠诚度，他们坚定的信念、高尚的情操和艰苦奋斗的精神，既是我国社会转型发展所需要的，也是中国特色社会主义核心价值观所倡导的。袁隆平、屠呦呦等老科技工作者的先进事迹家喻户晓，宣传老科技工作者中的优秀典型，对弘扬社会主义核心价值观具有引领示范作用。

5. 科普宣传价值认同

科普宣传是向社会公众普及科学知识、推广科学技术的应用、倡导科学方法、传播科学思想、弘扬科学精神的社会教育活动，这种公益性质的活动需要权威人士进行通俗易懂的宣传讲解。老科技工作者自然成为科普宣传教育活动的重要力量，他们拥有丰富的经验、较高的权威，在工作中做出了突出的成就，这些均有利于引导公众接受科技文化知识。此外，科普宣教活动一般形式较为轻松灵活，对参与者的体力要求不高、时间要求相对宽松，比较适合老科技工作者的参与。对全国范围内 1392 位老科技工作者的抽样调查结果显示，2018～2019 年，老科技工作者在退休后参加科普宣传的比例相对较高，28.74%的老科技工作者通过"举办科普讲座或培训"发挥科普宣传价值，8.98%的老科技工作者中通过"编著出版科普读物"发挥科普宣传价值，8.48%的老科技工作者通过"为科普场馆提供服务"发挥科普宣传价值。

（三）主观价值认同

主观价值认同是老科技工作者对自身知识能力、经验智慧、工作态度、工作意愿、人脉资源以及身体条件等方面的主观认同，这些构成了老科技工作者人才资源开发的供给基础。

1. 知识能力认同

老科技工作者退休前从事的工作通常专业性较强、对知识能力的要求较高，他们所具有的工作经历可帮助他们较为准确地认知和评价自己拥有哪些能力、可以完成哪些工作任务等。总体来看，老科技工作者普遍具有较高的学历层次和专业技术等级，在相关工作领域取得了一定的成就，且经常接触专业领域的前沿理论和知识，在此基础上他们对自身知识能力的评价一般比较客观和正面，对利用知识能力完成工作的信念比较坚定，这些都体现了他们对自身知识能力有着较高的认同度。课题组的调查结果显示，3233 位老科技工作者中，对"自身能力知识水平评价"非常高的有 171 位，占比为 5.29%，评价比较高的有 1800 位，占比为 55.68%；对"在专业领域的个人威望评价"非常高的有 174 位，占比为 5.38%，评价比较高的有 1662 位，占比为 51.41%。

2. 经验智慧认同

老科技工作者长期从事专业技术和管理工作，在理论研究、技术研发、实践应用等方面积累了丰富的经验，对科技发展规律和专业事务有着较为深刻的见解、具有较强的综合思考能力，解决工作中难题的方式更加多样、技巧更娴熟、智慧更高超。课题组对全国范围 3233 位老科技工作者的问卷抽样调查结果显示，有325位老科技工作者认为"自身工作经验非常丰富"，占比为10.05%，有2121位老科技工作者认为"自身工作经验比较丰富"，占比为65.60%。正是基于对自身经验智慧的认同，许多老专家退休后仍保持了相当高的工作热情。

3. 工作态度认同

老科技工作者多数都经受过艰苦的成长、学习、工作环境的磨砺，普遍思想政治觉悟较高，顾大局、识大体，工作责任意识强，工作作风细致、认真、扎实、严谨，同时具有高尚的品格、奉献精神和进取精神，对自己的工作有着较高的认可度和满意度。以工作满意度为例，课题组的抽样调查结果显示，仍在工作的1392位老科技工作者中，对现在工作状况"比较满意"的人数最多，有937位，占比为67.31%；"非常满意"的有207位，占比为14.87%。

4. 工作意愿认同

老科技工作者尽管已达到或超过退休年龄，但其职业生命周期并没有结束，他们积累了丰厚的人力资本，开发效用很大，许多老科技工作者非常渴望通过合适的机会和平台实现"老有所为"，继续发挥余热、继续充实自我，这体现了老科技工作者有较为强烈的工作意愿。课题组对全国范围3233位老科技工作者的问卷抽样调查结果显示，退休后"非常愿意"继续发挥作用为社会做贡献的有1674位，占比为51.78%，"比较愿意"的有1172位，占比为36.25%；"非常愿意"继续学习的有1021位，占比为31.58%，"比较愿意"继续学习的有1670位，占比为51.65%。上述数据表明，老科技工作者具有较为强烈的工作意愿且愿意为继续工作而学习。

5. 人脉资源认同

人脉资源是社会资本的主要体现形式。社会资本是指个体或组织与其他个体或组织形成的社会关系或社会网络，包含知识、机会、信息等多种资源，可为个体或组织创造价值。科技工作需要研究开发、组织管理、应用推广等多个环节相互配合与协作，老科技工作者在长期从事科技工作过程中，结识了相关领域的许多专家、学者、党政干部、经营管理负责人等高层次人才及合作伙伴，其拥有的人脉资源不仅范围广泛，而且质量和与工作的紧密程度较高，成为助力其继续发挥作用的宝贵财富。课题组对全国范围 3233 位老科技工作者的问卷抽样调查结果显示，有 176 位老科技工作者认为"自身人脉资源"非常丰富，占比为 5.44%；有 1445 位老科技工作者认为"自身人脉资源"比较丰富，占比为 44.70%。

6. 身体条件认同

随着社会生活水平的提高和医疗条件的改善，包括老科技工作者在内的老年群体的健康水平不断提升、平均预期寿命显著延长，许多老科技工作者对自己身体条件和生活状况比较满意，这为他们继续发挥作用提供了现实基础和身体保障。对全国 3233 位老科技工作者的抽样调查显示，61.03%的老科技工作者表示自己的身体比较健康，13.58%的认为自己的身体非常健康。绝大多数老科技工作者（90.02%）希望尽可能地保持当前的状态。

第三章 全国老科技工作者作用发挥现状研究

一、全国老科技工作者的总体规模与发展趋势

(一) 基于科技人力资源总量的测算方法

1. 测算原理和思路

目前，全国老科技工作者的数量还没有权威统计数据，课题组根据中国科协《中国科技人力资源发展研究报告》中关于科技人力资源总量的测算思路，对我国老科技工作者的总体规模进行了测算。在测算中，设定了资格和年龄两个条件，即老科技工作者的数量为符合资格的人员（含普通高校本科和专科毕业生、成人高校毕业生和中等专业学校毕业生，但是不含留学生，下同），截至2019年末，年龄段为55~90岁。需要说明的是，由于研究生多由本科或专科升入，为避免重复，这部分数量未统计。同时考虑到当时的中等专业学校毕业生经过专业培训及较长时间的职业发展，或成为中高级技工或走上管理岗位，此外，城市和农村中还存在一些技能型人才、能工巧匠等，经过个人努力，他们一般也有中专及以上学历或中级以上专业技术职称，因此统计中加入了中等专业学校毕业生。

根据现有可查资料，课题组将以上符合资格的人员的毕业时间统计节点设定为1949~1982年，其中中等专业学校毕业生（假设18岁毕业）、大专（假设21岁毕业）、普通高校及成人高校（假设22岁毕业），即[2019–（毕业年份–毕业年龄）]约大于55岁，且1982年已毕业的人员基本符合退休要求。

2. 基于全国总体数据的测算结果

《中国教育统计年鉴1989》发布的数据显示，中等专业学校（包括

中等技术学校、中等师范学校及其他）1949~1978 年的毕业生总数约为515.9 万人。普通高等学校 1949~1978 年的毕业生总数约为 289.7 万人。可以计算出，1949~1978 年各级各类学历教育（中等专业学校+普通高等学校）毕业生总数约为 805.6 万人。

因为未能查找到 1979~1982 年毕业生的数量，所以课题组改变统计口径。以 1978 年各级各类学历教育（包括普通高校本科和专科、成人高校本专科、中等专业学校）学生和 1980 年中等职业教育学生数量为基础，推算出 1979~1982 年普通高校本科和专科、成人高校本专科、中等专业学校毕业生总数。以学制最长的普通高校本科生为例，1978 年的在校生，其入学时间为 1975~1978 年，其毕业时间为 1979~1982 年。中等专业学校学制为 2 年，1980 年的在校生，其入学时间为 1979~1980 年，毕业时间为 1981~1982 年。《中国教育统计年鉴 2003》发布的数据显示：1978 年，普通高校本科和专科、成人高校本专科、中等专业学校学生总数为 477.4 万人；1980 年，中等职业教育学校的学生总数为 675.7 万人。假设以上学生均可顺利毕业，可以推算出，1979~1982 年普通本科和专科、成人本专科、中等职业（1978 年中等专业+1980 年中等职业）毕业生总数约为 1153.1 万人。

因此，1949~1982 年，我国普通高校本科和专科、成人高校本专科、中等专业学校毕业生（1949~1978 年毕业生+1979~1982 年毕业生）总数约为 1958.7 万人。因此，截至 2019 年，老科技工作者的总量约为 1958.7 万人。

考虑到死亡因素，课题组以第六次人口普查公布的 2000~2010 年各年龄段的人口死亡率作为依据进行数据修正。2000 年，本研究对象的年龄段为 35~70 岁。根据第六次人口普查数据，2000~2010 年，40~70 岁人口死亡率平均值为 13.11‰。按照综合死亡率推算，截至 2019 年，我国老科技工作者总量约为 1933 万人。

（二）基于统计学结构相对指标的测算方法

1. 测算原理与思路

课题组以统计学结构相对指标作为主要分析方法，利用结构相对指标在不同年龄人口群体中的相对稳定性特征，以《第二次江苏省科技工作者状况调查报告（2019年）》公布的相关数据为基础，对老科技工作者的总体规模进行测算。

结构相对指标又称比重指标或结构相对数，是指在分组的情况下，总体内部各组的数值与总体数值相比计算得到的相对数。它反映出总体内部的构成情况，表明总体中各部分所占比重的大小，一般用百分数表示。在研究过程中，老科技工作者数量占老年人口的比重、科技工作者（年龄为60岁以下）数量占60岁以下人口的比重、全部科技工作者数量（退休科技工作者与未退休科技工作者数量之和）占总人口的比重，三个指标均属结构相对指标，从社会人口发展规律和统计规律来看，针对同一地区的上述三个指标具有相对稳定性且取值相近的特点，可用其中的一个指标推断或代替其他指标。

根据《第二次江苏省科技工作者状况调查报告（2019年）》，2017年，江苏省科技工作者数量为668万人，占全国总量的7.9%。预计2020年（调查五年开展一次，因此暂无最新数据）将达到705万人，占全国总量的8.0%。由此可以推算出：2017年全国科技工作者数量约为8455.7万人；2018年全国科技工作者数量约为8573万人；2019年全国科技工作者数量约为8691.9万人；2020年全国科技工作者数量约为8812.5万人。年均增长率为1.387%。

根据统计数据的可获得性，可利用公式（3-1）测算2017～2019年全国老科技工作者数量

$$\frac{老科技工作者数量}{老年人口数量} = \frac{科技工作者数量}{60岁以下人口数量} \quad (3-1)$$

2. 基于全国总体数据的测算结果

根据国家统计局发布的相关数据，截至2017年末，我国（不包括香港、澳门特别行政区和台湾地区以及海外华侨人数）总人口为139 008万人，60周岁及以上人口数量为24 090万人。据此可知，2017年末，我国60岁以下人口为114 918万人。根据公式（3-1）可以推算出，截至2017年末，全国老科技工作者数量约为1772.5万人。

根据国家统计局发布的相关数据，截至 2018 年末，我国（不包括香港、澳门特别行政区和台湾地区以及海外华侨人数）总人口为 139 538 万人，60 周岁及以上人口为 24 949 万人。据此可知，2018 年末，全国 60 岁以下人口数量为 114 589 万人。根据公式（3-1）可以推算出，截至 2018 年末，全国老科技工作者数量约为 1866.6 万人。

根据国家统计局发布的相关数据，截至 2019 年末，我国（不包括香港、澳门特别行政区和台湾地区以及海外华侨人数）总人口为 140 005 万人，60 周岁及以上人口 25 388 万人。据此可知，2019 年末，全国 60 岁以下人口数量约为 114 617 万人。根据公式（3-1）可以推算出，截至 2019 年末，全国老科技工作者数量约为 1925.3 万人。

基于科技人力资源总量的测算方法，课题组推算出，截至 2019 年，我国老科技工作者总量约为 1933 万人；基于结构相对指标的测算方法，课题组推算出，截至 2019 年，我国老科技工作者总量约为 1925.3 万人。对两组测算结果进行平均值处理得出结论，截至 2019 年，我国老科技工作者总量约为 1929.2 万人。

（三）学历、年龄及专业分布

从学历分布看，根据上述测算结果，2019 年老科技工作者中具有普通高等学校学历的人数约为 509.4 万人，占比约为 26.35%；具有中等专业学校学历的人数约为 1423.7 万人，占比约为 73.65%。

从年龄分布来看，考虑到各年龄段死亡率，根据上面的测算结果，2019 年具有普通高等学校本科和专科及以上学历的老科技工作者中，59～62 岁的约为 225 万人，约占 2019 年老科技工作者总量的 11.66%；63～75 岁老科技工作者的数量约为 135 万人，约占总量的 7.00%；76 岁及以上老科技工作者的数量约为 143 万人，约占总量的 7.41%。具有中等专业学校学历的老科技工作者中，55～58 岁老科技工作者的数量约为 922 万人，约占总量的 47.80%；59～71 岁老科技工作者的数量约为 220 万人，约占总量的 11.40%；72 岁及以上老科技工作者的数量约为 278 万人，约占总量的 14.41%。

从专业分类看，根据上文的测算结果，1978 年前毕业的老科技工作者约为 795.3 万人。其中，工科专业老科技工作者的数量约为 221.1 万人，约占 27.80%；农林专业老科技工作者的数量约为 80.3 万人，约占 10.10%；医药专业老科技工作者的数量约为 113.5 万人，约占 14.27%；财经专业老科技工作者的数量约为 36.3 万人，约占 4.56%；理科老科技工作者的数量约为 22.1 万人，约占 2.78%；师范类老科技工作者的数量约为 297 万人，约占 37.34%；其他老科技工作者的数量约为 24.7 万人，约占 3.11%。1978～1982 年毕业的老科技工作者的专业分类，因统计口径改变，暂无具体数据。

（四）趋势预测

《第三次全国科技工作者状况调查报告》显示，2012 年，我国科技人力资源总量约为 6800 万人。2013 年，35～44 岁的科技工作者约为 2162 万人，约占 31.80%，45 岁及以上的科技工作者约为 1530 万人；约占 22.50%。

考虑到死亡因素，本研究以第六次人口普查公布的 2000～2010 年各年龄段的人口死亡率作为依据。根据第六次人口普查数据，2000～2010 年，40～90 岁人口死亡率的平均值为 53.75‰，那么 2028 年前后，全国老科技工作者规模将达到 3273 万人，年均增长率为 6.05%；2038 年前后，全国老科技工作者规模将达到 5319 万人，年均增长率为 5.49%。根据年均增长率进行计算，那么 2035 年前后，全国老科技工作者规模约达到 4536 万人。

二、全国老科技工作者作用发挥所取得的成效

长期以来，我国广大老科技工作者以强烈的使命担当，积极投身于新时代中国特色社会主义建设事业，在决策咨询、科技创新、人才培养、科学普及和科技为民服务等方面主动作为、发光发热，为经济社会发展做出了较大贡献。

（一）参与决策咨询，积极为各级党委和政府有关决策建言献策

老科技工作者拥有专业优势、经验智慧优势和威望优势，对科技、经济、社会问题的认识较为深邃透彻，提出的见解与方案具有较强的战略性和前瞻性。为各级党委和政府部门建言献策，已成为老科技工作者退休后再做贡献的重要途径。他们有的是人大代表、有的是政协委员、有的担任顾问、有的被聘为参事，他们在自己的岗位上为国家发展建言献策，他们的建议成为各级党委和政府进行科学决策的重要参考。

针对全国老科技工作者的问卷调查结果显示，退休后仍在工作的老科技工作者中，通过"参与建言献策"方式继续发挥作用的人数最多，约占48.99%。据不完全统计，1990年以来全国老科技工作者通过各级老科协组织建言献策20余万项，如《关于加快农村沼气服务体系建设的建议》《南水北调西线工程备忘录》《关于推动既有住宅加装电梯的建议》等多项建议报告，对政府决策产生了重要影响。重庆市老科协副会长兼农业农村专委会主任张洪松，从事农业教学、科研、推广和管理等工作40余年，退休后积极参与乡村振兴、脱贫攻坚、科技扶贫等方面的决策咨询工作，主持承担了市科协、市农委的调研项目3个，先后向重庆市人民政府及相关部门提交了《关于加强基层农技推广队伍建设的建议》《关于鼓励退休科技人员参与乡村振兴的建议》《加强深度贫困乡镇科技人才支撑的建议》等多个建议报告，受到重庆市政府领导和相关部门领导的高度重视，且多项建议被吸收采纳。河北省知名中医专家李佃贵教授，在履职河北省人大代表、政协委员期间，时刻不忘初心，为河北省委、省政府发展中医药事业科学决策建言献策30余项；新冠肺炎疫情发生后，李教授担任河北省应对新冠肺炎疫情中医药防治专家组顾问，亲临疫情定点医院对确诊患者把脉会诊，制订个性化诊疗方案；带领团队撰写了《新型冠状病毒感染的肺炎中医防控手册》，研制出"藿香化浊解毒饮""香苏化浊颗粒"等系列诊疗方药；为抗击新冠病毒肺炎疫情提出科学有效的建议，如中医药及早介入、中西医并重等，获得省委、省政府相关领导的赞许和认可。

（二）坚持科技创新，取得诸多高水平标志性科技成果

尽管因年龄较大，老科技工作者的体力、精力有所下降，但长期从事脑力劳动使其智力得到充分锻炼，同时他们善于主动学习、与时俱进，因而老科技工作者仍然具有较强的创新活力，这些有利于他们通过升华长期沉淀的丰富知识和经验，继续攀登事业高峰。众多老科技工作者在退休以后迎来创新创造的"第二个黄金时期"，甚至创造了比离退休前更重要的成就，用事实印证了人才学中被广泛认可的"双峰曲线"效应。

调查结果显示，退休后仍在工作的老科技工作者中，通过"教学或科学研究工作""新技术、新产品、新服务研发工作"等方式继续发挥作用的占比约为34%。四川省热力学专家马怀新，退休后继续从事超临界循环流化床锅炉技术研究工作，2017年他参与的"600MW超临界循环流化床锅炉技术开发、研制与工程示范"项目荣获国家科技进步奖一等奖。厦门市项目管理专家马旭晨研究员，退休后考取了国际特级项目经理（国际最高级别，中国第8位获证者）证书；2006年起，马旭晨陆续主持、参与了一批国家和省部级科研课题的研究工作：作为专家组长主持了北京市科学技术委员会、中国项目管理研究委员会"中国卓越项目管理评估模型开发"课题；作为专家组长参与了国家软科学研究计划重大项目——"中国特色项目管理知识体系框架研究"；主持完成教育部科研课题"项目管理工程硕士毕业论文评价模型研究与应用"等。2008年相继被国际项目管理协会评为国际项目经理资质认证的中国评估师、国际项目管理咨询师资质认证的中国首席评估师。退休以来，马旭晨研究员独著或主编出版了项目管理类著述21部，参编7部，在《项目管理技术》《工程管理学报》等期刊上发表论文30余篇；基于对经济、科学发展趋势的研究探索，出版了《项目学概论》《项目管理哲学简论》《创业项目管理》等著作，对项目管理学科的创新发展做出了较大贡献，在国内外引起强烈的反响。

（三）注重人才培养，培育造就大批年轻科技人才

老科技工作者渊博深厚的专业学识、高风亮节的道德品质、严谨踏实的工作作风、勤奋进取的精神风貌，是年轻科技人才学习效仿的榜样。有些老科技工作者退休后仍担任研究生导师，指导博士生或硕士生；有些老科技工作者仍从事教学工作，在讲堂上继续发光发热；许多老科技工作者在工作中担任指导者的角色，积极发挥对年轻人的传帮带作用。他们通过教育教学、指导示范、资助扶持、言传身教等方式，将自身的知识技能传授给年轻人，培养造就了大批年轻科技人才，为我国科技人才队伍的持续发展壮大贡献了力量。

调查显示，退休后仍在工作的老科技工作者中，通过"教学工作""教育培训"等方式继续发挥作用的比例约为36%。清华大学原计算机与应用系主任周立柱教授，虽年过花甲却情系西部计算机教育的发展，为西部计算机人才培养倾注了大量心血。2007年，他接受组织委派，负责组建青海大学计算机系，提出了"三年基础，一年实践"的培养模式；领导制定了与这一应用型人才培养模式配套的培养方案和教学计划；建立了软件技术与应用实验室、硬件技术与应用实验室等一批实验室。他积极为青海大学争取资源，在青海大学先后组织和召开了多次国内外学术会议，增强了青海大学与外界的学术交流；先后从清华计算机系、软件学院等院系聘请了约20位教师到青海大学计算机系授课，帮助青海大学计算机系的年轻教师掌握授课要点、了解授课注意事项，为青海大学计算机系的持续发展奠定了基础。周教授还策划并组织设立"清华携手谷歌助力西部教育"项目，积极为青海大学、新疆大学、宁夏大学、云南大学、贵州大学5所西部高校提供资源及经费支持，2011~2015年，这一项目共投入数百万元，借助清华大学、上海交通大学等高校以及谷歌公司、中国计算机学会、国际商业机器公司（IBM公司）等单位的支持，5所西部高校的计算机教育在师资力量和大学生人才培养等方面发生了显著变化，促进了我国整个西部地区计算机教育事业的发展。再如中国工程院院士、山东农业大学束怀瑞教授，近年来仍工作

在高等教育第一线，他不仅在学术上给学生以指导，还在思想品格上教育影响学生，让他们具有坚定的信念、端正的学风、高尚的情操。自1991年招收博士研究生以来，束院士先后培养了48名博士，36名博士后出站，其中留在国内的博士毕业生分布在全国17个省份的21所大学和国家级、省级研究院所，多数已经成为该学科领域的学术带头人。束院士非常关心青年人才的成长，将主持山东省良种产业化项目的约1500万元经费，全都用于一线科技人员的研究项目上；束院士利用科研资金支持研究生和青年教师完成研究工作，资助科研人员参加国际学术会议，鼓励青年教师攻读博士学位或深造，许多人学成后在科研和学科建设中成为业务中坚与骨干。

（四）投身科学普及，助力提升公众科学素养

科学普及是向社会公众传播科学知识的社会教育活动，许多老科技工作者满怀报国热情，对国家科技进步、国民素质提高抱有坚定的信念和强烈的使命感，他们利用丰富的经验、公认的身份地位、突出的科技成就等优势，积极投身于科学普及工作中。他们身体力行、走在前列、不求回报，通过开设科普讲堂、深入基层宣讲、出版科普读物等方式开展科普宣传活动，受到社会广泛赞誉，为提升社会公众的科学素养做出了突出贡献。

调查显示，退休后仍在工作的老科技工作者中，通过"举办科普讲座或培训""编著出版科普读物""为科普场馆提供服务""就科技问题接受大众媒体采访"等方式继续发挥作用的比例约为48%。据不完全统计，1990年以来全国老科技工作者通过各级老科协组织开展科普报告活动30余万场，受益人数达3000多万人次；助力农村中学科技馆建设和正常运行近千所。中国科学院成都山地灾害与环境研究所研究员张文敬，退休后积极投身科学普及工作，先后出版《解剖冰川：张文敬冰川科考论文精华》《南极科考纪行》《喜马拉雅科考纪行》《海螺沟科考纪行》《科学家带你去探险：说不尽的北极故事》《走进多彩的冰川世界》等科普类图书，共500余万字；为中国《国家地理》《大自然探索》等期刊撰写科普类散文近100篇；"科学家带你去探险"系

列丛书获得国家科技进步奖二等奖。为成都山地灾害与环境研究所博士研究生开展教学与野外实习活动,参与学生累计达千余人次;为老少边穷地区,如凉山州、甘孜州、阿坝州、广元市等地开展科普培训,受众达数万人次;为大专院校及中小学生开设科普讲座 100 多场;数十次接受中央媒体专题采访。中国地震局地震预测研究所研究员陈会忠,退休后继续耕耘在科普第一线。他虽已进入古稀之年,但是依然精神饱满,努力学习新的网络知识,不断探索运用微博、微信和动漫等新媒体技术进行地球科学知识宣传,目前已成为地震和地球物理科普宣传领域知名的网络"大 V"。陈会忠 2006 年开通博客,成为运用微博开展科普宣传的第一人,发表微博数千条,总访问量达几百万,阅读量达到约 60 万人次;2014 年,陈会忠和他的科普团队创建了科普微信平台——"上天入地",是中国最早建立的科普类微信公众号,开辟了利用新媒体——微信平台传播科学知识的新途径,多年来,"上天入地"微信平台已累计发布科普文章 300 多篇,平均年点击量约为 100 万人次,对网络公众起到了很好的科普宣传作用。

(五)推动科技为民服务,创造良好的经济价值和社会价值

科学知识和科技创新成果只有在社会中得到应用,才能体现它们的真正价值。作为科学知识和科技创新成果的拥有者,许多老科技工作者不忘初心、牢记使命,通过向企业转让技术专利、为企业提供技术指导或科技咨询服务、向农民传授农业技术知识或开展技术培训、利用掌握的技术成果自主创业等方式,践行科技为民的服务理念,积极推动科技成果转化应用,给经济社会发展和人民生活的改善带来了切实效益。

一是老科技工作者为脱贫攻坚和乡村振兴战略实施提供了科技支持。调查显示,退休后仍在工作的老科技工作者中,19%的人通过"科技下乡"(利用专业知识为农村、农民服务)的方式继续发挥作用。据不完全统计,1990 年以来,老科技工作者通过各级老科协组织开展科技培训 20 万余次,受益人数达 3000 余万人次,帮助 60 余万户脱

贫。中国农业科学院蔬菜研究所研究员王耀林，退休后积极推广蔬菜栽培技术，通过参加由中共中央宣传部、中央精神文明建设指导委员会办公室、中国科协、科技部等部门及相关地方政府组织的"科技列车行"活动，2002~2005年先后五次前往10个省份、多个老少边穷地区，向当地农民推介蔬菜栽培高产高效"短平快"致富项目、发放蔬菜良种及科技资料，深入田间地头开展科技咨询活动，解答菜农提出的品种、育苗、病虫害防治等问题，深受广大菜农的欢迎；先后在山东、河北、内蒙古等14个省份，举办各种培训班41次，接受现场技术咨询25次，培训农民、基层技术员3410人次，为"科技兴村、乡村振兴"做出重要贡献。

二是老科技工作者积极推广科技成果，为企业技术创新提供了技术支持。调查显示，退休后仍在工作的老科技工作者中，52%的人通过"为企业提供咨询服务""技术推广""兴办实体企业"等方式继续发挥作用。中航工业沈阳黎明航空发动机（集团）有限公司老专家段诸海，在专业技术领域继续耕耘，进行企业技术攻关，成功为该企业解决了导向叶片喷涂纳米氧化锆涂层强度的难题，为我国航空领域攻克"卡脖子"关键技术做出了突出贡献。重庆钢铁集团高级工程师陈遵才，退休后继续发挥自身特长，推广应用水处理技术，取得了较好的社会效益和经济效益。他带领团队在重庆春园环保科技公司开展环境治理和污水处理技术方面的科研开发工作，分别于2011年和2016年获得两项个人发明专利，他们发明的废水处理专利技术工艺简单、所需设备少、成本低，大大提高了工业废水处理的效率。目前这一技术在重庆钢铁有限责任公司焦化厂实现全程废水达标处理的工业运行，每年创造经济效益1000多万元；该技术同时在广西柳州钢铁厂、四川攀钢等企业得到推广和应用。

三、全国老科技工作者人才资源开发经验总结

全国老科技工作者之所以能够取得如今的成绩，成为推动经济高质量发展和创新驱动发展不可忽视的重要力量，与长期以来全国上下围绕

老科技工作者人才资源开发所开展的大量卓有成效的工作密不可分,尤其在各级党委和政府的重视与支持、加强老科协组织建设、探索多样化参与方式、推动人力资本积累和职业发展、打造人才集聚平台等方面,积累了许多宝贵经验。

(一)各级党委和政府的重视与支持,是老科技工作者人才资源开发工作的根本保障

近年来,党中央和国家机关、地方各级党委和政府愈加重视老科技工作者人才资源开发工作,在政策法规、舆论宣传、决策咨询、工作机制等方面为老科技工作者发挥作用给予了坚定的支持。习近平同志在老科协成立30周年之际对老科协工作做出重要批示:"老科技工作者人数众多、经验丰富,是国家发展的宝贵财富和重要资源。各级党委和政府要关心和关怀他们,支持和鼓励他们发挥优势特长,在决策咨询、科技创新、科学普及、推动科技为民服务等方面更好发光发热,继续为实现'两个一百年'奋斗目标、实现中华民族伟大复兴的中国梦贡献智慧和力量。"习近平同志的指示充分肯定了老科技工作者人才资源的重要价值,为老科技工作者人才资源开发工作指明了方向、提供了动力。

一是我国先后出台了多项政策措施,为老科技工作者人才资源开发工作提供了有力保障。2005年,中共中央办公厅、国务院办公厅转发了《中央组织部、中央宣传部、中央统战部、人事部、科技部、劳动和社会保障部、解放军总政治部、中国科协关于进一步发挥离退休专业技术人员作用的意见》。该文件提出,要做好发挥离退休专业技术人员作用工作的总体要求。要以邓小平理论和"三个代表"重要思想为指导,贯彻尊重劳动、尊重知识、尊重人才、尊重创造的方针,按照政府引导支持、市场主导配置、单位按需聘请、个人自愿的原则,坚持社会需求和本人志趣、专业特长相结合,进一步完善政策措施,提高服务水平,保障合法权益,营造良好环境,使离退休专业技术人员特别是老专家在保持身心健康、安度晚年的同时,继续为全面建成小康社会贡献经验、才智和力量。各级党委、政府和有关部门要通过多种形式,支持离退休专业技术人员特别是老专家进一步发挥在经济建设和科技进步中的服务和推动作用……努力为离退休专业技术人员发挥作用提供必要的条件。2016年，中共中央办公厅、国务院办公厅印发《关于进一步加强和改进离退休干部工作的意见》，该文件指出："更加注重发挥离退休干部的独特优势……组织引导广大离退休干部在推进全面建成小康社会、全面深化改革、全面依法治国、全面从严治党中作出新贡献。"2019年，中共中央、国务院印发了《国家积极应对人口老龄化中长期规划》，该文件明确了积极应对人口老龄化的战略目标，强调推进人力资源开发利用，创造老有所为的就业环境，充分调动大龄劳动者和老年人参与就业创业的积极性。十九届五中全会审议通过的《中共中央关于制定国民经济和社会发展第十四个五年规划和二〇三五年远景目标的建议》提出，实施积极应对人口老龄化国家战略……积极开发老龄人力资源。该文件将包括老科技工作者人才资源开发在内的老龄人力资源开发提升到国家战略层面，为推进老科技工作者人才资源开发工作提供了战略指引。

二是地方各级党委和政府积极探索推动老科技工作者人才资源开发立法和政策规范工作。2020年3月，山东省委就《山东省人才发展促进条例（草案）》召开征求意见座谈会，人才研究专家、山东省老科协副会长张体勤教授在会上提出将老科技工作者人才资源开发与服务纳入该条例相关条款的具体建议，随后山东省老科协朱正昌会长组织起草并向山东省人大常委会提交了书面建议，该建议得到省人大多位领导的认同和支持。3月26日，山东省第十三届人民代表大会常务委员会第十八次会议表决通过《山东省人才发展促进条例》，该条例吸纳了相关建议，明确提出"县级以上人民政府应当为退休专家、老科技工作者等服务经济社会发展提供支持和便利；鼓励通过退休返聘、购买劳务服务等方式，为其在决策咨询、科技创新、科学普及、推动科技为民服务等方面继续发挥作用创造条件"。据了解，该条例将老科技工作者人才资源开发与服务纳入地方性法规，在全国尚属首次。2010年，北京市出台《关于发挥离退休专业技术人员作用的意见》，提出积极为离退休专业技术人员搭建服务平台，各类人才市场、人才中介机构应把离退休专业技术人员纳入服务范围……切实维护离退休专业技术人员的合法权益，此外，还对老科技工作者取得合理劳动报酬、受聘工作期间发生职业伤害、科研成果转化收益以及劳动争议处置等方面的权益保障等问题做出明确而详细的规定。

三是重视表彰、宣传优秀老科技工作者的先进事迹，展现老科技工作者风采，为老科技工作者发挥作用营造良好的舆论环境。近年来，政府宣传部门、科协、老科协、中国纪检老龄委办公室（简称"老龄委"）等部门通过电视、报刊、网站以及微信、微博等媒体平台，大力宣传老科技工作者在各条战线、各个领域的先进事迹，讲好老科技工作者故事，充分彰显老科技工作者在推动我国经济和社会发展中所起的作用。我国设有"老科技工作者日"，在"五一劳动节""老科技工作者日""科技工作者日"，政府宣传部门、科协、老科协、老龄委等部门积极组织广大老科技工作者开展书画摄影展、庆祝会、文艺演出等大型活动，展示老科技工作者在经济社会发展中所做出的突出贡献。我国注重表彰先进，隆重举行的国家最高科学技术奖、国家勋章和国家荣誉称号等颁授仪式，让袁隆平、孙家栋、屠呦呦、钟南山等老科技工作者的卓著功绩、光辉形象深入人心。在全社会推动形成关心老科技工作者、尊重老科技工作者、服务老科技工作者的良好氛围，为老科技工作者发挥作用营造了良好的外部环境。

（二）切实加强老科协组织建设，为老科技工作者发挥作用提供了有力的组织保障

中国老科协是离退休老科技工作者和老科技工作者团体自愿组成的社会组织，是党和政府联系老科技工作者的重要桥梁和纽带，同时也是服务老科技工作者、促进其作用发挥的组织依托和活动平台，近年来，各级老科协在组织建设方面取得了显著成效。

一是政策支持到位，为老科协的建设发展提供了制度保障。《中央组织部、中央宣传部、中央统战部、人事部、科技部、劳动和社会保障部、解放军总政治部、中国科协关于进一步发挥离退休专业技术人员作

用的意见》提出，高度重视发挥离退休专业技术人员社团组织的作用，要充分发挥中国老科技工作者协会、中国老教授协会等社团组织团结和凝聚离退休专业技术人员的桥梁纽带作用。鼓励和支持这些社团组织围绕经济社会发展的需要，发挥专业特长和优势，鼓励离退休专业技术人员特别是老专家继续发挥作用。2016年，中国科协、科技部、人力资源和社会保障部印发《关于进一步加强和改进老科技工作者协会工作的意见》，提出加强和创新老科技工作者党组织建设，要重视加强各级老科协组织的班子建设，加强地方、分支机构组织建设，为老科协开展工作创造良好环境。以上述文件为指导，全国各省、自治区、直辖市纷纷制定落地性政策措施，进一步明确老科协在促进老科技工作者发挥作用中的重要职责，并为老科协发展提供相应支持。以山东为例，2005年山东省委组织部等八部门联合出台了《关于进一步发挥离退休专业技术人员作用的实施意见》，提出鼓励和支持省老科协、省老教授协会等组织健全工作体系；2017年，山东省科协联合省委老干部局等四部门印发了《关于进一步加强和改进老科技工作者协会工作的意见》，进一步细化了省老科协的工作目标、作用定位和建设思路等。

二是坚持政治站位，为老科协建设发展提供思想保证。一方面，各地老科协组织注重使命担当、提高政治站位，始终坚持政治引领的主线，把学习宣传贯彻习近平新时代中国特色社会主义思想融入老科协日常工作中，融入会员主题日活动、科普宣传活动等一系列活动中，引领老科技工作者在思想上、政治上、行动上自觉与党中央保持高度一致，引领老科技工作者以坚定的政治立场、伟大的奉献精神为经济社会发展再做贡献。另一方面，注重加强党组织建设，许多老科协组织通过设立党总支、党支部等，将领导班子和秘书处党员统一编入党的基层组织，定期开展组织活动。调查显示，55.08%的老科协党组织"设有日常工作机构"，50.59%的党组织"设有支部委员会"，12.11%的党组织"设有总支部委员会"，44.53%的党组织"定期召开'三会一课'"，35.35%的党组织"没有党员档案管理、活动组织等工作制度"。

三是加强组织领导和工作体系建设，为老科协建设发展提供组织支撑。各级党委和政府对老科协领导班子建设比较重视并给予了相应的支持,各级老科协领导班子的组建与换届工作严格按照章程要求和规范流程组织实施,领导班子成员均具有较高的威望,他们以饱满的工作热情、积极的服务意识、丰富的经验和突出的能力扎实推进老科协各项工作顺利开展。多数省份的老科协已建立起省、市、县、乡四级垂直化工作体系,高等院校、科研院所和大型企业的老科协组织团体得到进一步发展,各级老科协组织在推进工作人员落实、经费落实、办公场地落实、活动设施落实("四落实")方面成效显著。其中,湖南省老科协坚持组织建设不放松,不断拓展完善组织网络,重点加强乡镇(街道)和村级(社区)老科协建设,推动老科协组织向基层延伸,并针对全省社区老科协组织开展"建档立卡、建章立制、建队立项"的"三建三立"工作;张家界市创新了乡镇一级老科协工作机制,各乡镇由党委副书记或组织委员担任老科协会长,加大了对老科协的领导力度。山东省临沂市兰山区老科协探索实施"一级法人、三级组织"的工作体系建设新模式,兰山区老科协作为独立法人社会团体,分别在镇街设立老科协办事处,在村居设立老科协工作站,并作为兰山区老科协的派出机构,由此实现区、镇街、村居三级联动,构建形成了完善的工作网络体系,有效地整合了分散的老科技工作者资源,实现了老科技工作者与一线企业、农村、农民的零距离对接。

(三)探索多样化的参与方式,有效调动了老科技工作者的积极性

推动老科技工作者继续发挥作用,需要借助一定的工作抓手和组织形式,为他们提供良好的机会和适当的渠道。近年来,各级老科协组织积极探索、创新工作方法,通过常态化、多样化的参与方式将大批老科技工作者有效组织起来,帮助他们在想为、可为的基础上实现老有所为,提升了老科技工作者的参与感、认同感、获得感和成就感,充分调动了老科技工作者的积极性,为社会各界参与老科技工作者人才资源开发提供了经验借鉴。

一是着力打造"五老品牌"。"五老品牌"包括老科协智库、老科协奖、老科协日、老科协大学堂、老科协报告团,充分发挥了老科协的人

才优势和智力优势，取得了很好的社会反响。老科协智库邀请特定领域专家组成顾问团或智囊团，围绕全面建设社会主义现代化国家新征程中的重大问题，开展调查研究，提出决策建议。中国老科协先后聘请22名领导和知名专家担任创新战略研究院及发展研究中心的特邀研究员与特邀高级顾问，近年来这些聘请的特邀研究员和高级顾问主持完成了数十项课题研究。据不完全统计，2009~2019年，各级老科协呈交的建议中得到省部级领导批示的有2000余份，得到国家领导人批示的有近百份。老科协奖旨在表彰在创新驱动发展战略中积极探索、勇于创新、甘于奉献的老科技工作者个人和相关组织，设立了"中国老科学技术工作者协会奖""突出贡献奖""先进集体奖"等，这些奖项的设立激发了大批老科技工作者为建设科技强国贡献智慧和力量的动力。老科协日，即全国老科技工作者日，为每年的重阳节（农历九月初九），全国老科协系统在老科协日期间举办科普展览、文艺演出等丰富多彩的活动，有效提升了老科技工作者的社会影响力。老科协大学堂致力于打造成老科技工作者的"进修基地"，通过定期举行报告会，邀请专家学者围绕前沿科学、科学健康、文化艺术、国防外交等方面进行学术报告，丰富更新了老科技工作者的知识结构。老科协报告团是开展科普宣传的主力军，报告团通过进企业、进农村、进社区、进学校，来传播技术、传播知识。据不完全统计，各级老科协的报告团有近5000多个，老专家约5万人。

二是实施了助力精准扶贫和乡村振兴战略行动计划。各级老科协积极组织老科技人员与乡镇、村组或农户结成支帮对子，把科技扶贫落实到农户、田头；大力推广新品种、新技术、新工艺，直接帮助农民群众抓好科学种养，实现提质增效；主动联手涉农企业、农业合作组织、种养大户等，采取多种形式推进农业科技示范基地建设，取得了可喜的经济效益。据不完全统计，1990年以来，各级老科协组织设立示范基地（点、园）2万余个，推广新技术2万余项。山东省老科协已建成市级以上示范基地300多个，占地面积约50万亩，年产值30多亿元。江苏省老科协2018年组织444位老专家，对447名大学生村官开展对接帮扶活动。辽宁省老科协积极构建农业科技服务协作平台，多年来开展农技培训活动2456期、农技推广活动2037次，编写农技教材74种。

三是实施助力企业技术创新行动计划。各级老科协积极组织大批学识渊博、造诣精深、功底厚实的老科技工作者积极参与科技研发、技术革新和科技推广。1990年以来，各级老科协为2万余家企业提供了技术咨询服务，服务项目近5万个。一大批老科技工作者以多年积累的科技成果和发明专利为核心技术与拳头产品，通过创办、领办企业进行产业化和再创新，推进产业转型升级。

（四）推动人力资本积累和职业发展，实现了老科技工作者的自我发展需求

老科技工作者继续发挥作用，是其职业生涯的进一步延续和发展，这就需要不断更新他们的知识技能，推动人力资本积累。多数老科技工作者退休后仍希望充实自我、发展自我、更新知识、保持进步，甚至追求更高的理想抱负，这些都体现了老科技工作者较强烈的自我发展需求。社会各方通过发展老年教育、开展职称评定等，积极推动老科技工作者进行人力资本积累，合理实现其自我发展需求，从而为老科技工作者人才资源开发奠定了良好的基础。

一是老年教育得到长足发展。1983年创办的山东省红十字会老年大学（山东老年大学的前身）是我国第一所老年大学，此后我国老年大学得到长足发展，学校数量持续增加，办学水平持续提升。2016年，国务院发布《老年教育发展规划（2016—2020年）》，标志着我国首部老年教育全国性行政法规的诞生，此后全国多个省份陆续发布本地支持老年教育的发展规划。截至2018年底，全国各类老年大学、老年学校已有49 289所，在校人数约587万人，我国已基本形成覆盖城乡、规范有序、保障得力的老年教育体系，为广大老科技工作者提供了学习机会。

二是老科技工作者间的互动明显增加。老科技工作者彼此间的交流互动有助于促进知识、思想、观点的分享和传播，为其人力资本积累创造条件。近年来，各级老科协通过开展形式多样的活动，将老科技工作者有效地组织起来，促进了彼此的互动和学习。常规性的会员大会、会员代表大会、理事会等会议，将老科技工作者集聚一堂，总结工作成效、

共谋发展良策；特色性老科协大学堂、科普宣讲等活动，已形成省、市、县三级联动网络。其中，每年参与科普报告活动的老专家约有 4000 名，这些活动为老科技工作者提供了相互协作、共同做事的密切互动机会，增强其归属感的同时加强了彼此的认同。

三是老科技工作者职称评定工作有序开展。老科技工作者属于专业技术人员，专业技术职称在很大程度上反映其专业技术能力和水平。许多老科技工作者希望自己获得更高职称，这既是对自我发展的肯定，也可以为其发展提供更高的起点与更好的前景。在我国推行政府职能转变过程中，各地老科协积极承担了老科技工作者职称评定工作，他们认真制定评定资格、标准、程序等评定制度，利用完善的组织网络畅通申报渠道，组织各领域专家开展审核与评价，以公平、公正、严格、权威的工作原则推动职称评定工作顺利开展。例如，截至 2020 年，山东省老科协系统已连续 17 年圆满完成了职称评定工作，共评定副高级职称 2440 人、正高级职称 2766 人，为老科技工作者的职称提升和职业发展提供了较大便利。

（五）打造人才集聚平台，持续增强了老科协组织的凝聚力和向心力

《关于进一步加强和改进老科技工作者协会工作的意见》指出，高度重视和发挥老科协组织的作用……不断增强老科协对老科技工作者的凝聚力……让广大老科技工作者在建设世界科技强国的伟业中做出新贡献。各地老科协组织始终坚持为老科技工作者服务的宗旨，突出开放型、枢纽型、平台型特色，注重吸引、凝聚科技工作者人才群体，使老科协组织真正成为老科技工作者之家、成为科技工作者人才集聚高地。

一是分专业搭平台，集聚了大批专业化、高水平老科技工作者。人才发展以用为本，老科技工作者渴望通过合适的平台发挥一技之长。各级老科协组织经过多年的探索实践，根据会员专长与优势，选拔优秀老科技工作者组建教育、卫生、水利、咨询、农业、林业、海洋与渔业等专业委员会；为满足老科技工作者发挥作用的差异化需求，初步形成了科技决策咨询服务平台、科普宣传服务平台、科技推广服务平台、科技

培训服务平台等平台体系。良好的平台建设吸纳了大量高层次离退休科技工作者成为会员、理事乃至领导班子成员，这些会员分布于教育、卫生、科研、企业、农业等多个领域，涵盖科技相关的党政人才、专业技术人才、企业经营管理人才、高技能人才、农村实用人才、社会工作人才等多种人才类别。

二是坚持开放姿态，集聚了一批优秀中青年科技人才。在现有会员人才资源的基础上，各级老科协注重加强专家智库建设，专家智库坚持开放原则，根据经济社会发展实际需要，积极吸收国内外高层次科技人才加入智库，并聘请为特邀专家，形成了包括大批优秀中青年科技人才的专家资源库。各级老科协的日常机构设置和各类活动的举办同样坚持开放原则，秘书处等机构工作人员多为年轻人，"科普报告团""老科协大讲堂""老专家建言"等活动注重新老科技工作者搭配，将老科技工作者的经验智慧优势与中青年科技工作者的创新活力等优势有效结合起来，提升了服务经济社会的效果，扩大了相关活动的社会影响力，并为老科协人才队伍的接续发展打下了良好基础。调研发现，临近退休科技工作者对老科协组织的了解程度明显高于已退休的老科技工作者。以上海为例，上海市老科协秘书处和专委会多位骨干均为中青年科技工作者。其中，上海市老科协副秘书长兼创新创业专业委员会主任殷业教授，是中国创造学会副理事长、上海师范大学信息与机电工程学院人工智能教育研究所所长，殷教授已加入上海市老科协十多年，在创新创业专业委员会组织开展了双创[①]讲师团和上海科学沙龙等多种活动，吸引带动了多名中青年科技人才加入到科技为民服务工作中。

各级老科协通过搭建平台、坚持开放，为老科技工作者和中青年科技人才提供了施展才华的用武之地，集聚了一批高水平、有担当、有作为、有战斗力的科技人才群体，向党和政府、社会公众传递了科技工作者的声音，提高了他们的影响力；同时也强化了他们的自我价值认同，促进了彼此的沟通交流，增强了老科协组织对人才的凝聚力和吸引力。

---

① 此处的双创指创新创业。

四、当前制约老科技工作者作用发挥的主要因素

我国的老科技工作者人才资源开发工作取得了显著的成效并积累了宝贵的经验，但全国老科技工作者丰厚的人才资本还没有得到充分挖掘利用，目前仍然存在老科技工作者发挥作用的效能偏低、发挥作用的政策法规亟待健全、发挥作用的体制机制亟待完善、发挥作用的平台建设尚需加强、发挥作用的社会环境有待优化、素质提升方式有待拓展等问题。

（一）老科技工作者发挥作用的效能偏低

调查结果显示，全国老科技工作者发挥作用的意愿比较强烈，88%的调查对象表示"非常愿意"或"比较愿意"在退休后继续为社会做贡献。然而从实际发挥作用情况看，一方面，继续参加工作的老科技工作者比例较低，远低于意愿比例。相比赋闲在家，在特定组织或单位中继续工作，有利于老科技工作者获得发挥作用的资源和条件，为其继续为社会做贡献提供更多保障与机会。以山东省为例，在被调查的老科技工作者中，仅有 15.88%的人在退休后通过特定渠道继续工作，多数老科技工作者处于赋闲状态，说明老科技工作者人才资源并未得到充分利用，存在较大程度的浪费。另一方面，老科技工作者参加工作的渠道较为单一。"影响自己继续发挥作用的主要问题"的调查结果显示，26.35%的老科技工作者选择"缺乏相关渠道"，排在全部选项的第二位；退休后继续参加工作的老科技工作者中，有48.61%的人利用原工作关系受聘于其他单位，31.39%的人被原单位返聘，以上两种途径占继续参加工作总人数的80%；通过其他途径，如做兼职（包括志愿者、社会团体工作人员等）、担任政协委员或人大代表、自主创业继续工作的老科技工作者所占比例较低。上述数据说明，老科技工作者继续参加工作的渠道比较有限，途径有待进一步拓宽。

（二）老科技工作者发挥作用的政策法规亟待健全

一是老科技工作者人才资源开发的顶层规划设计尚不健全。随着我国社会老龄化程度的不断加深，积极应对劳动力尤其是科技人才供给不足问题，需要从战略层面对老科技工作者人才资源开发工作进行规划设计。2019年，中共中央、国务院出台的《国家积极应对人口老龄化中长期规划》提出，改善人口老龄化背景下的劳动力有效供给。党的十九届五中全会《中共中央关于制定国民经济和社会发展第十四个五年规划和二〇三五年远景目标的建议》指出积极开发老龄人力资源，发展银发经济。然而这些文件作为国家层面的总体性规划，对老龄人才资源开发所做的部署较为笼统，亟待国家有关部门联合出台针对老科技工作者人才资源开发的明确规划。此外，老科技工作者与其他类型老龄人口相比，在专业技术、人力资本积累等方面具有优势，然而地方各级党委和政府制定的人才规划一般仅针对劳动年龄人口，并未涵盖达到退休年龄的老科技工作者这一重要人才资源群体。各级党委和政府有必要在进一步认识老科技工作者人才资源开发价值的基础上将其纳入总体人才规划，加快推动老科技工作者人才资源开发。

二是老科技工作者人才资源开发的支持性政策、措施尚不健全。激发老科技工作者继续工作的动能，需要具体的政策措施予以支持，我国目前比较欠缺此方面的政策措施。首先，老科技工作者分布在科研、教育、医疗、工程技术等专业领域。类别不同，其发挥作用的形式与领域也存在差异；老科技工作者根据年龄又可分为低龄（60～69岁）、中龄（70～79岁）和高龄（80岁及以上）三类。其中，中低龄老科技工作者是人才资源开发的主体。如何针对不同类型的老科技工作者进行分类开发，我国亟待出台相关指导性政策措施。其次，2005年，《中央组织部、中央宣传部、中央统战部、人事部、科技部、劳动保障部、解放军总政治部、中国科协关于进一步发挥离退休专业技术人员作用的意见》提出，充分发挥离退休专业技术人员在经济建设、科技进步和社会发展中的作用的六项措施，为发挥老科技工作者作用提供了基本框架和指导原则，然而十多年来支持老科技工作者人才资源开发的政策未进一步更新和细化，政策的更新存在一定程度的滞后性；参与老科技工作者人才资源开发的主体包括各级党委和政府、社会用人单位、中介组织与社会团体等，但是现有政策对参与主体的责任划分不够清晰，多项政策实施细则并未出台，这些问题导致政策实施缺乏有效抓手。

三是支持老科技工作者继续工作的相关法律法规尚不健全。在退休政策方面，当前我国男性的法定退休年龄为 60 岁，女性的法定退休年龄为 50 岁（女干部 55 岁），该规定沿用了 40 余年，在一定程度上与我国经济发展现状和老龄化趋势不相适应，退休年龄设定过低导致社会人才过早地退出工作岗位，加剧了人才特别是科技人才的短缺；同时，我国的退休政策对于退休年龄的规定做了统一规定，但忽视了老科技工作者在身体条件、素质能力、价值贡献等方面的差异，容易导致高水平科技人才资源的流失。在劳动权益保护方面，我国老科技工作者再工作的适用法律主要是《中华人民共和国老年人权益保护法》，该法对老年人就业后的税收、劳动关系、报酬分配、社会保障等方面的规定做了相关规定，但是人民法院缺少解决老年人再就业发生劳动纠纷的特色法庭或机构。

（三）老科技工作者发挥作用的体制机制亟待完善

一是人事管理机制有待创新和完善。许多地区的现有人事管理机制较为保守，对老科技工作者继续工作所需条件设置得比较严格，这在一定程度上制约了老科技工作者的合理流动和继续发挥作用。不同性质部门或单位间人事管理机制缺乏有效衔接和互通，部分企业中的高层次科技人才退休后，希望转入高校、科研院所继续从事教书育人、科学研究等工作，却因人事机制阻碍难以实现；有些单位（如医院）限制退休员工在本行业继续工作或自主创业；有些单位对老科技工作者继续参加工作的相关政策执行不到位；有些单位对老科技工作者继续依托本单位申报研究课题或科研成果进行限制。这些情况在一定程度上打击了大量有能力、有活力、有经验、有奉献精神的老科技工作者继续参加工作的积极性，甚至一些社会团体由于缺少有影响、有能力的老领导、老专家的指导导致工作受到困扰。

二是统筹协调机制有待完善。充分发挥老科技工作者的作用，需要组织、人社、科技等多个部门和老科协组织相互协调、形成合力。《中央组织部、中央宣传部、中央统战部、人事部、科技部、劳动和社会保障部、解放军总政治部、中国科协关于进一步发挥离退休专业技术人员作用的意见》提出，由人事部牵头，中央组织部、中央宣传部、中央统战部、科技部、教育部、财政部、劳动保障部、解放军总政治部、中国科协、中国老科技工作者协会、中国老教授协会共同建立离退休专业技术人员发挥作用联席会议制度，负责沟通工作情况，研究政策建议，加强协调协作，在支持离退休专业技术人员发挥作用方面形成合力。然而目前某些地区联席会议制度落实不到位，相关部门间仍缺乏相互对接的组织与机制，存在各自为政、工作衔接不畅等现象。例如，由于工作单位性质不同，老科技工作者退休后的归口管理分属于不同部门。其中，有些机关事业单位中科技人才退休后仍归属原单位管理；而有些企业中的科技人才退休后，其人事关系完全脱离原工作单位而被划归社区。有些部门对老科技工作者的管理职责划分比较模糊，导致他们普遍缺乏组织依托和职业联络通道，大多处于零散分布和无组织状态。统筹协调机制的缺失，阻碍了将老科技工作者作为一个整体进行调查摸底、规划配置和开发使用等工作的顺利开展。

三是再工作激励机制有待完善。老科技工作者退休后通过再工作继续发挥作用，普遍希望工作成果获得认可并取得合理回报。"为了更好地发挥作用希望获得的支持"的调查结果显示，37.24%的老科技工作者选择"给予一定的劳动报酬或者奖励"；"影响自己继续发挥作用的主要问题"的调查结果显示，33.56%的人选择"缺乏经费支持"，18.65%的人选择"缺乏激励机制"。部分用人单位在措施制定方面存在不合理的现象。比如，报酬与老科技工作者的付出或技术权益不匹配，无法为老科技工作者开展工作提供必要的资源与条件，无法根据老科技工作者的特点安排工作岗位和工作时间，工作内容或无关紧要或过于繁重，工作时间缺乏弹性等，影响了老科技工作者的工作热情和工作成效。当前，德国、日本、韩国等国家采取的给予老年人就业补贴、给予用人单位雇佣老龄补贴和工作设备改造补贴、设立专门机构监督企业雇佣老龄行为等举措，对老科技工作者和用人单位的双向激励产生了良好的效果，我国应该予以借鉴。

（四）老科技工作者发挥作用的平台建设尚需加强

一是老科协组织建设尚需加强。老科协是老科技工作者的重要组织依托，是其再做贡献的重要活动平台，老科协在建设发展中受到一些因素的制约。第一，领导班子建设方面，一些市级或县级以下老科协领导班子建设相对滞后，存在主要领导候选人迟迟难以确定、领导班子组建和换届不及时、党组织建设与领导班子建设难以统筹推进等问题。第二，组织体系建设方面，目前全国市级老科协组织已基本完成"四落实"等工作，但某些县级、乡级老科协及某些行业老科协机构"四落实"工作存在的问题较多，如存在人员编制缺失、办公经费保障不足等情况。调查显示，28.47%的老科协组织无专职工作人员；社区、企业等基层老科协组织的队伍建设有待进一步加强，如何将大量从企业退休的、分散于社区中的老科技工作者有效组织起来，任务紧迫艰巨。第三，服务平台建设方面，专家智库、示范基地、课题项目库等服务平台为老科技工作者对接社会需求提供了有效载体，然而许多市级、县级及以下老科协组织受资金、技术、信息等方面的制约，难以有效搭建相关平台，甚至没有专门的网站；有些服务平台存在专家智库建设流于形式、智库资源利用不充分等现象；有些服务平台宣传不到位，老科技工作者与社会需求方对服务平台缺乏了解，难以利用平台实现有效对接；有些老科技工作者的课题立项缺乏专项资金支持，这在一定程度上影响了老科技工作者申报项目的积极性。第四，会员队伍建设方面，统计显示，多个地区的老科协会员占当地老科技工作者总数的比例不超过10%，大量老科技工作者仍游离于老科协组织之外，老科协会员队伍建设任重道远，其原因主要有：一些老科协组织会员发展流程不规范，会员注册登记信息保存不完整，对会员的情况掌握得不充分；发展会员缺乏主动性，会员吸纳局限于原有的行业、区域等；老科协组织的各项活动缺乏社会影响力，无法获得更多老科技工作者的关注；人才吸纳缺乏预先规划和衔接机制，对于作为潜在吸纳对象的临近退休科技工作者，老科协组织与他们的联系及合作较少，导致他们对老科协组织比较陌生。

二是市场化平台建设尚需加强。我国人才资源种类丰富多样，老科技工作者是其中的重要组成部分，然而满足老科技工作者工作需求的市场化服务平台建设却相对滞后，不利于老科技工作者与用人单位匹配、对接。一方面，老科技工作者人才市场发展迟缓，各地普遍缺少以老年人特别是老科技工作者为主要服务对象的人才市场、中介机构或服务平台，且受固有观念等因素的影响，现有人才市场或中介一般不会面向老科技工作者开展工作推介等业务，鲜有针对老科技工作者的人才招聘会；老科技工作者对人才中介组织普遍缺乏信任感，即使人才中介没有服务对象年龄的限制，多数老科技工作者也不愿意通过人才中介机构实现再工作。调查结果显示，仅有3.77%的老科技工作者选择通过"人才市场或中介组织"渠道发挥作用，在各种选项中排在末位。另一方面，老科技工作者人才资源信息平台建设不完善，缺少统一的规划、管理、协调机构对其进行指导，各层级信息平台建设的主体不明确，教育、卫生等部门或组织对老科技工作者的信息掌握得不完整、不充分，且没有形成共享机制，由此形成的信息库存在分散化、碎片化等问题，尚未形成统一的平台接口向社会开放，因此信息平台的市场化运行也就更无从谈起。

（五）老科技工作者素质提升方式有待拓展

一是老年大学有待进一步建设和发展。我国老科技工作者普遍具有较强的提升自我素质的意愿。调查结果显示，82%的老科技工作者"非常愿意"或"比较愿意"继续学习。目前，老年大学是老科技工作者继续学习的主要途径，42.75%的老科技工作者希望通过"老年大学或者其他稳定的教学点"进行自我提升。但是，我国老年大学发展却无法完全满足该方面的需求，如某些地区教育资源供给缺口较大，存在名额不足、一座难求等现象。某些老年大学的发展存在规模和网络布局不够合理、办学模式不够灵活、教学功能过于注重兴趣爱好指导、多样化和高层次的教学活动较难开展、师资队伍匮乏等问题。

二是老科技工作者培训服务有待进一步完善。培训服务既是提高老科技工作者就业能力、助其适应新工作环境的必要手段，也是提升老科技工作者个人素质的重要方式。调查结果显示，43.33%的老科技工作者希望通过"定期举办培训和专题讲座"提升自我。然而，我国针对老科技工作者的培训服务较为缺乏，参与培训服务的主体较少，传统人才服务机构提供的培训服务缺乏针对性，社会培训机构多针对老年人提供兴趣、爱好等低层次培训服务，老科协等社团组织也因职能、条件限制难以开展大规模、常态化培训服务。我国缺少如日本"银色人才中心"、韩国"老年人才银行"等获得政府认可、专门从事老年人职业指导与培训的组织机构。

三是老科技工作者的交流互动式学习有待进一步拓展和提升。人才间的交流互动，有利于知识与信息的分享，有利于促进人才的高质量发展。组织研讨会、参观活动等是老科技工作者相互学习、共同提升的良好机会。调查结果显示，57.84%的老科技工作者希望在"组织参观学习"方面获得支持。然而，我国组织开展老科技工作者交流学习活动的主体较少，老科技工作者很少有机会参加交流会、报告会等较高层次的交流活动，老科协受经费等因素的限制，组织的科普培训、报告团等活动的覆盖面相对有限，基层老年活动中心等场所的活动多以休闲娱乐为主，学习提升效果不明显。

（六）老科技工作者发挥作用的社会环境仍待优化

社会环境是社会中各种因素组合形成的背景与氛围，老科技工作者发挥作用受社会环境的影响和制约，以下环境因素有待调整和优化。

一是社会观念有待转变。长期以来，人们对包括老科技工作者在内的老年人的认识，存在不少偏见、误解，主要表现在以下几个方面。第一是无用论，即认为人到老年，体力、智力严重衰退，老年群体就是边缘群体，没有开发利用价值。事实上，我国老年人口健康状况持续改善，60~70岁的低龄老年人甚至70~80岁的中龄老年人，其体力精力仍然可以胜任许多工作。相关研究发现，以智力劳动为主的低龄老年人或部分中龄老年人智力衰退得非常缓慢，他们在经验、判断力等方面却更具优势。第二是包袱论，即认为老年人无法再为国家社会创造财富，反而会消耗大量的社会资源，社会养老负担很重。实际上，老科技工作者作为宝贵的人才资源，退休前为社会创造了大量财富，退休后仍可以利用其才智为社会创造价值，他们可以从事某些年轻人难以胜任的工作。第三是抢饭碗论，即认为老年人再工作将挤占社会就业岗位资源，让年轻人就业更难、更紧张。事实上，我国劳动年龄人口数量、比重已连续7年双降，人口红利正在消失，高级专业技术人员更是严重不足，老科技工作者再工作可以补充高层次人才需求。

　　二是用人单位的工作环境有待优化。许多用人单位轻视老科技工作者的价值，存在"拾遗补阙"的观念，将老科技工作者安排在不重要或别人不愿做的岗位上，导致老科技工作者的技能专长与工作岗位脱节，潜能无法发挥；有些用人单位仅从成本角度考虑问题，认为老科技工作者是一种廉价的人力资源，不给他们缴纳保险等费用，同时尽量压低他们的工资报酬，影响了老科技工作者的积极性；不少用人单位忽视老科技工作者在身体条件、体力精力等方面与年轻人的差异，在工作制度、工作设备、工具及物理条件等方面并未针对老科技工作者做适度调整和匹配，限制了他们的工作效能。

　　三是家庭支持环境有待改善。部分老科技工作者无法发挥作用，与缺少家庭成员支持有很大关系。有的家庭成员认为人到老年，退休后就应该注意保养身心、颐养天年，在外忙碌费神劳体，将得不偿失，因而不理解、不支持他们再工作；有些老科技工作者需要照看第三代或照顾爱人，花费了他们大部分的时间。针对"影响自己继续发挥作用的主要问题"的调查显示，选择"没有时间精力"的老科技工作者占24.47%，这一结果很大程度上就是家庭原因所致。

　　四是自我观念有待调整。一方面，尽管多数老科技工作者保持了较强烈的工作意愿，但一些老科技工作者发挥作用的意识仍不够坚定，表现为：怕别人对自己继续工作说三道四，因而放弃工作机会；认为退休就是颐养天年，应享受生活、含饴弄孙、老有所乐，不愿再操劳费力。另一方面，在知识经济时代，知识、技能更新换代速度非常快，然而不少老科技工作者持续学习主动性不强，不能及时汲取、掌握新知识、新技术、新思想、新方法，导致思想观念固化、知识结构老化、技能经验陈旧化。

第四章　老科技工作者人才资源开发的国际比较研究

随着经济社会的快速发展，我国对科技人才的需求不断增加，但同时人口老龄化问题也日益凸显。老科技工作者的自身特点决定了他们仍然是国家科技人才资源的重要组成部分。在我国，有效开发和利用老龄科技工作者资源，既有助于解决当前的科技人才短缺问题，也有助于应对人口老龄化问题。借鉴早期进入人口老龄化国家的经验做法，有助于拓宽我国老科技工作者资源开发利用的思路，促进我国制定基于国情的、行之有效的法律制度和保障制度。从课题组梳理的相关法律政策看，尽管国外并没有针对老科技工作者制定法律法规和政策，但是许多发达国家对老龄人力资源开发和利用的经验做法，仍然可以为我们提供有益的借鉴。

从历史上看，早期进入老龄化的国家均制定了一系列老龄人口人力资源开发和就业的积极老龄化政策，以便应对人口老龄化问题对社会、经济和科技等造成的影响。从国际上应对人口老龄化趋势的理念看，2002年4月，在马德里召开的联合国世界老龄大会提出了《2002年老龄问题国际行动计划》，传递了社会应该持积极老龄化的观点和态度，明确了老年人不是社会的包袱，而是社会可持续发展的资源；与此同时，也倡导老年人要以积极的、健康的姿态参与社会经济和科技的发展。从我国情况看，一方面，国家要应对人口老龄化问题；另一方面，当前的国际国内环境亟须科学技术的快速发展和突破性创新。

十九届五中全会和"十四五"规划明确了"科技创新"和"积极应对人口老龄化"的国家战略，提出了实施积极应对人口老龄化的国家战略，以及积极开发老龄人力资源和发展银发经济的举措。因此，在我国老科技工作者有着强烈科技创新意愿的前提下，更好地开发和有效地利用老科技工作者人才资源,是推动我国科技创新和社会经济发展的重要补充力量和支持途径。为此,笔者将根据现有资料,对国外鼓励老龄人力资源开发与就业的举措进行梳理,通过比较和归纳,从构建的法律制度体系和执行的相关支持保障体系两个角度进行阐述,进而提出基于我国国情的老科技工作者人才资源开发利用的对策建议。

一、国外老龄人力资源开发与就业的法律制度体系

为应对人口老龄化和实现老龄人力资源的开发利用,早期进入人口老龄化的国家制定了一系列法律制度,包括顶层设计的基本法、配套的就业保护法等。这些法律制度的重点在于重新确定退休年龄和使老年人获得终身学习的机会、满足其再就业需求。这些规定不仅使得社会民众从法律角度重新认识了退休年龄、养老和社会贡献等问题,也有助于那些有意愿、有知识和有能力的公民为社会发展做出更多贡献;不仅使有知识和有能力的公民得到合法就业的机会,而且还可以使有学习意愿的个体获得合法的受教育途径,拓展他们的知识广度、深度和就业渠道,从而满足老龄人口的学习愿望和再就业需求。

(一)老龄人口就业的基本法

1. 美国

美国政府高度关注老龄化问题,陆续制定了与退休、就业、教育等问题相关的法律。1935年,通过了以养老保险为主体的《社会保障法案》;1965年制定了《美国老人法》,该文件明确规定禁止强制70岁以下的雇员退休;1975年制定了《禁止歧视老人法》;1986年,相关法律废除了强制性退休政策。

在美国的一系列法律制度体系中,尤其值得关注的是弹性退休制度。弹性退休制度不仅认可和支持了老年人拥有持续参与社会工作的权利,而且从法律层面解决了退休年龄问题。美国的法定退休年龄是根据人口出生年份的不同而动态设计的,是一种弹性退休制度。根据公民出生年龄设计退休年龄,自1924年起分为了5个阶段:1924~1937年出

生的人口，退休年龄为 65 周岁整；1938～1942 年出生的人口，退休年龄按照每晚出生一年延迟 2 个月来执行，即 1938 年出生的人口，其退休年龄为 65 周岁零 2 个月，此后则依次类推；1943～1954 年出生的人口，统一执行退休年龄为 66 周岁整的政策；1955～1959 年出生的人口，每晚出生一年退休年龄延迟 2 个月，情况与 1938～1942 年类似；1960 年起，人口退休年龄统一为 67 周岁。上述规定使得退休问题成为因人而异的个性化问题。

2. 日本

日本政府采用积极的态度和做法来应对人口老龄化，制定了系统全面的动态法律体系。1973 年实施了《老年人地方税扣除额法案》；1973 年实施了国家老年人教育方案；1982 年实施了《老年人保健法》；1985 年修订了《国民年金保险法》；1985 年实施了《老年人雇佣安定法》；1986 年 6 月，内阁全体会议通过了《长寿社会对策大纲》；1988 年实施了国家老年人住宅保护方案；1990 年修订了《老年人福祉法》；1994 年设计出 21 世纪社会保障体系；1995 年制定了《高龄社会对策基本法》，明确了应对高龄社会的对策、理念以及中央政府、地方公共团体、公民的义务和责任；同时制定了《高龄社会对策大纲》，从法律和财政方面提出并实施了相关保障措施，从而推动了《高龄社会对策基本法》的实施。2001 年，日本政府内阁会议批准了促进老年就业的《老龄社会白皮书》；2013 年，日本政府制定了促进老年人就业的《继续雇佣制度》。

日本制度体系中的重点在于弹性退休和鼓励就业，在法律上明确了延迟退休的政策，但该项延迟退休政策是建立在自愿前提下的。《高龄社会对策基本法》《高龄社会对策大纲》等法律明确提出，在尊重劳动者本人意愿的前提下，劳动者可以工作到 65 岁。

3. 欧盟

欧盟各国针对其面临的老龄化问题积极制定法律制度。英国于 2006 年制定了《雇佣平等（年龄）条例》和《50+新政政策》；德国颁布了《部分退休法》；瑞典制定了保障老年人就业的《雇佣保护法》《禁止年龄歧视法》《勤劳环境法》；等等。其中，欧盟各国法律体系的一项重要内容是对退休年龄进行了重新界定。

首先，各国制定了延迟退休的政策。德国将退休年龄从 65 岁延迟到 67 岁，以部分退休代替提前退休；荷兰通过弹性合同政策，使处于失业状态的老年人能够迅速回到工作岗位上；法国延长了法定退休年龄：2011～2017 年将领取早期老龄养老金的年龄从 60 岁延迟到 62 岁，领取公共养老金的年龄从 65 岁延迟到 67 岁。其次，欧盟实施了缩短男女退休年龄距离的政策。比如，英国与荷兰等国都延长了女性的退休年龄，使之与男性同步。

4. 韩国

随着老龄化的到来，韩国政府在 2007 年 9 月通过《雇佣上禁止年龄歧视及老年人雇佣促进法》。该法律规定，从招聘、录用、工资、福利、工作条件、教育和培训、晋升、退职到解雇等所有过程均禁止年龄歧视，并明确规定了遭受歧视后的权利救济制度。《雇佣上禁止年龄歧视及老年人雇佣促进法》规定，企业无正当理由拒绝执行人权委员会的劝告的将被施以相应罚款。

5. 新加坡

新加坡面对老龄化的挑战，倡导并推行了"乐龄健保"计划，于 2012 年颁布了《退休与重新雇佣法令》。该法令规定，凡年满法定退休年龄、身体健康且工作表现良好的员工，将有权获得雇主的重新雇佣，直到 65 岁。2017 年通过的该法律的修正法案将重新雇佣的年龄上限推迟至 67 岁。新加坡鼓励"乐龄人士"老有所为，使他们通过就业与社会保持互动，以保持良好的心态和体魄。

（二）老龄人力资源开发与就业的教育法

1. 美国

美国是世界上成人教育立法较多和较完善的国家，并建立了较为完善的终身教育制度体系。1971 年，政府特别强调要重视老年学习者的需求，并主张提供经费补助，使得公立社区学院可以获得经费支持。1976 年，美国制定了《终身学习法》。1982 年制定了《职业培训协力法》，后来又制定了《人力投资法》。这些法律对加快老龄人才开发做出了相应规定，在法律层面为老龄人才资源开发和利用提供支撑。同时，美国各州根据联邦政府的委托来执行《人力投资法》，各州政府根据其实际情况将职业培训、成人教育、雇佣服务等功能汇聚起来，建立一站式服务中心，向高龄人员提供就业机会。

2. 日本

日本政府 1973 年的国家老年人教育方案、1986 年的《长寿社会对策大纲》、1995 年的《高龄社会对策基本法》、2001 年的《老龄社会白皮书》等法律规定，要为老年人创造就业机会、为老年人创造工作条件，鼓励发挥老年人继续发挥效能；积极推动高龄人员参与社会活动，确保新老人员的沟通交流；建立适合高龄人员参加社会活动的咨询机构，提升高龄人员跟随社会的发展参与社会活动的能力。同时，日本的政策鼓励高龄人员参加国外的志愿者活动，将其专业知识、技术等用于海外技术合作和给予海外援助上。

二、国外老龄人力资源开发与就业的支持和保障体系

早期老龄化国家在制定基础法律法规的基础上，也建立了推动法律法规有效落地的支持和保障体系，包括制度支持、机构建设、资源投入等，以激发老龄人口的就业愿望、提升老龄人口的就业能力、兑现老龄人口的就业权益，从而全面系统地缓解老龄化带来的社会压力和发挥老龄人力资源的积极效能。

（一）延迟退休的薪酬福利制度

1. 美国

美国通过社会保障和税收激励等政策积极引导老年人再就业。社会保障方面，美国实行延迟退休的信用金制度，该制度适用于延迟退休年

龄超过 70 岁的人；社会保障福利金制度使延迟退休个体的社会保障福利金增加 8%；调整卫生保健和员工医疗福利政策，向延迟退休的老年群体倾斜。税收政策方面，美国多次改革退休计划的税收制度，重点在于提高征税豁免额和降低所得税率。比如，2000 年取消了退休人员的收入调查，并将正常退休人员的税收征收豁免额提高了近 2 倍。

2. 日本

日本政府在养老、医疗、就业、福祉等方面建立了较为完善的制度体系，将雇佣政策与公共养老金制度更好地结合起来。日本政府于 1985～1994 年对公共养老金制度进行改革，以便从养老金角度应对就业人口的年龄结构变化：一方面，确保就业者的基本工资水平；另一方面，保证公共养老金能够成为高龄人员收入的重要组成部分。通过改革，日本希望落实可持续支付的公共养老金制度，实现公共养老金收支平衡和保障高龄退休人员的收入。

3. 欧盟

欧盟各国采取的措施一方面是促进就业和积累养老金，另一方面是增加老年就业者的经济收入。首先，确定了退休年龄与养老金的给付问题。比如，英国与荷兰等国在制定最低和最高退休年龄的同时，确定了按年龄差异给付对应的养老金制度，并运用税收、养老金补助等手段鼓励大龄劳动者继续工作。其次，确保达到法定退休年龄后，增加的养老金和工资额度不受限制。比如，芬兰对于推迟退休的老年人增加了养老金自然增长额度；法国对那些工作到 65 岁或 65 岁以上的老年人增加了 40% 的养老金；瑞典在这个方面则制定了更加积极的政策，是欧盟对 61 岁后每多工作一年的老人增加养老金最多的国家；英国向继续工作的老年人提供额外支付；德国将失业保险制度改为工资保险制度，提高高龄人员的补贴金额，建立了高龄人员计时工作支援制度和解雇预告期制度。

4. 韩国

韩国为调动老龄工作者的就业积极性，制定了工资保全补贴金政策，包括退休保障补贴、延长退休补贴等。退休保障补贴是指企业在雇佣达到退休年龄的员工时，员工被减掉的工资部分由政府补贴；延长退休补贴是指企业员工达到退休年龄仍继续工作时，企业可以获得政府一定数额的补贴金。

（二）加强促进老龄人力资源开发与老年人就业的教育机构建设

美国、日本等国家在优化老年教育法的同时，也积极加强各类教育机构的建设，以便保障老年教育法和相关制度的有效贯彻与执行。

1. 美国

美国政府从提高老年人就业的便利性和有效性出发，积极推进政府层面和社会层面的教育机构建设。这些教育机构的共同特点是将老年教育和老年人学习作为自身活动的重要内容。美国的老年教育中心一般设在当地的市立学校，学校自行承担大部分甚至是全部课程的授课任务，有时也聘请行政助理协助完成教学任务；美国在各地还设有老年人的寄宿学校，供老年人居住并就近学习。

1）政府设立专门机构管理老年人教育工作。1949 年，美国全国教育联合会成人教育部成立了老龄教育委员会，1951 年，美国成人教育协会成立，成人教育协会与老龄教育委员会是老年教育的主要管理机构。另外，以老年人问题为主要研究对象的老年学会，也是老年教育的相关管理机构之一。

2）民间营利性教育机构或非营利性教育机构并存。一方面，在联邦老龄署的资助下建立社区大学，为老年人制订全面教育计划；另一方面，美国政府鼓励各种类型的民间老年教育组织参与老年教育事业。美国的社区型老年教育机构把各个老年大学连成网络，依托社区进行自我管理，这些社区老年大学多属于非营利性质的社会组织。

2. 日本

在公共职业培训方面，日本主要采取由政府主导和各民间团体、都道府县配合的方式，包括建立高龄人员职业培训机构、职业能力开发大学、职业能力开发专科学校、职业能力开发促进中心、高度职业能力开发促进中心等。

日本通过公共职业安定所、银发人才中心等，为老年人提供职业培训机会和就业机会。日本的银发人才中心不仅给劳动者支付雇佣保险金，而且还提供工作岗位，向老年求职人员面对面介绍工作。日本设立了遍布全国各地的公共职业安定所，它们详细地描述了各个行业的行业特点、人员供求信息和用人岗位信息，以促进老年人就业。

3. 新加坡

为推动"乐龄健保"计划的顺利推行，新加坡政府为老年人提供各种就业培训，以鼓励老年人自愿回归职场与社会。相关研究数据显示，几乎所有符合规定的老年人都获得了重新雇佣的机会，不仅丰富了"乐龄人士"的退休生活，为社会做出了一定贡献，而且也为其以后的生活提供了更多的保障。

（三）明晰权责，促进老龄人力资源开发与老年人就业

1. 美国

为保证相关法律的顺利执行，美国专门设立了老龄工作机构——美国联邦老人局。根据《美国老年人法》，美国联邦老人局是美国为解决人口老龄化问题而设立的最高决策机构，负责《美国老年人法》的执行。根据各年度老年人就业情况及其存在的问题提出未来工作计划，并督促和检查工作计划的落地实施；管理政府给老年人的拨款等事务；制定相关预算，监控和核查在解决老年人就业的相关问题时的资金使用情况。

2. 日本

日本政府通过若干个部门来共同管理与老年人相关的问题。厚生省主要负责管理老年人的福利；社会局开设一些老年人福利、保健方面的课程，主要管理老年人的福利、医疗等；年金局负责老年人年金的发放和管理工作；保险局负责管理老年人的医疗保险；文部科学省负责对管

理老年人教育等工作；劳动省则主要负责制定老年人再就业的相关政策，并为老年人的再就业提供就业辅导。

从政府的各级机构来看，无论哪一级政府管理机构都要设置老年人福利事务所，用以管理老年人的福利。日本设置的这些管理机构，不仅可以使政府随时监控和管理老年人相关福利的落实情况，还可以随时根据实际情况调整政策，从而适应人口结构的变化。

3. 法国

法国通过定期召开全国老年工作会议，以总结老龄化工作的推动情况，并制定相关政策；建立老年人协会代表制，代表老年人的利益给政府部门的决策提供咨询和建议。老年人协会代表还被委派到国家经济社会环境理事会工作，或参与地方委员会的督导工作，从而促进老龄工作与国家战略相融合。

（四）加强促进老龄人力资源开发与老年人就业的社会机构建设

1. 美国

美国设有退休人员协会和退休联邦雇员协会，分别有针对性地管理不同事务。前者的工作目标在于增强老年人的独立性、维护老年人的尊严、提高老年人的社会地位，从而提高老年人的生活质量和健康水平。后者的主要作用是帮助联邦雇员在退休后争取到更好的福利待遇，为退休的联邦雇员提供更好的晚年生活保障，并使他们获得应得权益。

2. 日本

银色人才中心是日本于1986年颁布《稳定老年职工就业法》后设立的，是全国连锁性老人职介中心，属于民间组织，专门为60岁以上身体健康并有再工作意愿的老年人提供工作。日本在东京设有银色人才中心协会，各都、道、府、县设有银色人才中心，它们形成了严密的组织网络体系，通过多种渠道向高龄人员提供就业机会。

3. 法国

法国设立促进老龄工作的信息交流中心。该中心由社会机构、地方老龄部门、各省的老龄委员会和老年基金会等共同组建，工作重点是促进开展老龄工作、贯彻老龄政策、促进老年人彼此间的联系和信息交流，具体工作内容包括出版老年书刊、举办探讨老龄问题的电视和广播节目。

4. 德国

德国的退休专家组织和联邦劳工局是德国代表性的人才开发平台。退休专家组织成立于 1983 年，目标是推动有工作能力和有意愿的退休专家继续为社会经济发展做贡献，并积极推荐退休专家出国工作。退休专家为社会提供技术指导、组织管理等方面的服务。另外，联邦劳工局利用其影响力，制定了许多促进老年人就业的政策，以使公众对老年人再就业有正确的认识，此外，联邦劳工局还会为用人单位提供指导性意见。

（五）增加促进老龄人力资源开发与老年人就业的资金支持

1. 美国

美国对老龄人才资源开发和老年人就业的资金支持，在很大程度上体现在其免费教育体系建设方面。1971 年，政府特别强调要重视满足老年学习者的需求，并主张提供经费补助，使得公立社区学院可以获得相应经费支持，来最大限度地满足老年人的学习需求和提高他们的生活品质。相关法律规定，政府为老年人提供的教育资源，必须占其为老年人提供的所有资源和服务的一定比例。比如，纽约州的立法机构通过了一项法律，为所有老年公民免费提供学习机会，如果老年人选修的课程专业与再就业有关，还可以申请生活补贴。

2. 日本

根据 2004 年修订的《高龄者雇佣稳定法》，日本明确了政府投入财政预算以支持中高龄人员的再就业行为。对高龄者再就业的财政支持可分为两部分：一是对教育机构、就业机构的资金支持。为促进银色人才中心的正常运行，日本政府部门给予该中心资金和政策上的扶持，工作人员的身份也相当于准公务员，银色人才中心接受的公共补贴，足以维持其日常财政支出。二是对高龄者本人的支持。日本自1998年开始实行教育培训费补贴制度，由政府补贴准高龄者、高龄者的再就业教育培训费。比如，自20世纪90年代末期开始，为提高雇佣的稳定性和再就业率，政府出资资助高龄者的自我开发行为。为应对人口老龄化问题，2021年4月，日本开始实施修订后的《老年人就业稳定法》，规定企业有义务采取措施为65~70岁的老人提供继续就业的机会。

3. 荷兰

荷兰政府采取积极的政策措施来促进老年就业。截止到2005年，荷兰政府累计投入2100万欧元用于支持鼓励老年人就业。仅2006~2007年，政府就提供了200万欧元用于老年工作者的工作流动研究，探讨老年就业的可行性和相关扶持政策。

（六）老龄人力资源开发与就业的企业优惠

1. 日本

日本在制定延迟退休制度之时，也制定了激励企业雇用老龄工作者的制度，向雇主企业提供继续雇佣稳定促进补贴金，补贴金包括继续雇佣制度补助金、多数雇佣补贴金等。

2. 韩国

韩国政府制定了雇用高龄员工的奖励政策和补贴制度，包括高龄人员占比奖励、继续雇佣奖励、返聘奖励等。比如，对雇用55岁以上老年失业者达到职工人数6%以上的企业，根据雇佣人数给企业发放补贴；为返聘退休人员的企业提供奖励资金。

3. 欧盟

欧盟国家在延迟退休的同时也增加了雇主的经济利益。在荷兰，如果雇主新雇用了年龄超过55岁的劳动者，那么他们将被免除伤残保险税。西班牙为那些与超过 60 岁的老人签订永久合同的雇主减免 50%或更多的社会安全税，同时西班牙也扩大了这项权利的受益者范围，不仅包括传统意义上的企业雇主，还包括私自雇用他人的个体雇主。德国规定 65 岁退休，55～65 岁被分为五个阶段，在最后一个阶段，企业只需支付老人 1/5 的工资，直至 65 岁彻底离开企业，由此降低了企业的用工成本。

（七）企业接纳老龄人口就业的协同措施

美国企业通过雇用稳定且高素质的老龄员工，不仅减少了用工成本，而且也提高了企业竞争力。因此，为了吸引更多的老年人就业，一些公司提供了很多优惠条件。比如，根据气候情况调整老龄工作者的工作地点；建设适应老年人特点的工作场所；等等。

日本企业会结合老年人的实际状况，采用正社员制度、契约社员和小时工等多种雇佣形式；企业会为老年人安排合适的工作内容。比如，丰田汽车将有经验的老龄工作者安排在品质管理、财务、产品研发等部门，让他们担任导师或教练，以指导和培训新员工，从而发挥他们的经验优势；企业尽力为老龄工作者提供适宜的工作环境，以保证老龄人员在舒适的环境中充分发挥其效能。瑞典为促进老年人就业，从国家层面对企业提出要求，要为老龄工作者营造适合的工作环境，制定新的工作准则（像时间表、流程等），以改善老年人的工作环境。

三、国外经验对我国老科技工作者人才资源开发的启示

人口老龄化和科技发展是当前国家持续发展并获得国际竞争优势所面对的两大重要和现实问题。从科技发展的规律看，科技发展离不开知识尤其是隐性知识的持续性积累和科技人才的持续性贡献，那些多年奋战在科技领域的老科技工作者，不仅拥有多年的科技知识积累，而且具有强烈的服务科技创新的愿望，老龄化并不一定意味着老年人的产能一定比其他群体低。因此，老科技工作者人才资源开发与效能提升是国

家人才开发和利用的重要组成部分。国家需要将应对人口老龄化问题和推动科技发展一并考虑，通过人才战略和人才制度等多方面的协同规划，实现两者间的补充和协同促进。

1990年，哥本哈根国际会议提出健康老龄化观，强调老年人要有健康的老龄观；1997年，第12届七国集团峰会首次提出积极老龄化的概念；2002年，联合国第二次老龄问题世界大会召开。大会强调，尊重老年人的选择权，创造条件让老年人融入社会，保障老年人做喜欢做、能做的事，并强调人们应该用积极的心态来看待老龄化。习近平对中国老科协工作做出重要批示，"中国老科技工作者人数众多、经验丰富，是国家发展的宝贵财富和重要资源"，该批示在国家层面肯定了老科技工作者的社会价值。

课题组对我国退休和即将退休的科技工作者进行调研后发现，我国的老科技工作者仍然具有较为强烈的服务科技发展和创新、服务社会经济发展的意愿。在国际竞争日益激烈的环境下，建立在以往社会经济情境下的养老和就业理念、法律法规、用人体制机制、对接平台等，存在着抑制老科技工作者的工作热情、破坏人才供需平衡等方面的问题。因此，在我们积极进行科技创新和积极应对人口老龄化之际，应该充分考虑我们的实际情况，借鉴国外成功的经验、做法，逐渐建立起适应新发展格局和新发展战略的理念，制定相应政策和措施，从而实现我国老科技工作者发挥余热和国家科技创新发展的双赢。

（一）转变传统的老年人就业观念

我国以往对退休的理解在今天已经有些不太适用了，在新的社会发展环境中，我们需要对退休、个体价值实现等问题建立新的认知，充分认识老科技工作者对科技创新的积极作用。

1. 正确认识到老龄人口的优势

知识可以分为显性知识和隐性知识。老科技工作者可能因为客观原因无法完全紧跟时代潮流学到最前沿的知识，但他们在多年的工作经历中积累了丰富的经验、有着深厚的知识储备和广博的人脉，他们可以更好地应对意外情况，可以找到多个解决问题的有效办法，而这些知识往往是难以定量的，所以属于隐性知识。因此，全社会应该正确认识和评价老科技工作者的知识、经验和成就等优势，对老科技工作者的工作进行合理定位，充分发挥老科技工作者的潜能。

2. 转变传统退休观念所界定的老人观

老龄化作为一种社会现象，主要表现为年龄结构的变化。但是，退休并不意味着必然需要社会养老或必须被养老，因为老龄并不代表丧失生产能力。社会生活水平的提高提高了身体机能，并延长了寿命，对退休年龄的界定也应该随之改变，基于个体身体机能的工作年限也应该随之调整。当前活跃在科学研究领域、做出卓越贡献的德高望重的老科技工作者，他们的经历、经验和有目共睹的成就，充分说明了我们需要改变传统的老年观，不能人为限制退休年龄。

3. 建立正解的年龄观

年龄大小仅是个数字符号，个体的身心状态及其对工作、生活的态度等才代表一个人的真实状态。对于文化程度高、专业素养高、科研经验和个人经历丰富的老科技工作者来说，他们更能够从生命的视角诠释自我价值。多数老科技工作者都拥有积极向上的心态，怀有积极为国家、社会和家庭做出贡献的理想和抱负。因此，一个人的身心状态是个体身心健康的重要表现。

（二）完善法律法规体系

健全的法律法规体系有助于将老科技工作者纳入人才开发和科技发展的总体战略规划中。《中华人民共和国老年人权益保障法》对老年人的就业权利给予了保障；国家又陆续制定和出台了《中共中央、国务院关于加强老龄工作的决定》《中国老龄事业发展"十五"计划纲要（2001—2005年）》等一系列重要的政策；2003年，全国老龄工作委员会组织发起了"银龄行动"；2005年，《中共中央关于制定国民经济和社会发展第十一个五年规划的建议》提出,"认真研究制定应对人口老龄化的政策措施";2005年,中共中央办公厅、国务院办公厅联合转发《中央组织部、中央宣传部、中央统战部、人事部、科技部、劳动保障部、解放军总政治部、中国科协关于进一步发挥离退休专业技术人员作用的意见》。部分地方政府根据自身情况制定了相应的政策法规。但是,从我国"十四五"规划所确定的科技创新、积极人口老龄化等国家战略规划看,我们仍需要继续完善相关的法律法规。

1. 完善国家层面的法律法规体系

国家层面的立法为老龄人员继续服务社会提供了基本保障,将有助于转变老龄人员的就业观念,也有助于促进老龄人员的就业。相对而言,由于我国人口老龄化出现的时间晚于西方国家,总体上还缺乏相对成熟和较为健全的法律体系。因此,在借鉴早期老龄化国家经验的基础上,我们还需要制定有效可行的保护老年人权益的法律法规,以及雇佣、福利、保健等一系列的与之配套的法律法规。完善的法律法规体系是维护老科技工作者基本工作权益的根本保障。

2. 完善地方层面的法律法规体系

一方面,老科技工作者的工作内容和工作性质具有特殊性,体现为知识技能的高专业性和高价值性;另一方面,各地经济发展水平、产业结构等方面的差异使得老科技工作者对专业科技知识的需求也不同。因此,地方政府还需要根据当地的实际情况完善区域法律法规体系。区域法律法规体系一般包括两个层面:一是地方政府根据当地科技和经济发展情况,制定与国家法律配套并适应当地实际的老科技工作者人才资源开发与再就业政策,如2010年北京市出台了《关于发挥离退休专业技术人员作用的意见》;二是细化具体的法律法规,以健全政策体系和实施细则。比如,法律政策体系的制定应当与当地的劳动报酬等实际情况相匹配。国家和地方法律政策的制定和执行可以保证老科技工作者人才开发和利用有法可依,有利于激励老科技工作者为区域经济发展做出更大贡献。

（三）完善教育培训体系

我国以往构建老龄教育体系的基本原则是"老有所养，老有所医，老有所为，老有所乐"，着重强调老年人精神寄托的重要性。从国内老年教育机构看，主要包括社区老年教育场所、老年大学等。2006年，《中国老龄事业发展"十一五"计划纲要（2006—2010年）》提出，完善老年教育网络，各级政府要继续加大对老年教育的投入。但是，无论是从教学内容的软件建设来说，还是从教育机构的硬件建设来说，都很难适应未来老科技工作者人才资源开发和效能提升的要求，也很难适应未来诸多老龄人口就业的要求。因此，借鉴国外经验，建立终身教育制度是老龄人才资源开发的基本前提。构建适合老龄人才资源开发的教育体系、积极建设老年人教育机构，是促进社会对老龄工作者认可、提升老龄工作者工作技能和促进老龄工作者就业的重要途径。

1. 丰富和完善继续教育的内容

随着相关法律法规和政策的制定，针对老科技工作者的教育体系应该随之发生变化。第一，国家对教育体系的顶层设计上，要抓住老科技工作者的高知识、高技能、高素质、专业性强等特点，重点增加前沿知识、前沿动态等内容，实现老科技工作者的原有知识与新知识的良性对接，促进知识的有机整合。第二，地方政府要根据当地的技术创新要求确定相应的教育内容。比如，相对于部分西部地区而言，东部地区可能会对科技前沿知识有更多的需求，因此，教育内容需要因地而异。第三，老科技工作者的知识水平也存在参差不齐的现象，因此需要分层级设计教育内容。教育内容的更新，有利于老年人知识的增加和技能的提升，也有利于激励相关教育机构积极参与其中。

2. 建设多种类型的辅助教学机构

首先，继续发挥原有老年教育机构的作用。我国的老年大学就属于原有的老年教育机构，在全国各省份均设有分支机构。因此，继续发挥老年大学的多级分布优势、调整和优化老年大学的教学内容，是促进老科技工作者学习交流的重要措施。其次，借鉴国外经验，推动发展多样化的民间教育机构。比如，日本开设了多样化的高龄人员职业培训机构，如职业能力开发大学、职业能力开发专科学校、职业能力开发促进中心、高度职业能力开发促进中心等；美国则在各地设立老年人寄宿学校，供老年人居住并就近学习，从而在一定程度上促进老年教育活动的顺利开展。最后，在科技创新领域积极推行产学研合作模式。比如，部分高校设立了包含产学研等主体的联合学院，为高校和研究院所的老科技工作者提供了很好的知识交流平台，成为吸纳老科技工作者参与科技创新的重要途径。

（四）优化薪酬福利税收政策

薪酬、税收、社保等制度体系，是激发老科技工作者的工作动能和自我价值实现的基本保障。伴随法律法规政策体系的健全和老科技工作者人才资源开发措施的实施，配套的薪酬福利税收政策也需要做出调整。

1. 优化国家层面的薪酬福利税收政策

薪酬福利和税收激励不仅体现了对老科技工作者劳动的尊重，更体现了国家和社会对知识与科技价值的尊重。国外经验表明，弹性的退休年龄制度、积极的薪酬福利制度、优惠的税收和信用政策，是鼓励广大老科技工作者积极奉献社会的有效举措。中国社会科学院国家高端智库首席专家蔡昉认为，从设计养老金的支付方式和加强在职培训等方面入手，提高老年人的实际参与率，出台延迟法定退休年龄的时间表路线图。这样做有助于政策意图和个人意愿的激励相兼容。比如，设计基于年龄段的弹性或梯级的退休保障金制度，根据具体的退休年龄情况和性别结构等指标完善现有的社会保障金制度，通过政策调整实现医疗保健福利向延迟退休人群倾斜，建立与退休年龄结构配套的个人所得税制度，并进行税率优化，等等。这些举措是防止老科技工作者收入不升反降和激励他们积极工作的重要保障。

2. 健全地方层面的权益保障支持系统

随着国家层面法律法规的出台，各地政府要结合国家法律和当地科技经济发展水平，制定符合当地经济发展情况和收入水平的老科技工作者就业权益保障政策。从以往情况看，2010年北京市出台了《关于发挥离退休专业技术人员作用的意见》，对老科技工作者在决策咨询、科技创新等方面的作用做出了支持性规定；2020年山东省第十三届人大常委会第十八次会议表决通过的《山东省人才发展促进条例》，明确了"县级以上人民政府应当为退休专家、老科技工作者等服务经济社会发展提供支持和便利；为老科技工作者在决策咨询、科技创新、科学普及、推动科技为民服务等方面继续发挥作用创造条件"。这些具体政策体现了当地政府在制度上对开发老科技工作者人力资源给予了支持，丰富、完善和细化了老科技工作者的劳动报酬、科技成果转化和收益、劳动争议等具体条款，从而保障了当地老科技工作者的劳动权益。

（五）加强行政管理和执行机构建设

从国外经验看，与老龄人力资源开发和就业有关的机构包括两大类：一是政府设置的专门处理老年事务的行政决策机构；二是各专业协会和其他类型的社会辅助机构。随着国家积极应对人口老龄化战略的实施、相关法律法规的出台、老科技工作者人才队伍的壮大、老科技工作者人才资源开发利用工作的全面开展，原有机构的数量和职能可能需要进行重新调整或安排，以便适应和满足增量任务的要求，保证未来的工作能够有效有序地展开和运行。

1. 加强行政管理机构和职责建设

美国和日本均设置了国家层面与地方层面的行政决策机构以及各级协会组织。各级行政机构和协会组织可以随时监测老年人所获得的福利情况与就业情况，根据社会经济发展的实际情况，他们可以随时调整相关的政策和具体规定。根据国内情况，我国应该在国家层面和地方层面明确设置相关的决策、执行和监管机构；明确各组织机构和各级地方机构的职责，为法律法规的有效执行提供组织保障。

2. 促进各类执行机构的协同运行

我国已经建立了中国老科协、老教授协会、老年法律工作者协会等多家全国性的社会团体，各协会的各级分会已遍及全国各地；各地也成立了退休工程师协会、老年教育工作者协会、离退休医务工作者协会等一批以老年知识分子为主体的社会团体。鉴于此，应该推动现有协会机构与人社部、科技部、工信部等职能部门的协同运行。对接在职人员参加的各类协会，实现不同类型和不同层级协会间的信息畅通；建立由各级政府主管部门牵头的工作联络机制，形成各司其职、相互沟通协作、齐抓共管的协同管理和运行体制。推动各种信息对接、技术对接、工作需求与专业技能对接以及工作联络机制的建立，促进老科技工作者人才资源开发和市场需求量保持平衡。

（六）加强各类服务平台建设

平台是供求对接的重要场所，多样化的平台建设是满足老科技工作者对信息知识的需求以及为社会提供服务的愿望的重要途径，也是影响老科技工作者人力资本效能发挥的重要因素。从此次调研结果来看，老科技工作者参与科普讲座或培训、为企业提供咨询服务、科技下乡、医疗义诊服务等活动的比例不高。这在一定程度上反映出老科技工作者和社会人才需求方之间缺乏有效的联系，以及因对接平台建设不足使老科技工作者未发挥应有的作用。调研同时发现，有超过五成的老科技工作者希望老科协组织能够提供交流的机会、信息技术服务和建言献策的渠道。

1. 加强多样化实体平台建设

我国现有的实体平台尤其是老科协在服务老科技工作者和实现人才供需对接方面发挥了重要作用。老科协通过实施《中国老科协助力企业技术创新行动计划（2018—2020年）》，推动了企业技术创新服务体系的建设，对激发企业活力和推动企业转型升级做出了贡献。但是，随着老科技工作者数量的增加和服务内容的变化，首先需要进一步加强各级老科协建设，尤其要解决老科协的经费支持、激励机制建设、法规政策制定、对接渠道拓展、用人信息共享、社会认同度提高等问题，以及相关职责的设定等问题。其次，还应该加强其他中介性实体平台建设。实体中介平台建设应该直接面向广大老科技工作者，这样做有助于实现双方面对面的沟通交流，促进人才供给与技术需求的迅速对接。就像日本的公共职业安定所、银发人才中心等，它们遍布全国的分支机构可以及时有效地提供职业培训和就业等方面的服务。最后，通过平台业务分工来实现不同类型平台的业务互补，从而满足社会上不同技术需求层次和不同人才需求层次的要求。

2. 积极推进网络平台建设

基于互联网技术的网络平台具有低成本和高效率等优势。因此，网络平台是供需平衡的重要途径。借鉴日本、美国等国家的做法，在积极建设以政府部门为主导的执法机构以及相关协会机构等实体性对接平台的同时，还要积极依靠现有的网络平台。现有的网络平台使用非常便利，但是政府需要根据老科技工作者的人才供求特点，对该类平台的业务内容、服务范围、服务对象等进行法律性规范；积极推进网络技术平台的新型业务拓展；建设专门服务于老科技工作者的专业性网络技术平台；从科技人才尚未退休时就进行注册，实现动态跟踪、动态交流和退休前的供求信息对接。网络技术平台可以更大程度上协调市场技术信息和人才供求信息的不对称，从而降低交易成本。

（七）加大对人才资源开发与利用的资金支持力度

我国老科技工作者人员数量众多，专业领域和区域分布广泛，因此，加大资金投入力度是推进老科技工作者人才资源开发和利用的助推器。

1. 直接进行财政补贴

老科技工作者人才资源开发和利用过程涉及法律制定、教育培训、民间机构协助、企业对接等诸多环节，政府财政资金支持有助于推进多项工作的协同推进和运行。另外，借鉴国外经验，政府对雇主企业给予资金支持，有助于企业消除顾虑，并愿意接纳老科技工作者参与工作。

2. 吸引社会资金积极投入

设计和拓宽社会资金投入渠道。比如，激发社会投资者的社会责任感，激励社会投资者对老科技工作者人才资源开发和利用工作进行扶持；建立老科技工作者人才创新基金等项目，通过政府资金投入带动社会投资者的资金注入，促进老科技工作者进行创新性创业，实现老科技工作者技术项目的有效转化。

第五章　老科技工作者人才资源开发效能提升研究

一、进一步提高对老科技工作者人才资源开发战略意义的认识

（一）老科技工作者是社会人才资源的重要组成部分

创新驱动发展，归根结底是人才驱动发展；建设世界科技强国，根本上要实现人才强国。人才资源是支撑经济社会发展的第一资源。2019年，习近平总书记在老科协成立30周年之际对老科协工作做出重要批示："老科技工作者人数众多、经验丰富，是国家发展的宝贵财富和重要资源。"老科技工作者作为人才队伍的重要组成部分，是宝贵的人才资源，是支撑经济社会发展的重要力量。因此，发挥人才资源的作用，需要努力激发老科技工作者的效能、充分挖掘老科技工作者的发展潜力，以实现老科技工作者的价值，使之在全面建设社会主义现代化国家的新征程中继续建功立业。

（二）老科技工作者是建设科技强国的重要力量

老科技工作者过去长期奋战在经济、科技、教育、卫生等领域的第一线，为科技事业做出了重要贡献；退休后他们依然关注国家经济社会发展大业、愿意继续参加工作，他们运用丰富的学识和经验，发挥一技之长，在各个领域发挥了积极的作用。建设创新型国家、进军世界科技强国，必须充分激发包括老科技工作者在内的科技人才的积极性，特别是要善于用好老科技工作者在长期实践中形成的宝贵经验，加强知识和优良科学传统的传承，使他们继续为实现"第二个百年"奋斗目标、实现中华民族伟大复兴的中国梦贡献智慧和力量。

（三）老科技工作者人才资源开发是积极应对人口老龄化的战略选择

随着我国面临的人口老龄化问题日趋严重，积极应对人口老龄化已上升成为国家战略。积极开发老龄人力资源、延长生命周期中的生产性时间，是我国实施积极应对人口老龄化国家战略中的一项重要举措。老科技工作者人才资源是老龄人力资源中具有较高素质的群体，其效能的开发利用有利于延长人力资本投资回收周期、维系科技人才队伍健康发展、补充社会劳动力供给，对促进我国实现由人口数量红利向质量红利转变具有重要作用。尤其当前以及今后一段时间，享有改革开放后更多受教育机会和有着更高文化程度的"60后"人口将成为我国老龄人力资源尤其是低龄老龄人力资源的主力，这意味着高素质老龄人才资源开发的黄金窗口期和机遇期已经到来，积极开发老科技工作者人才资源、提高老科技工作者人才资源使用效能，将成为我国开发老龄人力资源的重要切入点，可为我国及时应对、科学应对、综合应对人口老龄化问题起到示范作用，是积极应对人口老龄化的战略选择。

二、进一步明确老科技工作者人才资源开发的指导思想和基本原则

（一）老科技工作者人才开发的指导思想

以习近平新时代中国特色社会主义思想为指导，深入贯彻落实党的十九大和习近平总书记对老科技工作者人才队伍建设的重要指示精神，紧紧围绕统筹推进"五位一体"总体布局和协调推进"四个全面"战略布局，应牢牢把握积极应对人口老龄化国家战略机遇期，破除束缚老科技工作者人才资源开发的思想观念和制度障碍，充分发挥相关政府部门和群团组织的组织优势，广泛调动整合社会资源，健全创新老科技工作者人才开发体制机制，团结动员广大老科技工作者发挥优势特长，在决

策咨询、科技创新、科学普及、推动科技为民服务等方面更好地发光发热，继续为实现"第二个百年"奋斗目标、实现中华民族伟大复兴的中国梦贡献智慧和力量。

（二）老科技工作者人才开发的基本原则

1）面向需求，服务发展。以国民经济和社会发展的现实需求为导向，充分发挥老科技工作者的智力优势，服务政府决策、服务科技创新、服务企业研发、服务乡村振兴、服务科学普及、服务科学精神传承弘扬，切实将老科技工作者人才队伍的潜在价值转化为促进国家创新发展、经济社会高质量发展和高效益发展的动力。

2）突出重点，以点带面。坚持有所为有所不为，集中优势资源，着力打造老科技工作者人才资源开发的重点领域、重点平台、重点项目，强化对典型人才、典型事例、典型经验的宣传表彰和舆论引导，以平台建设汇聚更多老科技工作者再次投身经济建设主战场，以项目为抓手激发老科技工作者再次贡献个人才智的意愿与活力。

3）政府引领，市场主导。充分发挥政府的职能作用，运用经济、法律和必要的行政手段加强宏观管理，各级、各相关部门应加大对老科技工作者人才资源开发工作的支持力度；充分发挥市场在老科技工作者人才资源配置和队伍建设中的决定性作用，应尊重市场规律、创新体制机制，引导社会各方力量广泛参与到老科技工作者人才资源开发工作中来，构建形成具有中国特色、服务党和国家工作大局的老科技工作者人才开发模式。

4）统筹规划，协同联动。积极探索新形势下老科技工作者人才资源开发的新思路、新机制，着力强化老科技工作者人才资源开发的组织体系和工作体系建设，构建横向各部门协调配合、纵向各层级体系完善的系统化、网络化老科技工作者人才资源开发工作格局，实现人才资源开发工作的统筹规划、统一部署、协同落实。

三、进一步明确老科技工作者人才资源开发的重点工作和运作机制

（一）进一步丰富老科技工作者人才资源开发的重点工作

1. 畅通老科技工作者政府决策建言渠道

充分发挥老科技工作者责任感强、经验丰富、知识技能积淀深厚的优势，搭建老科技工作者与政府相关部门沟通的桥梁渠道，组织老科技工作者从现实需要出发，以问题为导向，围绕党和政府关心、科技人员关注、人民群众关切的重大问题，提供决策咨询服务，积极建言献策，为党和政府科学决策发挥参谋咨询的作用。

2. 帮助老科技工作者对接企事业单位的创新需求

为老科技工作者与企事业单位创造沟通交流的机会，打造老科技工作者助力企事业单位技术创新发展的服务平台，鼓励、支持和组织老科技工作者进入企业、扎根企业，为企业创新发展提供咨询、提出建议，通过委托研究、合作研发等多种形式为企业提供技术支持和智力支持，推动企业技术创新，服务企业转型升级。

3. 助推老科技工作者投身乡村振兴与服务"三农"

以乡村振兴和服务"三农"现实需求为导向，以促进农业产业兴旺和提高农村人口综合素质水平为主要内容，动员和组织老科技工作者深入基层、进村入户，开展农业科技集成创新和推广成果转化活动，引进种植、养殖富农项目，开展种植、养殖等技术培训和职业技能培训，培养农业技术能手和创业带头人，以促进农村发展、农业增产和农民增收。

4. 助力老科技工作者成果转化与创新创业

充分发挥老科技工作者的专业技术优势，支持或联系科研机构聘请符合条件的老科技工作者参与国家或地方科技项目研究工作，为技术创新提供智力支持；倡导、鼓励和支持有条件的老科技工作者参与"大众

创业、万众创新",使其发挥专业技术专长,在符合相关规定的条件下创办、参办、帮办科技企业,并推动老科技工作者科技成果和专利成果的转化、孵化和产业化。

5. 组织老科技工作者开展社会志愿者服务工作

充分发挥老科技工作者专业基础扎实、工作态度认真、时间相对充裕的特点,组织热心公益事业的老科技工作者组建科普报告团、义务医疗诊疗团等社会志愿者团队,进学校、进社区、进农村、进企业、进医院、进军营,开展传播科学知识、进行技术推广、进行现场义务诊疗、培训医护人员等社会公益活动,以服务人民群众,并不断扩大老科技工作者作用发挥的影响力。

6. 弘扬老科技工作者的优良精神

充分弘扬老科技工作者潜心研究、敢于挑战、不断创新、无私奉献的精神,组织老科技工作者尤其是老科学家群体通过传播宣贯、育人传承、创新协同等手段,激励和引导新一代科技工作者以习近平新时代中国特色社会主义思想为引导,厚植爱国情怀、实践报国之愿,建功新时代、传递正能量,承袭和秉持爱国、创新、求实、奉献、协同、育人的新时代科学家精神,营造风清气正的良好科研生态和科研环境。

7. 促进老科技工作者知识更新

对接高等院校、科研机构,充分发挥老科协、老年大学等机构在组织老科技工作者群体方面的便利性,以讲座报告、课程体系、座谈研讨等形式开展老科技工作者教育培训工作;开办老年科技大学,向老科技工作者开设科技前沿、健康保健、网络技术等方面的课程;构建开放共享的网络化、数字化教育资源公共服务平台,利用视频网站、微课等手段,满足老科技工作者知识更新和终身学习的需求。

8. 丰富老科技工作者的精神文化生活

关心和解决老科技工作者中存在的空巢问题,重视和关注老科技工作者的机构养老、社区养老、居家养老、教育养老等养老问题;依法保障和维护老科技工作者在作用发挥过程中的合法权益,为老科技工作者提供法律咨询、培训和维权等方面的服务;活跃老科技工作者的业余文化生活,开展既能发挥老科技工作者爱好特长又有助于老科技工作者身心健康的文化体育活动,丰富老科技工作者的精神文化生活。

(二)进一步完善老科技工作者人才资源开发的运作机制

1. 政府投入引导的推动机制

人才投入是赢得未来的战略性投入,而对老科技工作者人才资源开发的投入则是成本收益率最大的投入,少量政府投入即可盘活存量巨大的人才资源,带来丰厚的经济效益。尤其在我国老龄化形势日益严峻、老科技工作者人才资源开发工作亟须启动的背景下,政府投入更需发挥先导性和引导性作用:以政府投入,打造老科技工作者人才资源开发的示范项目,吸引全社会对老科技工作者人才资源开发工作的广泛关注;以政府投入,弥补老科技工作者人才资源开发市场机制尚未健全的短板,加速构建老科技工作者人才资源开发的有效体系;以政府投入,引导社会力量和社会资本加入到老科技工作者人才资源开发工作中来,形成各方面资源整合促进老科技工作者人才资源开发的合力。

2. 市场调配资源的拉动机制

市场需求是老科技工作者作用发挥的重要拉动力量。要充分尊重和发挥市场力量、供求规律、价格杠杆在吸引、凝聚、激励老科技工作者参与社会事务中的关键作用,尽快建立健全老科技工作者作用发挥的人才市场体系,尽快形成符合市场经济要求的人才供给机制、价格机制、竞争机制和激励保障机制。政府在先期投入进行引导的同时,应树立"有限政府"和"服务型政府"的理念,在相关市场机制逐步建立起来后,凡属于可通过市场机制解决的,政府要逐步退出,借助市场力量配置人才、检验人才和使用人才,最大限度地激发老科技工作者的工作意愿和创造活力,实现人尽其才、才尽其用、用有所成,充分发挥市场在人才配置中的决定性作用。

3. 社会力量广泛参与的动员机制

人才开发与管理的根本方向是形成社会化管理，即人才管理工作不再以政府主导、行政管理为主，而是政府、市场与社会参与三者间形成相互协调、相互促进、互为补充的人才开发的新型关系。因此，老科技工作者人才资源开发工作必须积极引导社会力量广泛参与进来，形成全社会重视做好老科技工作者人才资源开发的强大合力。一方面，要充分发挥好以老科协为代表的群团组织在联系、团结和凝聚老科技工作者方面的作用，为老科技工作者继续服务社会、发挥余热创造更多有利条件和机会；另一方面，政府也要创新投入机制，充分利用财政税收政策的杠杆效应，尤其是政府购买服务的撬动作用，培育、引导和动员各类经营性人才服务组织加入到老科技工作者人才资源开发工作中来，形成老科技工作者人才资源开发的多元主体参与、多元资金投入和多元服务供给。

4. 法律法规的保障机制

法律具有稳定性、强制性等特点，加强立法有助于将人才工作定位转化为国家意志，有助于降低政策的不稳定性。用法律保障人才权益，推进人才管理工作的科学化、制度化、规范化，有利于形成健康和谐的老科技工作者人才资源开发环境。坚持完善市场机制与转变政府职能相结合、法制统一性与规范多样性相结合，制定形成涵盖老科技工作者聘任使用规范、人身安全保障、知识产权保护、成果转化收益分配以及劳动纠纷解决机制在内的老科技工作者法律法规体系，可以为老科技工作者人才资源开发工作提供系统全面的法律依据，使老科技工作者人才资源开发的各项工作做到有法可依，确保老科技工作者人才资源开发目标的顺利实现。

四、强化老科技工作者人才资源开发的政策建议

（一）强化顶层设计，健全老科技工作者人才资源开发的体制机制

老科技工作者人才资源开发工作政策性强、涉及面广，各级党委、

政府和有关部门要努力在全社会营造重视、关心、支持老科技工作者发挥作用的良好环境，使他们再次投身经济建设主战场，为新时代科技强国建设贡献力量。为此，各相关部门需打破当前各自为政的现状，形成合力，构建共同关心、服务老科技工作者人力资源开发的工作格局。当务之急是进一步落实好习近平总书记在中国老科协成立30周年之际所做出的重要指示精神，以及《国家积极应对人口老龄化中长期规划》的要求，重点做好以下几项工作。

一是尽快将老科技工作者人才资源开发纳入各级人才工作总体规划。在有关人才规划、意见等政策制定中充分考虑老科技工作者的独特优势，重视老科技工作者特别是离退休老专家人才资源的开发利用。鉴于我国积极应对人口老龄化的迫切需要以及科技人才资源需求缺口依然很大的客观现实，尤其考虑到今年是"十四五"规划开局之年，建议由中央组织部人才工作局牵头，会同有关部门提请人才工作抓总部门对老科技工作者人力资源开发的必要性予以充分重视，并将开发工作纳入全国人才发展总体规划，推动老科技工作者队伍与各领域人才队伍同步建设、同质发展；通过中央层面的示范作用，引导全国各省份的组织部门、人才工作领导小组重视和支持老科技工作者人力资源开发工作，为老科技工作者人才资源开发争取更好、更有力度的政策支持。

二是进一步深化各级、各部门对老科技工作者作用发挥的重要意义和老科协组织使命定位的认识。鉴于《中央组织部、中央宣传部、中央统战部、人事部、科技部、劳动保障部、解放军总政治部、中国科协关于进一步发挥离退休专业技术人员作用的意见》发文时间已较久远，而《关于进一步加强和改进老科技工作者协会工作的意见》在政策影响效力方面相对不足，为进一步贯彻落实习近平总书记的相关指示精神，建议以中办、国办的名义出台进一步加强老科技工作者人才资源开发、发挥老科技工作者价值的文件，明确老科技工作者作为我国科技人才队伍的重要组成部分，在服务党和国家工作大局、助力经济社会发展中的重要作用以及对全国老年人继续发挥社会价值、积极应对人口老龄化的示范意义；明确老科协组织作为党和政府联系老科技工作者的重要桥梁与纽带，在团结带领老科技工作者服务创新驱动发展过程中的引领作用以及在服务组织老科技工作者继续发挥作用、再做贡献过程中的属性定位。通过对老科技工作者作用发挥重大意义和老科协组织使命定位的进一步明确强化，引导各级、各部门更加重视和关心老科技工作者人才资源开发工作，支持和鼓励老科技工作者继续发挥优势和特长，为老科技工作者作用发挥和老科协事业发展营造更为宽松的外在环境。

三是尽快建立落实各级老科协工作联络机制。虽然《关于进一步加强和改进老科技工作者协会工作的意见》已对建立联系老科协制度提出了相关要求，但各地区在实际工作中的执行效果并不理想。因此，建议自国家至地方层面，由中国科协牵头，联合科技、人社、教育等部门共同建立联席会议制度，形成老科技工作者人才资源开发工作相关部门各司其职、相互沟通、协调协作、齐抓共管的组织管理工作体系。定期听取老科协工作汇报，及时掌握情况，帮助老科协解决改革发展中的实际问题，努力营造老科技工作者人才资源开发工作健康发展的外部环境；支持老科协适应科技经济社会发展需要，多渠道筹集活动经费，创新开展更为丰富的社会服务项目；支持老科技工作者人才资源开发工作突破既有的不合理的体制机制障碍，变更创新老科技工作者作用发挥的路径和方式，为老科技工作者人才资源开发开拓新的思路和空间。

（二）坚持以用为本，完善老科技工作者人才资源开发的政策法规

人才开发，以用为本。老科技工作者人才资源的开发同样需要将发挥老科技工作者人才作用、实现老科技工作者人才价值作为一切工作的出发点和落脚点。当前我国已经基本建立起适应"老有所养、老有所依、老有所乐、老有所安"的老龄社会法律政策体系框架，但在充分发挥老龄人才资源价值以实现"老有所为"方面，现有法律法规和政策措施的系统性和可操作性方面均亟待提升，建议从以下几个方面入手。

第一，探索和建立弹性退休制度，或鼓励以退而不休代替延迟退休。老科技工作者特别是知识层次比较高的老科技工作者，其往往受

教育年限比较长，而当前的退休政策显然客观上缩短了其工作年限，造成了人才资源的闲置和浪费。首先，建议以国家研究制定延长退休制度为契机，探索和制定针对老科技工作者的弹性退休制度，实行不同行业区别对待，将退休条件与待遇分开，如在科研、教育、医疗等专业性较强的领域，可考虑在征得本人同意的基础上适当延迟其退休年限，以便在保障科技人才供给的同时，更好地实现这部分科技工作者的社会价值。同时，建立基于年龄段的弹性或梯级退休保障金制度和医疗保障金制度，建立与退休年龄结构相匹配的个人所得税制度，对延迟退休的个人收入所得税税率进行调整，防止因个人所得税累进税率的计算方式导致收入不升反降。其次，也可考虑出台鼓励企事业单位返聘老科技工作者的相关办法，明确规定退休返聘中双方具体的权利和义务，聘用方式上可灵活多样，如一事一聘、弹性工作时间、非全日制工作方式等，从而实现以退而不休代替延迟退休，更大程度地发挥老科技工作者的价值。

第二，探索健全老年人就业保障法律或政策体系。我国虽已基本建立了适应老龄社会的法律法规政策体系框架，但与老年人就业权利相关的法律法规保障仍存在系统性、操作性不强的问题。当前《中华人民共和国劳动法》《中华人民共和国劳动合同法》《中华人民共和国就业促进法》中均未明确涉及雇佣年龄歧视问题，且退休人员再就业属非正规就业，在应聘解聘、同工同酬、福利待遇，尤其是工伤理赔方面不受《中华人民共和国劳动法》和《中华人民共和国劳动合同法》的保护。此外，现行《中华人民共和国老年人权益保护法》对老年人的劳动权益规定得较为模糊，仅明确"老年人参加劳动的合法收入受法律保护"，而未涉及老年人在受聘工作期间发生职业伤害、科研成果转化收益以及劳动争议处置等方面的权益保障问题。尽管山东省2020年颁布的《山东省人才发展促进条例》以及北京市2010年出台的《关于发挥离退休专业技术人员作用的意见》在保障老年人劳动权益方面进行了有益的尝试，但地方性法规、政策的适用范围和法律效力毕竟有限。鉴于此，我国亟须借鉴日本《高龄雇佣保险法》、英国《禁止年龄歧视法》、韩国《禁止雇佣中的年龄歧视及高龄者就业促进法》等，通过修法或立法就反就业年龄歧视、以合同方式保障老年人就业的报酬收益、老年人依法享有科研成果转化收益、老年人就业因工作发生职业伤害的权益保障以及劳动争议处置等方面做出明确的法律规定。此外，在修法或立法前，可考虑出台促进老年人就业的相关制度，并以老科协等群团组织为平台，组织动员司法战线老专家，积极参与维护和保障老年人就业权益的法务活动，或以购买服务的方式借力打造司法服务平台，联合相关职能机构和社会服务组织，自建、联建或依托法律服务中心，为老年人就业提供法律咨询、培训、维权等服务。

第三，探索出台老科技工作者与在职人员享有同等科研项目申报权和科技成果奖励权的政策。60～69岁的老年人在我国属低龄老年人群。但是目前我国各级、各类科技项目和科技成果评选中，大都有"不超过60岁、特殊情况下可放宽至65岁"的申报人年龄规定，这就使相当一部分具备较强科研工作能力且有科研工作精力的老科技工作者被阻挡在科技项目资助或科技奖项评选之外。因此，建议科技主管部门在当前《关于进一步加强和改进老科技工作者协会工作的意见》有关"鼓励符合条件的退休专业技术人才依托研究机构开展科研创新，可以受聘作为项目组成员，参与国家科技计划项目"规定的基础上，探索制定进一步突破年龄限制的政策，保证有能力、有意愿的老科技工作者在各级各类科技计划项目申报、科技成果奖励申报中与在职人员享有同等权利。

第四，加强调查研究，为出台更为有效的老科技工作者人才资源开发政策提供依据。结合积极应对人口老龄化国家战略需求和老科技工作者人才队伍建设实际，深入开展老科技工作者人才资源开发的基础理论研究，积极探索老科技工作者人才队伍建设和人才资源开发工作的规律，尤其要注重加强老科技工作者人才资源的统计调查的基础性工作。在进一步摸清老科技工作者人才资源状况、地域与结构分布、思想状况等情况基础上，立足积极应对人口老龄化国家战略需求、立足服务党和国家工作大局与经济社会发展重大需求，进一步明确我国老科技工作者人才资源开发工作的方针、目标、思路和举措。同时，从老科技工作者作用发挥的现实需要出发，出台更具针对性、可操作性和更具效力的老科技工作者人才资源开发政策。

（三）尊重价值规律，构建政府有为、市场有效的老科技工作者人才资源开发激励体系

市场在资源要素配置中发挥着基础性、决定性作用。老科技工作者人才资源的有效开发、合理配置和有序流动同样需要发挥市场机制的力量。只有在政府"有为有位"的同时，尊重价值规律、依靠市场力量，才能将老科技工作者、用人单位以及各方面社会力量吸引到老科技工作者人才资源开发工作中来，保证老科技工作者人才资源开发工作的健康、可持续发展。

一方面，充分发挥政府投入对老科技工作者人才资源开发的撬动作用，做到政府有为。政府投入在老科技工作者人才资源开发中主要应针对市场失灵的薄弱环节和市场机制尚未健全的短板领域发挥撬动作用，通过提供更多的公共资源支持，降低老科技工作者人才资源开发成本，引导各方力量形成老科技工作者人才资源开发合力。因此，建议借鉴韩国、日本、欧盟等国家和地区支持企业吸纳老年人就业的做法，对雇用老科技工作者人才达到员工总数一定比例的企业进行税收减免或提供财政补贴，或者对返聘老科技工作者的用人单位进行资金奖励；建议在弹性退休制度实施后，对老年人占员工比例较高的企业提供财政补贴以降低其用工成本，保障延迟退休人员获得合理的收入；建议对退休后再就业的老科技工作者，调整其应纳税所得额的起征点、速算扣除数等常数，降低再就业老科技工作者应缴税额，鼓励其为社会继续贡献价值；建议除破除年龄歧视，对老科技工作者创业提供无差别财政、税收和信贷支持外，进一步借鉴韩国制定的"代间融合型创业"和日本制定的"中高龄者共同就业机会创造奖励金"等政策的经验，对老科技工作者与年轻人合作创业的提供补贴支持，推动代际融合；可考虑借鉴美国、日本鼓励老年人力资本投资的政策，对老科技工作者进行培训的机构和参加培训的老科技工作者，进行双向补贴，以吸引更多社会力量参与老科技工作者人才开发工作。

另一方面，充分发挥市场机制对老科技工作者人才资源要素的配置

作用，做到市场有效。市场在老科技工作者人才资源开发中的作用主要通过价值规律体现出来，只有充分尊重供求规律、充分运用价格机制和竞争机制，才能实现老科技工作者人才供求主体到位，实现人才发现、吸引、使用和评价等环节的高效运作，也才能激发老科技工作者人才资源的活力。中国老科协2017年进行的一项调查则显示，55.2%的老科技工作者希望获得发挥作用的专项活动经费，27.9%的老科技工作者希望获得报酬和奖励。这说明，激励不足问题在一定程度上制约了老科技工作者的工作热情，也为老科协基层组织的工作顺利运行带来了困扰。因此，为充分运用竞争机制激发老科技工作者创新研究活力，建议中国老科协争取专项财政资金设立"老科协科技创新和智库计划"，对部分前景广阔、经济效益突出的科技攻关项目和选题优秀、潜在影响显著的智库咨询课题，以"揭榜挂帅"的评标方式给予资助，同时设立"老科技工作者优秀成果出版资助计划"，资助优秀结题成果予以出版，以便进一步扩大老科技工作者优秀成果的影响力。此外，为充分运用价格机制调动老科技工作者作用发挥的积极性，针对当前老科技工作者单纯以公益方式参加学会、协会社会服务活动的现状，以及相当一部分老科技工作者退休返聘后的待遇远低于在职期间的问题，建议有关部门出台相关政策，允许向参与社会服务活动的老科技工作者发放部分酬劳或报销相关费用，并明确规定退休返聘的老科技工作者薪酬待遇参照同类型在职专家标准，以保护老科技工作者社会参与的积极性，保证老科技工作者作用发挥的可持续性。

（四）推进平台建设，做好老科技工作者与用人单位的对接服务工作

平台载体建设是人才资源开发的有力抓手，也是长期以来我国人才工作的一条基本经验。老科技工作者涉及的专业领域众多、地域分布广泛，其人才资源开发工作更需通过平台载体来完成各种资源的有效汇聚，并通过平台载体建设充分实现政府和用人单位需求与老科技工作者优势特长的匹配对接。

第一，畅通决策建言渠道，丰富和完善老科技工作者为政府建言献

策的咨询论证平台。进一步健全老科协智库机制，充实各级老科协智库专家队伍，在全国各省份推广辽宁、山东老科协主动对接党和政府决策咨询需求，定期编制《老专家建言》向省委、省政府报送的做法，形成规范、稳定、畅通的老科技工作者决策检验渠道。在国家和省级老科协层面设立"老专家智库咨询计划项目"，围绕国家和地方政府决策咨询需求征集和设定研究主题，组织开展课题攻关，并借鉴全国哲学社会科学工作办公室编制《成果要报》的做法，将研究成果向有关部门报送，进一步扩大老科协智库作用发挥效力。进一步办好"老科学家圆桌会议"，丰富和完善会议制度机制，可考虑借鉴国家自然科学基金委"双清论坛"的做法，提前征集和规划会议主题，定期编制形成正式会议简报，并可考虑针对特定主题采取与政府相关部门、科技项目主管部门联合举办的形式，吸引相关领域中青年科学家参与旁听，以扩大会议在政府和学术界的影响力，更好地发挥科学家在为政府决策提供科学论证、完善顶层设计等方面的作用。

第二，借助新兴技术，打造统一规范的全国性老科技工作者为民服务的网络平台。在完成中国老科协"助力企业技术创新行动计划"和"助力乡村振兴行动计划"的基础上，更加重视推进老科技工作者科技为民服务网络平台建设。加快启动全国老科技工作者人才信息化工程，以国家级和省级老科学技术工作者协会网站为依托，按照分行业类型、分服务类别和分人才层级的原则建立健全老科技工作者人才信息库和科技成果库，并实现与人社部门、科技部门相关人才信息库和成果转化平台的对接互通。以老科技工作者人才信息库和科技成果库的大数据信息平台为依托，进一步建设贯通全国的集人才推荐、供需中介、科技成果转化、软科学项目咨询服务、素质能力培训为一体的"中国银色人才网"，充分发挥老科协组织在老科技工作者群体中权威性高的优势，强化各级老科协在助力老科技工作者服务企业技术创新、服务乡村振兴中的工作效力，并创建品牌。考虑到各省级老科协目前缺乏专门人员与技术资源的现实情况，建议以官办民营方式在老科协成立实体机构，以政府购买服务的方式，引入社会中介组织力量对"中国银色人才网"进行专业化建设、运营和管理，以现代信息技术和体制机制创新，实现老科协等群团组织在老科技工作者服务中的供给侧结构性改革和市场化转型。

第三，出台专门政策，鼓励、支持老科技工作者开展科技成果转化和产业化。建议科技、商务、财政等有关部门率先研究出台专门的文件，倡导、鼓励和支持有条件的老科技工作者参与"大众创业、万众创新"活动，并能在证照办理、场地提供、融资支持、孵化指导等方面建立绿色通道或给予一定政策倾斜，以进一步发挥老科技工作者的专业技术、经验优势和特长。建议各级政府明确规定，对创办、领办企业或应聘到企事业单位继续从事专业技术工作并做出贡献的老科技工作者，也应纳入各级各类优秀人才资助奖励范围。同时，建议各级老科协以老科技工作者人才库、成果库或"中国银色人才网"建设为依托，借助网络化平台，为老科技工作者创办、参办、帮办科技企业提供供需对接服务支持，提高老科技工作者科技成果和专利成果转化的效率。

第四，借力"三馆"资源，打造、完善老科技工作者科学知识普及的服务柔性宣讲平台。打造纵向覆盖省、市、县三级，横向包含科学普及、服务乡村振兴、助推企业技术创新的"老科技工作者报告团"网络，共同促使老科技工作者进学校、进社区、进农村、进企业、进机关、进军营传播科学知识、开展技术推广、弘扬科学精神，在全国范围形成讲科学、爱科学、学科学、用科学的良好氛围。建议各级老科协组织着重加强与"三馆"的对接与联系，充分挖掘老科协平台型、开放型、枢纽型服务功能与作用，充分发挥自身在宣传科普知识方面的优势，借力"三馆"的公益性平台，弥补自身在场地、资金和科普受众资源方面的不足，通过与公益性科普教育机构的优势互补，推动"老科协报告团""老科协大讲堂"等品牌性科普活动进一步深入基层、深入民众、扩大受众覆盖面，使"三馆"公益平台成为老科技工作者进行科普宣传的柔性宣讲平台，使老科技工作者队伍成为大力提高全民科学素质不可或缺的骨干力量。

（五）加强学习培训，持续提升老科技工作者人力资本水平

老科技工作者人才队伍的建设与使用问题属于人力资源的再开发

问题，其同样需要坚持人力资源开发与利用的基本原则和满足人力资本投资积累的基本要求。而加强培训服务工作，既是帮助老科技工作者进一步发挥效能的必要手段，同时也是满足老科技工作者终身学习意愿和提高老科技工作者生活质量的客观需要。

一是发挥好老年大学的示范引领作用。老年大学是我国老年教育发展的骨干力量，也是当前老科技工作者接受再培训的主要渠道。建议各级老年大学进一步完善办学体制、提高办学水平，在总结办学经验和充分发挥教育资源集聚优势的基础上，尝试通过与社会力量联合办学和开办网络远程教育等形式向乡镇（街道）、农村（社区）延伸，将优质教育资源向基层社区辐射，在办学模式示范、教学业务指导、课程资源开发等方面对区域内老年教育发挥示范作用。

二是办好老年科技大学。为弥补当前老年大学过于注重娱乐、休闲的短板，更好地满足老科技工作者群体的知识更新需求，同时也为更好地发挥老科技工作者自身优势专长，中国老科协正致力筹办老年科技大学。对此，建议筹建老年科技大学过程中，既重视以科技馆等实体机构为依托，又重视对现代信息技术加以充分运用，通过构建智慧教育培训系统，打造虚实结合的现代老年科技大学。在课程设计上，重视科学普及教育与学科前沿相结合，兼顾已退休老科技工作者知识更新的需求与即将退休科技工作者的需要，并可借鉴欧盟"以教育协助转职计划"（Pedagogy Assisting Workforce Transitions，PAWT）经验，重点进行新科技应用等方面的培训，提升老科技工作者的信息化职业能力；在教学方式上，充分利用互联网技术以及微博、微信公众号、手机APP等新兴技术推动老科技工作者培训教育模式的创新，推进线上线下一体化教学；在教学资源上，力求实现老年科技大学教学资源的跨区域在线共建共享，并为老科技工作者提供导学服务、个性化学习推荐等服务，实现优质老年学习资源和教育培训课程对老科技工作者群体的全覆盖；在培养产出上，可借鉴日本"银发人才中心"经验，将老科技工作者培训项目与科学普及、企业创新和乡村振兴等社会服务相结合，在提高培训针对性和有效性的同时，进一步健全老年科技大学的人才输出功能。

三是推动各类学校参与到老科技工作者培训工作中来。鼓励高等院校和职业院校设立老年教育相关专业，培养从事老年教育工作的专业人才。推动各级各类学校尤其是高等院校（科研院所）向本区域内包括老科技工作者在内的老年人开放教育资源，积极接收有学习需求的老年人入校学习，结合学校特色开发老年人教育培训课程或进行相关培训讲座，探索举办老年教育（学校）的模式。建议政府借鉴美国、日本老龄人力资源培训经验，对开展老龄人才培训教育的学校给予财政补贴。

四是鼓励社会力量参与老科技工作者培训工作。充分激发市场活力，通过政府购买服务、项目合作等方式，支持和鼓励各类社会力量举办或参与老科技工作者培训活动，推进老科技工作者教育培训举办主体、资金筹措渠道多元化。建议人社部门梳理包括老科技工作者培训工作在内的老年教育公共服务职能，进一步拓展政府向社会力量购买老科技工作者培训教育的事项目录，将适合通过社会化提供服务的事项全部纳入政府购买服务范围。鼓励和支持各类社会培训机构为老科技工作者提供教育培训服务、个人和社会组织兴办老科技工作者教育培训机构、企事业单位兴办具有特色的老科技工作者教育培训项目。

（六）健全组织体系，强化以老科协为代表的群团组织在联系、团结和凝聚老科技工作者方面的作用

以老科协为代表的群团组织是老科技工作者的群众组织，是党和政府联系老科技工作者的桥梁和纽带，在团结、凝聚、带领老科技工作者尤其是具有高级专业技术职务的老专家方面具有独特的组织优势，并发挥着平台载体作用，因此应着力加强老科协等群团组织建设。

第一，加强和创新老科协党组织建设。充分发挥好老科协党组织的作用，加强和规范党建机制，强化老科协对老科技工作者的政治引领，增强"四个意识"、坚定"四个自信"、做到"两个维护"，自觉用习近平新时代中国特色社会主义思想武装头脑，自觉与以习近平同志为核心的党中央保持高度一致。进一步深入学习领会习近平总书记对中国

老科协工作重要指示的重大意义和深远内涵,将指示精神切实贯彻落实到老科协的各项工作当中,推进工作再上新台阶。进一步强化基层党建工作,在省、市、县三级老科协推广将党支部由秘书处扩展至协会领导班子全体成员的做法,健全和规范基层党组织;巩固"不忘初心、牢记使命"主题教育成果,开展老科协组织党建专题研究,继续举办党建研讨班,继续坚持党建工作常态化。创新党建工作模式,以信息平台为载体刊发党建工作动态和学习文章,增强老科协党建工作影响力和辐射力,进一步实现党建宣传的常态化、规范化。

第二,加强老科协专委会和各级组织建设。加强各级老科协已有专委会的管理,完善各专委会工作监督考核机制。重点做好在老科技工作者集中的部门、单位建立老科协组织的工作,探索采用单企独建、园区联建、行业统建、组建联盟等多种方式,积极发展企事业单位老科协组织,充分发挥企事业单位老科协在推动老科技工作者参与科研、教学和投身产业升级中的桥梁、纽带作用。在继续抓好市、县两级老科协组织建设的基础上,针对中心城市老科技工作者相对集中、大量企事业单位老科技工作者退休后转入城市社区的实际状况,在资金、场所、人员、设施等"四有"条件具备的社区,建立实体性社区老科协组织;在"四有"条件不完善的地区,借鉴"学习强国"软件设立虚拟党支部的做法,借助网络、手机APP等现代通信技术,建设在线虚拟社区老科协组织,充分发挥社区老科协在促进老科技工作者参与社会服务中的支撑作用。

第三,壮大老科协会员队伍。尝试将协会会员吸纳工作关口前移,由各基层老科协组织与企事业单位合作,在老科技工作者即将退休时提供退休规划服务,促使其更快地实现角色转换和心态转变,适应退休生活,融入老科协组织,以便加快人才资源再开发。加快老科协会员管理信息化建设,充分利用微信公众号、手机APP等现代移动通信技术建设老科协会员信息数据库,实现老科协会员的便捷吸纳和会员服务信息的实时更新,同时也为老科技工作者数据统计工作奠定基础。为防止老科技工作者群体中大量高层次人才、创新人才等急需紧缺人才在退休时出现流失,尝试建立老科协专家库与组织部门、人社部门高层次人才库的对接，承接老专家人才退休后的个人专业信息数据的更新管理工作和科技创新供需对接工作，迅速整合老专家资源，提高老科技工作者人才资源利用效率。

第四，加大对老科协工作的支持力度。为贯彻落实好习近平总书记提出的"各级党委和政府要关心关怀他们，支持和鼓励他们发挥优势特长，在决策咨询、科技创新、科学普及、推动科技为民服务等方面更好发光发热，继续为实现'两个一百年'奋斗目标、实现中华民族伟大复兴的中国梦贡献智慧和力量"的指示精神，同时根据《国家积极应对人口老龄化中长期规划》有关强化涉老财政投入保障的要求，各级党委、政府应加大对老科协组织的支持力度，尤其着重做好经费、场所、人员、设施等"四有"条件的配备保障工作，切实解决部分地区老科协当前面临的无场所、无经费、无人员、无设施的尴尬问题。鉴于老科技工作者服务社会的成本比较低，却可以获得较好的创新效果、经济效益和社会回报，因此各级政府要学会算清这笔账，尤其在各级老科协财政经费支持和人员编制安排上给予一定倾斜。建议省级老科协进一步争取财政资金支持，以大幅度提升本省"老科协奖"奖励力度，扩大"老科协奖"宣传示范效应。此外，针对目前一些单位和部门对离退休前曾担任一定领导职务的老科技工作者兼职社会团体存在拖延受理、审批过严甚至不予受理的情况，建议各级组织部门开辟申诉渠道，对符合《中共中央组织部关于规范退（离）休领导干部在社会团体兼职问题的通知》规定及相关要求的老专家、老领导畅通审批程序，并加快审批进度，以更快、更好地释放这部分老科技工作者的工作活力和工作热情。

（七）强化舆论引导，提高老科技工作者的客观价值认同

老科技工作者人才资源开发工作当前尚面临各种传统观念的挑战和障碍，而完全依靠市场力量很难或者需要经过较长时间才能完成对这些传统观念的扭转和纠正。因此，建议有关部门从以下两方面着手加强对舆论宣传的引导，消除老科技工作者作用发挥中的老年歧视问题。

一方面，立足我国老龄化趋势严峻的现实，从积极应对人口老龄化战

略出发，加强对老科技工作者人才资源开发重要意义的认识和宣传。建议政府相关部门借鉴欧盟设立"高龄活化与世代连带"年以及韩国政府每年投资 3 亿韩元开展"多世代一起工作"教育活动的经验，充分利用网络、报刊、电视广播等媒体及时明确我国当前所面临的老龄化严峻形势及其对未来会产生的严重影响，大力宣传以"老有所为""社会参与"为主旨的积极老龄化政策对经济社会高质量、可持续发展所具有的重要意义，纠正老年人社会参与就是"抢年轻人饭碗"的社会偏见，为老年人群体尤其是知识型老年人群体参与社会活动扫清观念障碍；大力宣传老科技工作者人才资源开发的意义，让社会认识到该举措可以充分挖掘知识型老年群体的人力资本价值，缓解科技型人才供需矛盾，实现人才效益最大化，并在减轻家庭及社会负担的同时，充分实现老科技工作者自身的人生价值，从而形成持续开发老科技工作者人才资源的良好社会环境和社会氛围。

另一方面，着眼于老科技工作者作用发挥所取得的成果，运用先进事迹和成功典型，强化对老科技工作者人才资源开发价值作用的舆论引导。充分借助报纸、广播、网站、微信公众号等媒体渠道，推介老科技工作者"老有所为"的典型人物，讲好老科技工作者服务经济社会发展的故事，不断总结提炼和宣传推广老科技工作者在各领域发挥作用过程中涌现出来的好事迹、好经验、好成果、好做法，持续提升老科技工作者作用发挥的显示度、认知度、贡献度和认可度。进一步提高"老科协奖"的规格，并增加奖励力度，对于在建言献策、人才培养、科技创新、成果转化、技术推广、科学技术普及、科技扶贫、乡村振兴等方面做出显著成绩和突出贡献的老科技工作者进行大力表彰、奖励和宣传，树立榜样以发挥典型示范的引领作用，为提高社会对老科技工作者的客观价值认同营造良好的舆论氛围。

（八）发挥自身潜能，增强老科技工作者的主观价值认同

在人口老龄化背景下，要实现老科技工作者人才资源的有效开发，老科技工作者自身的主观意愿是关键，而要提升老科技工作者对自身的主观价值认同，则需要老科技工作者本人、家庭和社会的共同努力。

一是老科技工作者本人要转变传统的老年观，建立更为积极的心理年龄观。一方面，当代的老科技工作者，要摒弃退休即是"颐养天年"的传统老年观，正确认识自己所具有的潜能，正确认识社会对科技人才的需求，树立自身可继续服务社会的观念，积极融入退休后新的工作环境中，将自身特长及优势较好地运用到工作中去，在提高自养能力、减轻家庭负担和社会养老压力的同时，更好地实现自己的人生价值。另一方面，为了更好地服务于当今社会经济发展需要，也为了更好地实现自身价值，老科技工作者还应当不断地学习和完善自己，通过参加持续的培训和学习，进一步挖掘自身潜力，以适应新工作岗位对知识、技术的要求。

二是老科技工作者家庭要鼓励支持老年科技人才积极主动参与社会活动。家庭成员应当意识到，老年人参与社会活动是积极应对人口老龄化的大势所趋。另外，相对于退休后无所事事而言，老科技工作者在身体条件允许的情况下继续从事力所能及的工作，发挥余热，可大幅度减少退休后的失落与孤单情绪，提升老年人对自身价值的认可程度，带来精神上的愉悦与富足，因而有利于老科技工作者的身心健康。

三是以老科协等群团组织为代表的社会力量应在老科技工作者主观价值认同提升方面发挥支持作用。第一，建议老科协等群团组织在科技工作者临近退休时，为其提供退休规划服务，通过为其设计合理的社会活动参与方案，帮助其意识到自身价值潜能所在，从而更好地完成身份和角色的转变。第二，老科协等群团组织可通过吸引和组织老科技工作者参与各项社会服务活动，帮助其进一步认识到自我价值实现的重要意义，并进而完成"主观价值认同—客观价值实现"的良性循环。第三，老科协等群团组织应通过组织开展各类教育培训项目，帮助老科技工作者进行人力资本的再投资和再积累，以便提高其对自身知识能力和智慧经验的主观认可度。第四，老科协等群团组织还应通过关心老科技工作者的健康养老需求，保障老科技工作者的合法权益、丰富老科技工作者的业余文化生活，提高其对自身工作意愿、人脉资源和身体条件的主观认同度。

第六章 问卷调查统计研究

一、全国老科技工作者状况调查统计分析

为了全面了解全国老科技工作者的基本情况和作用发挥情况，探究老科技工作者人才资源开发的价值意义、存在的问题与遇到的障碍，为构建和完善老科技工作者人才资源开发的价值体系、组织体系、服务体系等提供依据，课题组开展了全国老科技工作者状况问卷调查工作。本书根据问卷回收情况对上述内容进行统计分析。

（一）问卷发放及回收情况概述

自 2020 年 6 月开始，研究团队在全国范围（不包括港澳台）内开展了线上问卷调查工作，发放辽宁、重庆、山东、四川、江苏、陕西、北京、山西、广东、河北、福建、湖北、上海、浙江、天津、新疆、云南、江西、海南、贵州、河南、甘肃、湖南和安徽等多个省份的调查问卷 4581 份。截止到 2020 年 9 月 22 日共回收问卷 3233 份，问卷回收率为 70.57%（以下均为约数）。

（二）基本信息统计

1. 性别统计

调查的老科技工作者中，男性有 1992 人，占比为 61.61%；女性有 1241 人，占比为 38.39%，如图 6-1 所示。

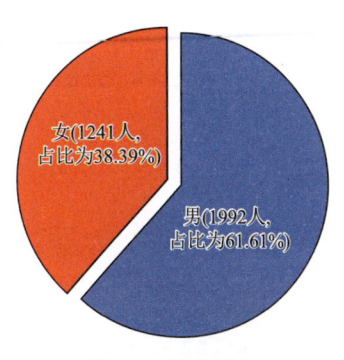

图 6-1 性别统计

2. 年龄及退休时间统计

（1）当前的年龄统计

调查的老科技工作者中，该项实际填答人数为3225人，其中，"60～65（含）岁"的答题人数最多，有1104人，占比为34.23%；其次是"65～70（含）岁"的答题人数，有908人，占比为28.16%；居第三位的是"55～60（含）岁"的答题人数，有411人，占比为12.74%；居第四位的是"70～75（含）岁"的人，有367人，占比为11.38%；居第五位的是"小于等于55岁"的人，有194人，占比为6.02%；居第六位的是"75～80（含）岁"的人，有166人，占比为5.15%；居第七位的是"80～85（含）岁"的人，有64人，占比为1.98%；最少的是"85～90（含）岁"的人，有11人，占比为0.34%，如图6-2所示。

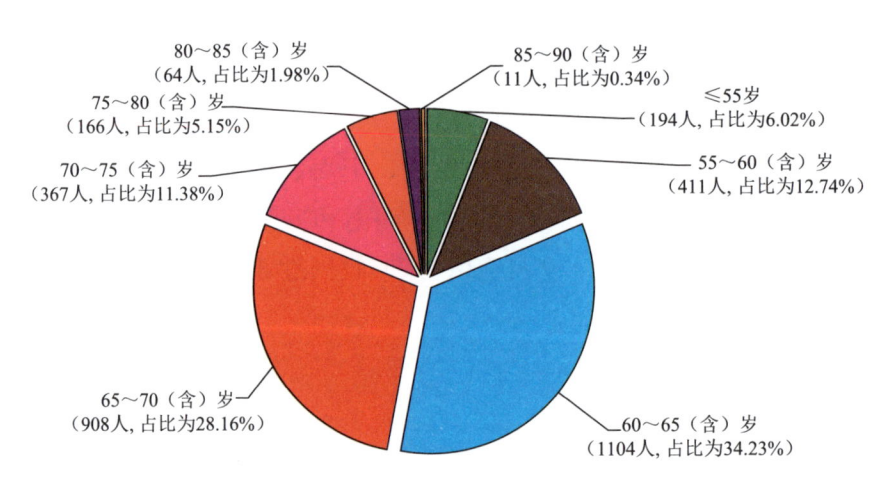

图 6-2　当前的年龄统计

（2）是否已办理了正式的退休手续统计

调查的老科技工作者中，针对"是否已办理了正式的退休手续"的调查中，回答"是"的人数有2938人，占比为90.88%；回答"否"的人数有295人，占比为9.12%，如图6-3所示。

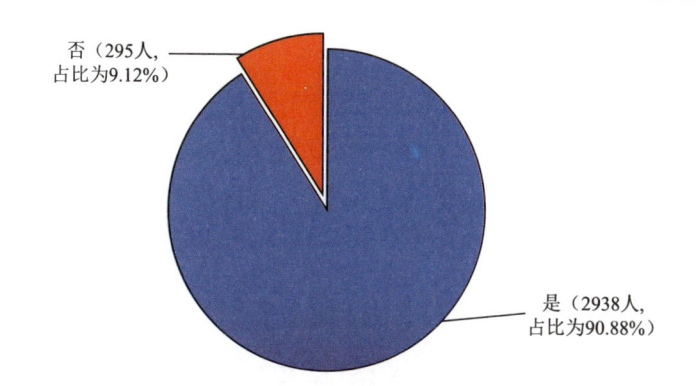

图 6-3 是否已办理了正式的退休手续统计

（3）已退休的年限统计

调查的已办理正式退休手续的 2938 位老科技工作者中，实际填答人数为 2930 人。其中，已退休的年限"小于等于 5 年"的人数和退休年限"5~10（含）年"的人数最多，均有 1018 人，各占 34.74%；居第二位的是"10~15（含）年"的人数，有 556 人，占比为 18.98%；居第三位的是"15~20（含）年"的人数，有 225 人，占比为 7.68%；居第四位的是"20~25（含）年"的人数，有 90 人，占比为 3.07%；居第五位的是"25~30（含）年"的人数，有 19 人，占比为 0.65%；最少的是"大于 30 年"的人数，只有 4 人，占比为 0.14%，如图 6-4 所示。

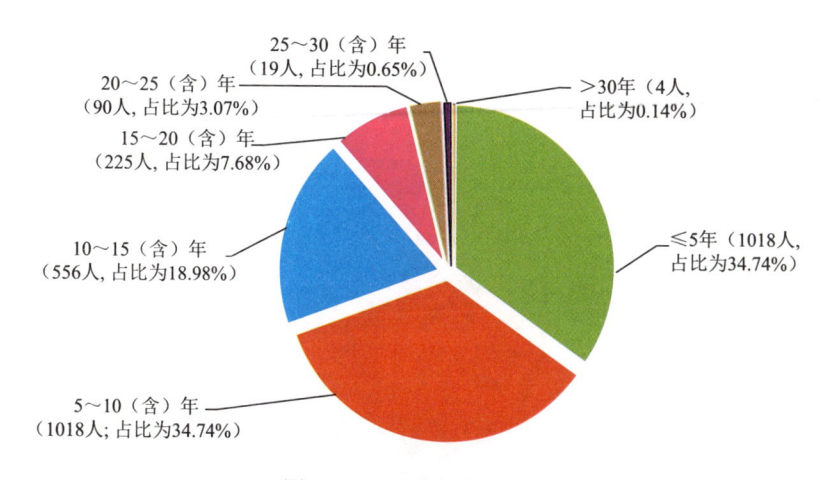

图 6-4 已退休的年限统计

3. 政治面貌统计

调查的老科技工作者中，政治面貌为"群众"的有561人，占比为17.35%；"中共党员"有2383人，占比为73.71%；"民主党派"有169人，占比为5.23%；"无党派人士"有120人，占比为3.71%，如图6-5所示。

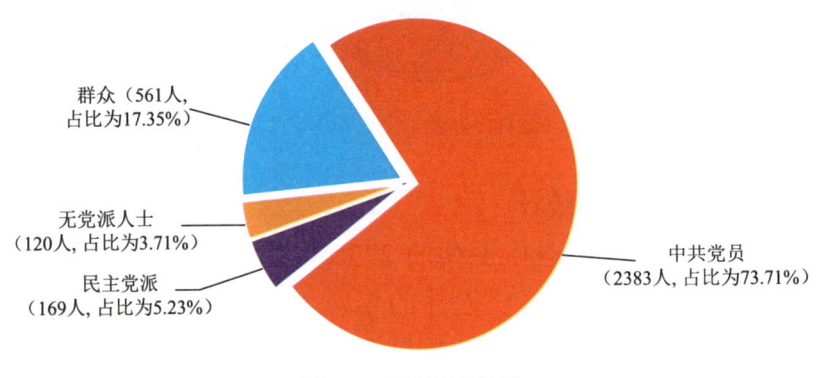

图6-5 政治面貌统计

4. 最高学历统计

调查的老科技工作者中，最高学历为"博士研究生"的有74人，占比为2.29%；最高学历为"硕士研究生"的有216人，占比为6.68%；最高学历为"大学本科"的有1744人，占比为53.94%；最高学历为"大专"的有868人，占比为26.85%；最高学历为"高中/中专"的有275人，占比为8.51%；为"其他"学历的有56人，占比为1.73%，包括初中、高小等，如图6-6所示。

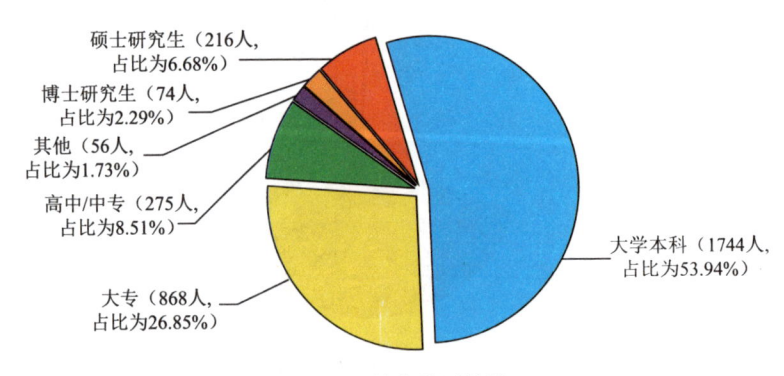

图6-6 最高学历统计

5. 退休前所在省份及单位性质统计

（1）退休前所在省份统计

调查的 2938 位已退休的老科技工作者中，退休前所在省份为"四川"的人最多，有 371 人，占比为 12.63%；居第二位的是"辽宁"，有 315 人，占比为 10.72%；居第三位的是"广东"，有 273 人，占比为 9.29%；居第四位的是"重庆"，有 267 人，占比为 9.09%；居第五位的是"江苏"，有 251 人，占比为 8.54%；居第六位的是"北京"，有 249 人，占比为 8.48%；居第七位的是"陕西"，有 247 人，占比为 8.41%；居第八位的是"湖南"，有 244 人，占比为 8.30%；居第九位的是"山东"，有 218 人，占比为 7.42%；居第十位的是"上海"，有 126 人，占比为 4.29%；居第十一位的是"湖北"，有 107 人，占比为 3.64%；居第十二位的是"福建"，有 100 人，占比为 3.40%；居第十三位的是"山西"，有 68 人，占比为 2.31%；居第十四位的是"河北"，有 58 人，占比为 1.97%；居第十五位的是"甘肃"，有 11 人，占比为 0.37%；居第十六位的是"新疆"，有 6 人，占比为 0.20%；居第十七位的是"黑龙江"和"云南"，各有 5 人，各占 0.17%；居第十八位的是"浙江"，有 4 人，占比为 0.14%；居第十九位的是"安徽"，有 3 人，占比为 0.10%；居第二十位的是"天津""江西""河南"，各有 2 人，各占 0.07%；居第二十一位的是"内蒙古""吉林""海南""贵州"，各有 1 人，各占 0.03%，如表 6-1 所示。

表 6-1 退休前所在省份统计

地区	人数/人	占比/%
四川	371	12.63
辽宁	315	10.72
广东	273	9.29
重庆	267	9.09
江苏	251	8.54
北京	249	8.48
陕西	247	8.41
湖南	244	8.30

续表

地区	人数/人	占比/%
山东	218	7.42
上海	126	4.29
湖北	107	3.64
福建	100	3.40
山西	68	2.31
河北	58	1.97
甘肃	11	0.37
新疆	6	0.20
云南	5	0.17
黑龙江	5	0.17
浙江	4	0.14
安徽	3	0.10
天津	2	0.07
江西	2	0.07
河南	2	0.07
内蒙古	1	0.03
吉林	1	0.03
海南	1	0.03
贵州	1	0.03

注：由于数值修约存在进舍误差，因此加和存在不等于100%的情况，下同

（2）退休前所在单位性质统计

2938位已退休的老科技工作者中，退休前所在单位性质为"事业单位"的人最多，有1792人，占比为60.99%；居第二位的是"国有（或国有控股）企业"，有559人，占比为19.03%；居第三位的是"党政部门"，有370人，占比为12.59%；居第四位的是"私企/民营企业"，有64人，占比为2.18%；居第五位的是"其他"性质的单位（包括非上市公司、军队等），有58人，占比为1.97%；居第六位的是"集体企业"和"社会团体"，各有41人，占比为1.40%；居第七位的是"外资企业"，有13人，占比为0.44%，如图6-7所示。

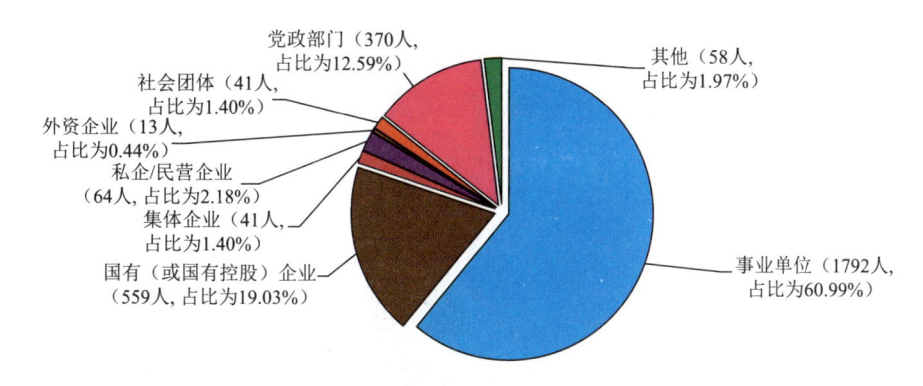

图 6-7　退休前所在单位性质统计

6. 退休前的职业身份统计

所调查的 2938 位已退休的老科技工作者中，退休前的职业身份为"党委、行政管理干部"的人最多，有 764 人，占比为 26.00%；居第二位的是"工程师/工程技术人员"，有 571 人，占比为 19.43%；居第三位的是"大学教师"，有 439 人，占比为 14.94%；居第四位的是"医生/医务工作者"，有 299 人，占比为 10.18%；居第五位的是"科学家/科学研究人员"，有 228 人，占比为 7.76%；居第六位的是"其他"（包括工人/职工、财务人员、幼小教师等）职业身份，有 194 人，占比为 6.60%；居第七位的是"技术推广人员"，有 155 人，占比为 5.28%；居第八位的是"中学教师"和"科普工作者"，各有 86 人，各占 2.93%；居第九位的是"科研/教学辅助人员"，有 76 人，占比为 2.59%；还有 40 人选择了"中专/技校教师"，占比为 1.36%，如图 6-8 所示。

7. 退休前的行政职务统计

2938 位已退休的老科技工作者中，退休前没有行政职务的人有 1012 人，占比为 34.45%；"处级"有 885 人，占比为 30.12%；"科级"有 736 人，占比为 25.05%；"厅局级"有 141 人，占比为 4.80%；"省部级"有 3 人，占比为 0.10%；还有 161 人属于"其他"行政职务（包括科/系/研究室主任、党支部书记、研究所所长/学院院长等），占比为 5.48%，如图 6-9 所示。

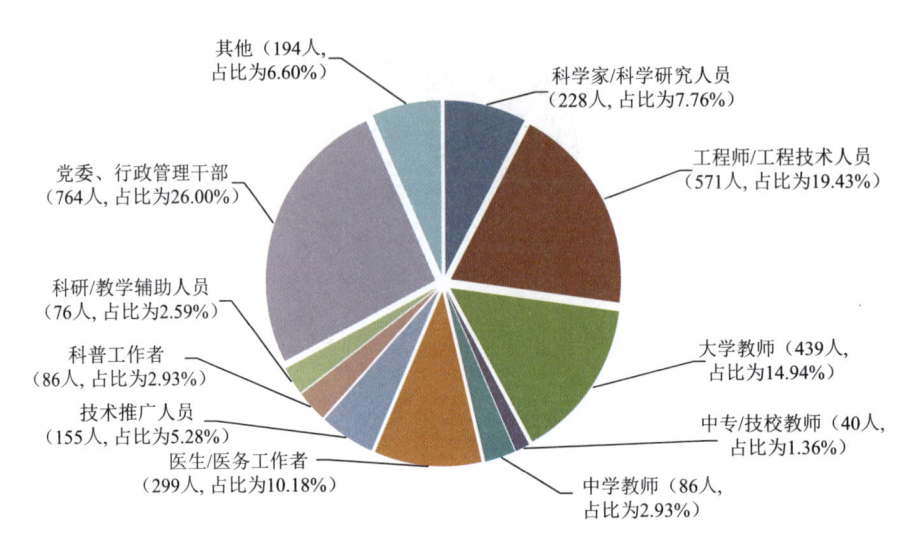

图 6-8 退休前的职业身份统计

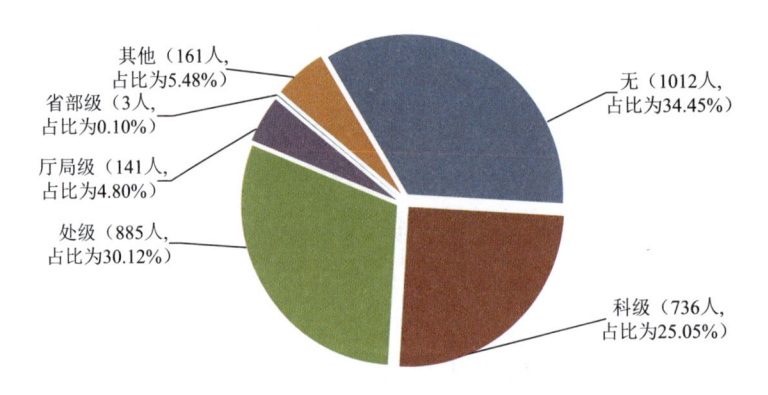

图 6-9 退休前的行政职务统计

8. 专业技术职称统计

3233 位被调查的老科技工作者中，专业技术职称为"无职称"的人有 382 人，占比为 11.82%；"初级"有 116 人，占比为 3.59%；"中级"有 782 人，占比为 24.19%；"副高级"有 1208 人，占比为 37.36%；"正高级"有 745 人，占比为 23.04%，如图 6-10 所示。

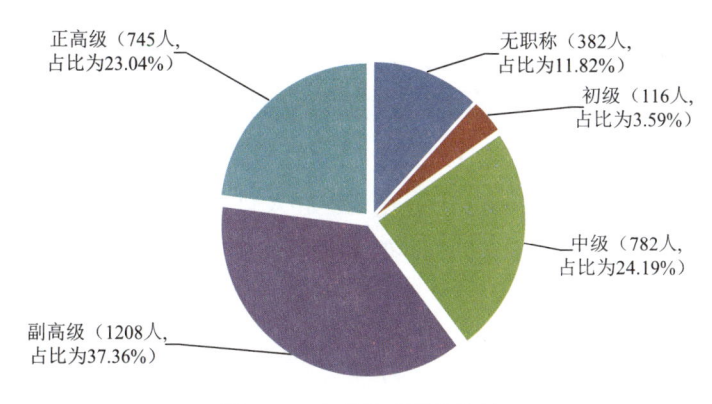

图 6-10　专业技术职称统计

9. 是否被称为特定层次的人才称号及称号类型统计

（1）是否被称为特定层次的人才称号统计

调查的老科技工作者中，回答"是否被评为特定层次的人才称号"为"是"的有 185 人，占比为 5.72%；回答"否"的有 3048 人，占比为 94.28%，如图 6-11 所示。

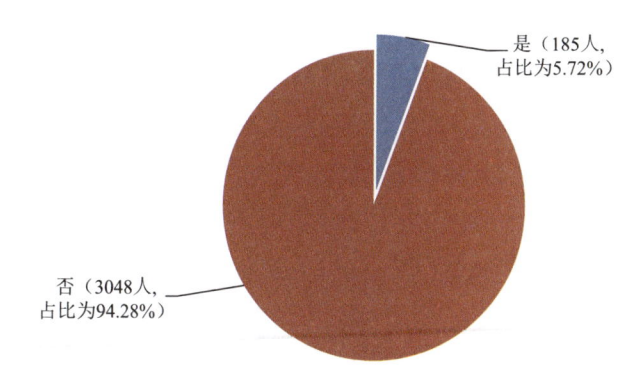

图 6-11　是否被称为特定层次的人才称号

（2）被评的国家级人才称号类型统计

185 位获得过特定人才称号的老科技工作者中，获得"省级"人才称号的有 125 人，占比为 67.57%；居第二位的是"享受国务院政府特殊津贴专家"，有 94 人，占比为 50.81%；居第三位的是"其他"国家级人才称号，有 67 人，占比为 36.22%；居第四位的是"国家有突出贡献的中青年专家"，有 17 人，占比为 9.19%；居第五位的是"全国杰出专业技术人才",有 14 人,占比为 7.57%;居第六位的是"全国技术能手",有 10 人,占比为 5.41%;居第七位的是"'百千万人才工程'国家级人选",有 3 人,占比为 1.62%;居第八位的是"长江学者",有 2 人,占比为 1.08%;居第九位的分别是"'万人计划'入选者"和"中国科学院院士、中国工程院院士",各有 1 人,各占 0.54%,如图 6-12 所示。

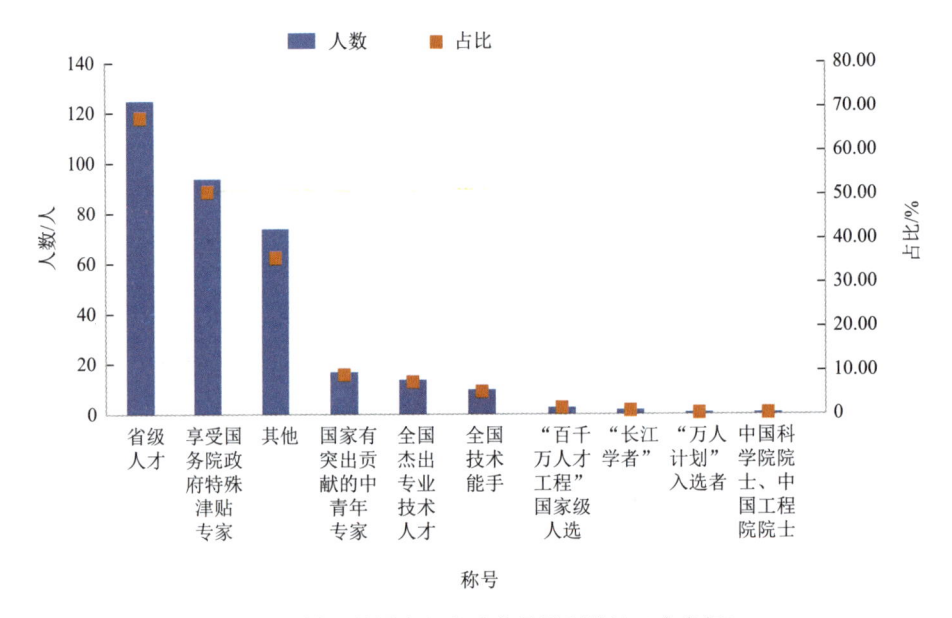

图 6-12 被评的国家级人才称号类型统计(含省级)

(三)退休后仍在工作情况统计

1. 当前的工作状况统计

调查的老科技工作者中,"退休赋闲"的人最多,有 1546 人,占比为 47.82%;居第二位的是"退休后受聘于其他单位",有 807 人,占比为 24.96%;居第三位的是"退休且被原单位返聘",有 521 人,占比为 16.12%;居第四位的是"其他工作状态",有 422 人,占比为 13.05%;居第五位的是"在职未退休",有 226 人,占比为 6.99%;居第六位的是"自主创业",有 167 人,占比为 5.17%;居第七位的是"人大代表或政协委员",有 51 人,占比为 1.58%,如图 6-13 所示。

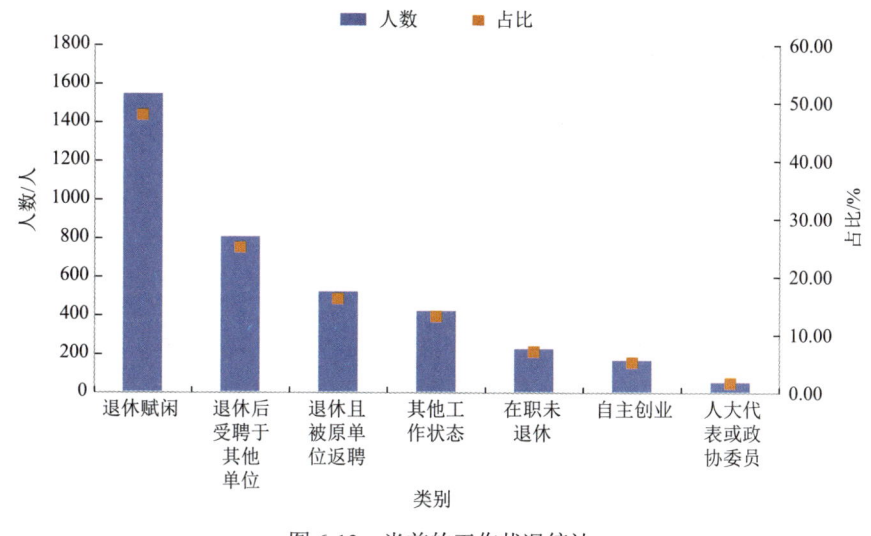

图 6-13　当前的工作状况统计

2. 退休后仍在工作的老科技工作者所在的省份及单位性质统计

（1）退休后仍在工作的老科技工作者所在省份统计

调查的老科技工作者中，退休后仍在工作的有 1392 人。退休后工作所在的省份为"辽宁"的人最多，有 166 人，占比为 11.93%；居第二位的是"陕西"，有 145 人，占比为 10.42%；居第三位的是"广东"，有 143 人，占比为 10.27%；居第四位的是"四川"，有 138 人，占比为 9.91%；居第五位的是"湖南"，有 116 人，占比为 8.33%；居第六位的是"北京"，有 115 人，占比为 8.26%；居第七位的是"重庆"，有 113 人，占比为 8.12%；居第八位的是"江苏"，有 101 人，占比为 7.26%；居第九位的是"山东"，有 89 人，占比为 6.39%；居第十位的是"湖北"，有 79 人，占比为 5.68%；居第十一位的是"上海"，有 55 人，占比为 3.95%；居第十二位的是"福建"，有 52 人，占比为 3.74%；居第十三位的是"河北"，有 35 人，占比为 2.51%；居第十四位的是"山西"，有 25 人，占比为 1.80%；居第十五位的是"甘肃"，有 5 人，占比为 0.36%；居第十六位的是"浙江"，有 4 人，占比为 0.29%；居第十七位的是"天津"，有 3 人，占比为 0.22%；居第十八位的是"新疆"，有 2 人，占比为 0.14%；居第十九位的是"海南""贵州""江西""河南""云南""安徽"，各有 1 人，各占 0.07%，如表 6-2 所示。

表 6-2 退休后仍在工作的老科技工作者所在省份统计

地区	人数/人	占比/%
辽宁	166	11.93
陕西	145	10.42
广东	143	10.27
四川	138	9.91
湖南	116	8.33
北京	115	8.26
重庆	113	8.12
江苏	101	7.26
山东	89	6.39
湖北	79	5.68
上海	55	3.95
福建	52	3.74
河北	35	2.51
山西	25	1.80
甘肃	5	0.36
浙江	4	0.29
天津	3	0.22
新疆	2	0.14
海南	1	0.07
贵州	1	0.07
江西	1	0.07
河南	1	0.07
云南	1	0.07
安徽	1	0.07

（2）退休后仍在工作的老科技工作者目前的工作单位性质统计

1392 位退休后仍在工作的老科技工作者中，目前的工作单位性质为"事业单位"的人最多，有 472 人，占比为 33.91%；居第二位的是"社会团体"，有 358 人，占比为 25.72%；居第三位的是"私企/民营企业"有 253 人，占比为 18.18%；居第四位的是"国有（或国有控股）企业"，有 137 人，占比为 9.84%；居第五位的是"党政部门"，有 73 人，占比为 5.24%；居第六位的是"其他"性质的单位（包括民办非企业单位等），有 65 人，占比为 4.67%；居第七位的是"集体企业"，有 25 人，占比为 1.80%；居第八位的是"外资企业"，有 9 人，占比为 0.65%，如图 6-14 所示。

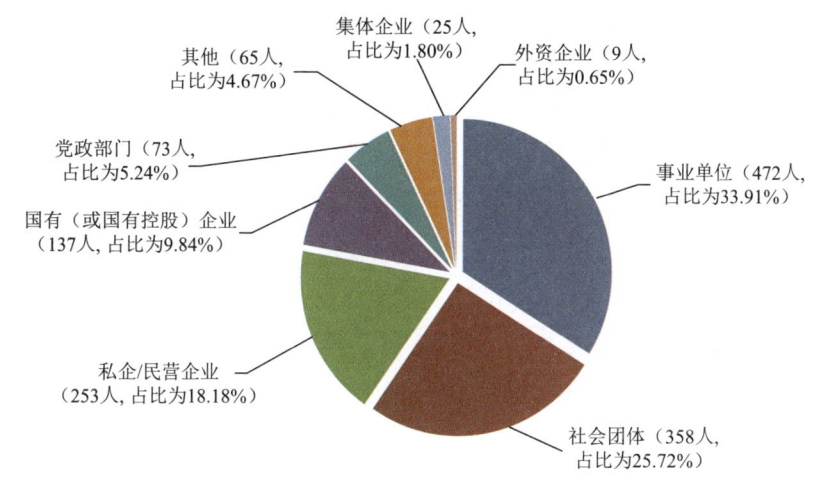

图 6-14 退休后仍在工作的老科技工作者目前的工作单位性质统计

（3）退休后仍在工作的老科技工作者中，保持当前工作状态的意愿统计

退休后仍在工作的 1392 位老科技工作者中，"非常愿意"保持当前工作状态的有 591 人，占比为 42.46%；"比较愿意"的有 662 人，占比为 47.56%；"一般"的有 123 人，占比为 8.84%；"不太愿意"的有 13 人，占比为 0.93%；"不愿意"的有 3 人，占比为 0.22%，如图 6-15 所示。

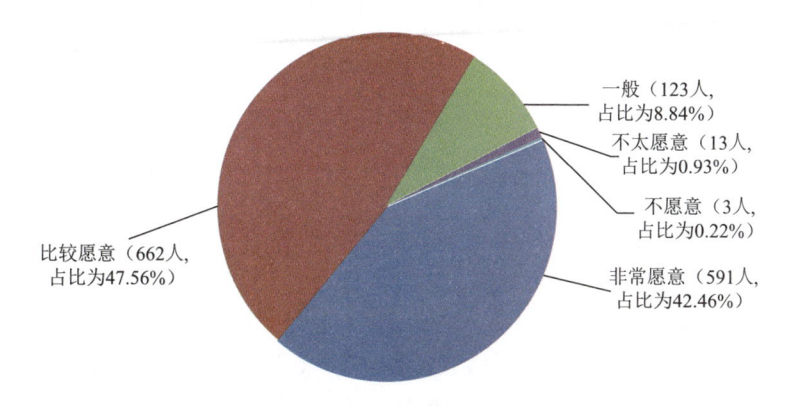

图 6-15 退休后仍在工作的老科技工作者中，保持当前工作状态的意愿统计

（4）退休后仍在工作的老科技工作者目前的职业身份统计

1392 位退休后仍在工作的老科技工作者中，目前职业身份为"科普工作者"的人最多，有 238 人，占比为 17.10%；居第二位的是"工程师/工程技术人员"，有 217 人，占比为 15.59%；居第三位的是"其他"职业身份（社区志愿者、工人/职工、咨询/顾问等），有 195 人，占比为 14.01%；居第四位的是"医生/医务工作者"，有 169 人，占比为 12.14%；居第五位的是"大学教师"，有 145 人，占比为 10.42%；居第六位的是"党委、行政管理干部"，有 144 人，占比为 10.34%；居第七位的是"科学家/科学研究人员"，有 116 人，占比为 8.33%；居第八位的是"技术推广人员"，有 103 人，占比为 7.40%；居第九位的是"科研/教学辅助人员"，有 39 人，占比为 2.80%；居第十位的是"中专/技校教师"和"中学教师"，各有 13 人，各占 0.93%，如图 6-16 所示。

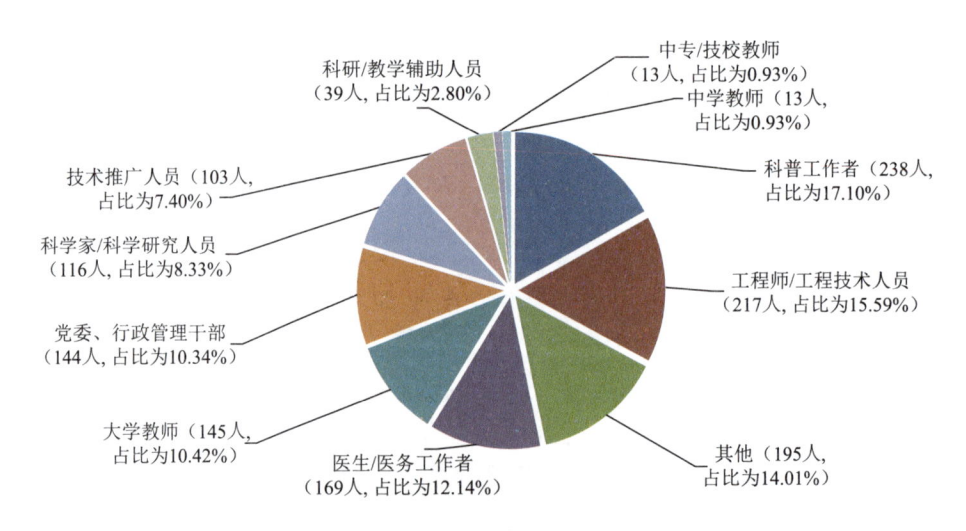

图 6-16　退休后仍在工作的老科技工作者目前的职业身份统计

（5）退休后近两年通过哪些方式继续发挥作用统计

1392 位退休后仍在工作的老科技工作者中，通过"参与建言献策"方式继续发挥作用的人数最多，有 682 人，占比为 48.99%；居第二位的是"为企业提供咨询服务"，有 459 人，占比为 32.97%；居第三位的是"举办科普讲座或培训",有 400 人,占比为 28.74%;居第四位的是"为政府部门等提供科技咨询服务",有 310 人,占比为 22.27%;居第五位的是"教学或科学研究工作",有 274 人,占比为 19.68%;居第六位的是"科技下乡(利用专业知识为农村、农民服务)",有 267 人,占比为 19.18%;居第七位的是"教育培训",有 226 人,占比为 16.24%;居第八位的是"技术推广(为个人、组织推广技术)",有 216 人,占比为 15.52%;居第九位的是"为高校、科研单位提供咨询或服务",有 207 人,占比为 14.87%;居第十位的是"新技术、新产品、新服务研发工作",有 205 人,占比为 14.73%;居第十一位的是"医疗义诊服务",有 179 人,占比为 12.86%;居第十二位的是"编著出版科普读物",有 125 人,占比为 8.98%;居第十三位的是"其他"方式(包括文娱活动、公益活动、社区活动、咨询活动等)有 123 人,占比为 8.84%;居第十四位的是"为科普场馆提供服务",有 118 人,占比为 8.48%;居第十五位的是"兴办实体企业",有 52 人,占比为 3.74%;居第十六位的是"就科技问题接受大众媒体采访",有 24 人,占比为 1.72%,如图 6-17 所示。

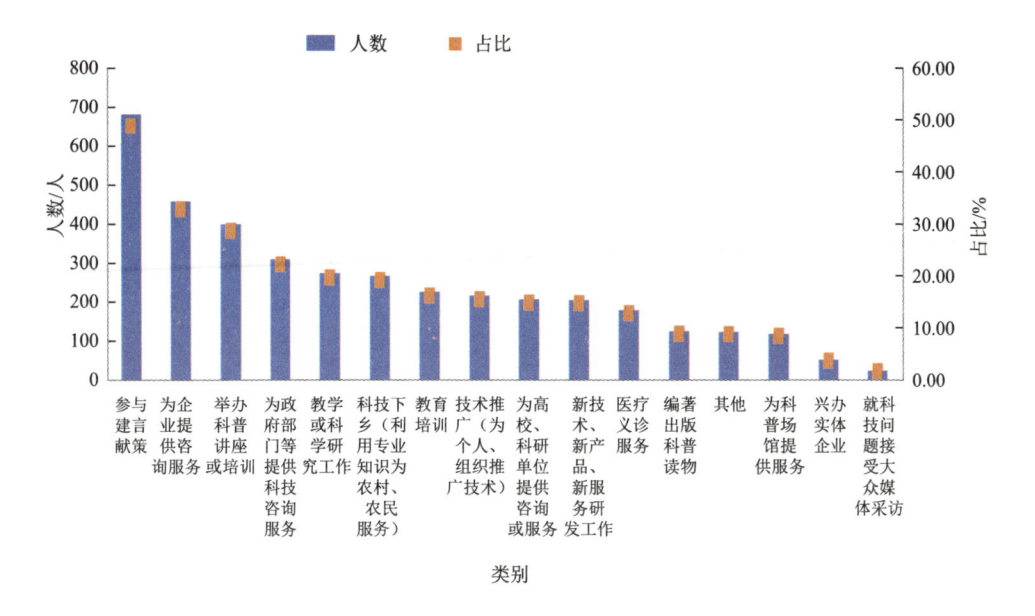

图 6-17 退休后近两年继续发挥作用的方式统计

（四）作用发挥情况统计

1. 退休后是否愿意继续发挥作用，为社会做贡献统计

3233 位老科技工作者中，退休后"非常愿意"继续发挥作用为社会做贡献的有 1674 人，占比为 51.78%；"比较愿意"的有 1172 人，占比为 36.25%；"一般"的有 348 人，占比为 10.76%；"不太愿意"的有 26 人，占比为 0.80%；"不愿意"的有 13 人，占比为 0.40%，如图 6-18 所示。

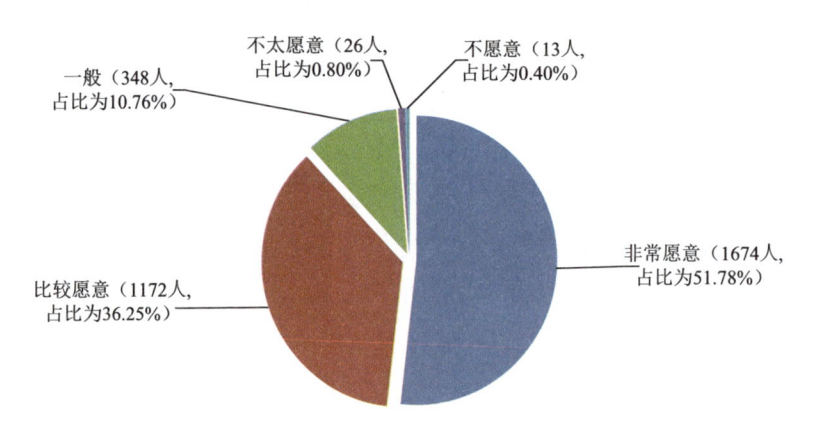

图 6-18 退休后是否愿意继续发挥作用，为社会做贡献统计

2. 退休后希望发挥作用的渠道统计

3233 位被调查的老科技工作者中，退休后希望通过"个人自发组织"的组织渠道发挥作用的人最多，有 2665 人，占比为 82.43%；居第二位的是"老科协及其他社团组织"，有 1055 人，占比为 32.63%；居第三位的是"原单位返聘"，有 847 人，占比为 26.20%；居第四位的是"社区组织"，有 448 人，占比为 13.86%；居第五位的是"民办非企业单位"，有 306 人，占比为 9.46%；居第六位的是"其他"组织渠道发挥作用（包括高校/学术组织、公益活动等），有 124 人，占比为 3.84%；居第七位的是"人才市场或中介组织"，有 122 人，占比为 3.77%，如图 6-19 所示。

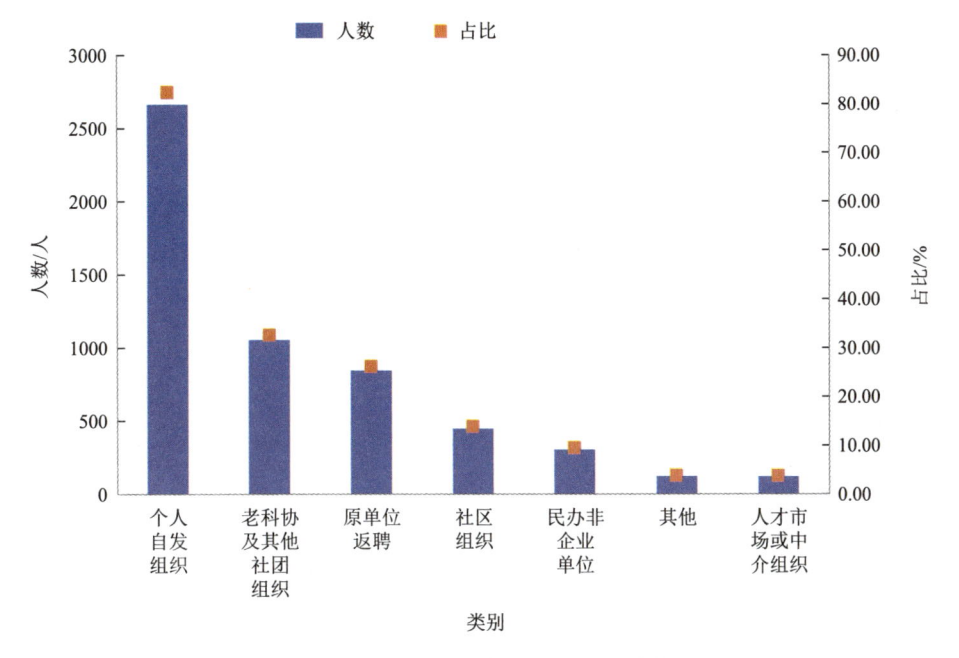

图 6-19　退休后希望发挥作用的渠道统计

3. 就个人愿望而言，希望通过哪种方式继续发挥作用统计

调查的 3233 位老科技工作者中，退休后希望通过"参与建言献策"方式继续发挥作用的人数最多，有 1788 人，占比为 55.30%；居第二位的是"为企业提供咨询服务"，有 1062 人，占比为 32.85%；居第三位的是"为党政部门等提供咨询服务"，有 830 人，占比为 25.67%；居第四位的是"举办科普讲座或培训"，有 825 人，占比为 25.52%；居第五位的是"教学或科学研究工作"，有 610 人，占比为 18.87%；居第六位的是"教育培训"，有 596 人，占比为 18.43%；居第七位的是"为科研机构等提供咨询服务"和"科技下乡"两种方式，分别有 552 人，各占比为 17.07%；居第八位的是"为科普场馆提供服务"，有 470 人，占比为 14.54%；居第九位的是"技术推广"，有 449 人，占比为 13.89%；居第十位的是"新产品、新技术等研发工作"，有 406 人，占比为 12.56%；居第十一位的是"医疗义诊服务"，有 327 人，占比为 10.11%；居第十二位的是"编著出版科普读物"，有 253 人，占比为 7.83%；居第十三位的是"其他"方式，有 127 人，占比为 3.93%；

居第十四位的是"兴办实体企业",有 113 人,占比为 3.50%;居第十五位的是"就科技问题接受大众媒体采访",有 55 人,占比为 1.70%,如图 6-20 所示。

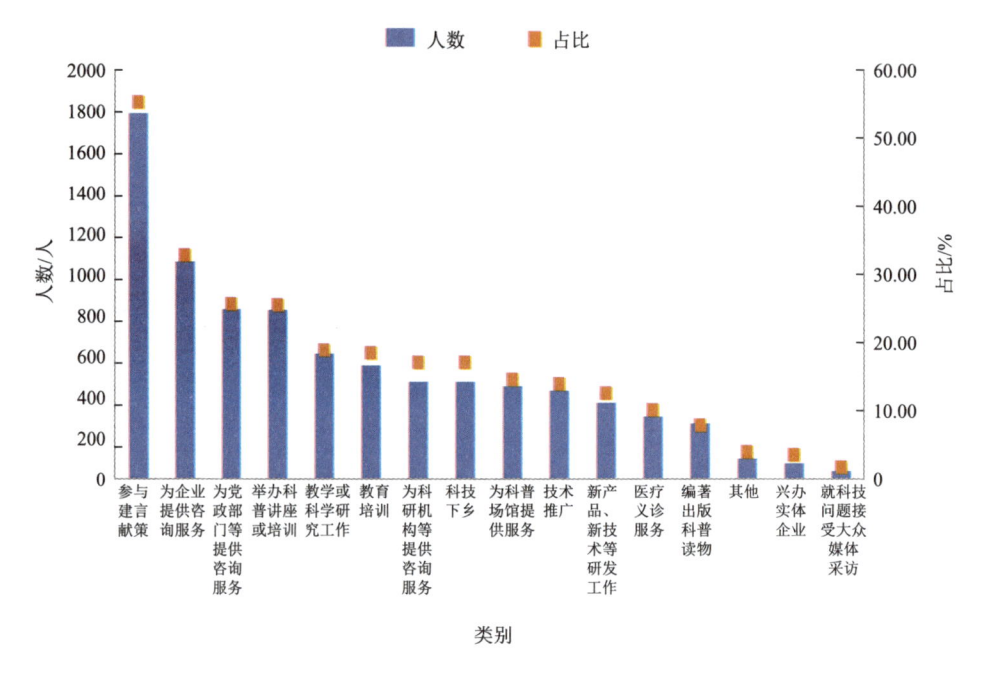

图 6-20　就个人愿望而言,希望通过哪种方式继续发挥作用统计

4. 退休后再工作,希望选择的工作单位性质统计

被调查的老科技工作者中,退休后希望选择的工作单位性质为"事业单位"的人最多,有 1179 人,占比为 36.47%;居第二位的是"社会团体",有 931 人,占比为 28.80%;居第三位的是"私企/民营企业",有 421 人,占比为 13.02%;居第四位的是"国有(或国有控股)企业",有 345 人,占比为 10.67%;居第五位的是"党政部门",有 144 人,占比为 4.45%;居第六位的是"其他"性质的单位(包括非上市股份公司、军队等),有 127 人,占比为 3.93%;居第七位的是"集体企业",有 67 人,占比为 2.07%;居第八位的是"外资企业",有 16 人,占比为 0.49%;居第九位的是"港澳台资企业",有 3 人,占比为 0.09%,如图 6-21 所示。

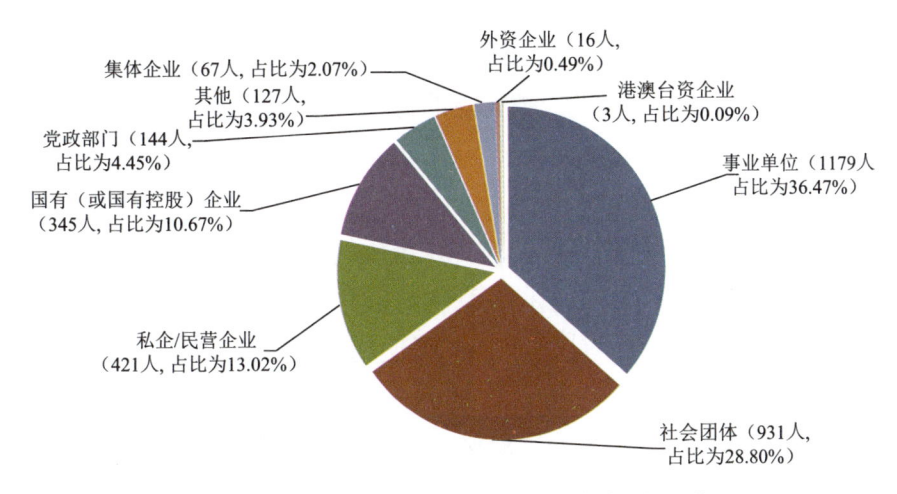

图 6-21　退休后再工作，希望选择的工作单位性质统计

5. 退休后再工作，希望的工作时间安排统计

3233 位被调查的老科技工作者中，退休后再工作希望的工作时间安排为"全职"的有 186 人，占比为 5.75%；希望"根据工作需要灵活安排"的有 2472 人，占比为 76.46%；希望为"非全职（固定时间）"的有 536 人，占比为 16.58%；还有 39 人选择了"其他"类型的工作时间安排，占 1.21%，如图 6-22 所示。

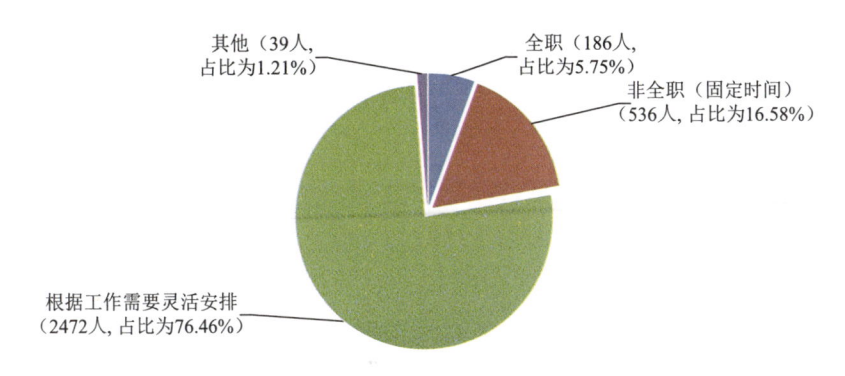

图 6-22　退休后再工作，希望的工作时间安排统计

6. 老科技工作者希望获得的支持统计

被调查的 3233 位老科技工作者中，希望获得的支持为"鼓励老科技工作者发挥作用的相关法规政策"的人数最多，有 2206 人，占比为

68.23%；居第二位的是"专门的管理机构或者协会"，有 1225 人，占比为 37.89%；居第三位的是"给予一定的劳动报酬或者奖励"，有 1204 人，占比为 37.24%；居第四位的是"专门的科普、交流等活动经费"，有 857 人，占比为 26.51%；居第五位的是"建言献策渠道"，有 586 人，占比为 18.13%；居第六位的是"及时提供准确的用人需求信息"，有 555 人，占比为 17.17%；居第七位的是"工作场所和硬件设施"，有 315 人，占比为 9.74%；居第八位的是"能够申请使用科研基金、平台等政府提供的公共科研资源"，有 267 人，占比为 8.26%；居第九位的是"成果转化平台"，有 157 人，占比为 4.86%；居第十位的是"职称评定渠道"，有 99 人，占比为 3.06%；居第十一位的是"其他"方面的支持（如健康、社会活动等方面），有 62 人，占比为 1.92%，如图 6-23 所示。

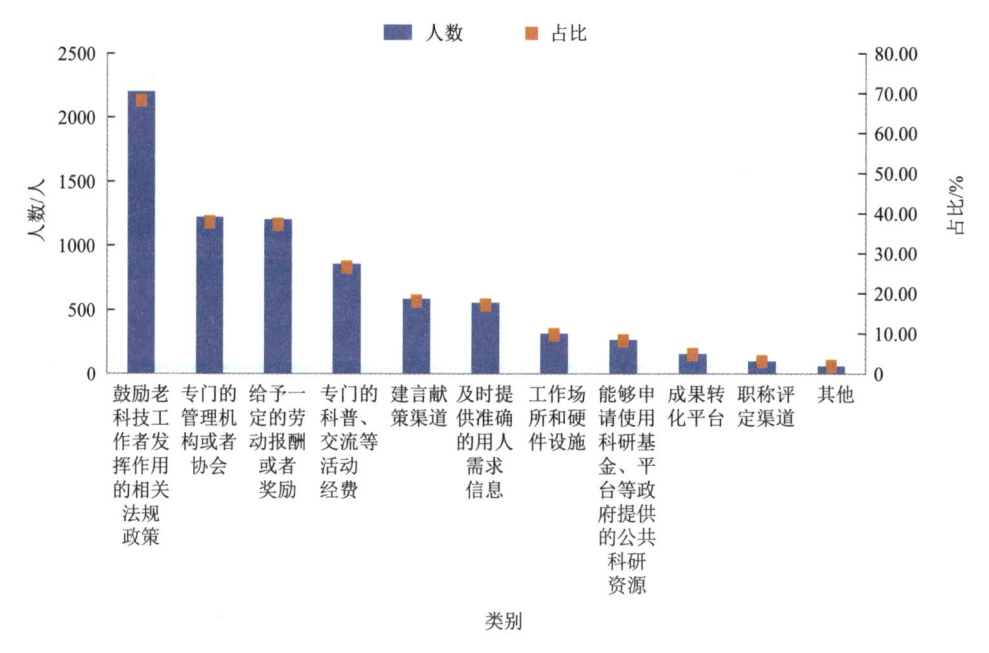

图 6-23 老科技工作者希望获得的支持统计

7. 影响自己继续发挥作用的主要因素统计

被调查的 3233 位老科技工作者中，影响个人继续发挥作用的主要因素为"缺乏经费支持"的人数最多，有 1085 人，占比为 33.56%；居第二位的是"缺乏渠道或组织平台"，有 852 人，占比为 26.35%；居第三位的是"没有时间精力"，有791人，占比为24.47%；居第四位的是"缺乏支持性法规政策"，有625人，占比为19.33%；居第五位是"缺乏激励机制"，有603人，占比为18.65%；居第六位的是"个人能力不足"，有586人，占比为18.13%；居第七位的是"再工作的保障制度不完善"，有575人，占比为17.79%；居第八位的是"缺乏用人信息"，有429人，占比为13.27%；居第九位的是"本人没有意愿"，有279人，占8.63%；居第十位的是"社会不认同"，有230人，占比为7.11%；居第十一位的是"家庭不支持"，有167人，占比为5.17%；居第十二位的是"其他"问题（如身体健康等方面），有144人，占比为4.45%，如图6-24所示。

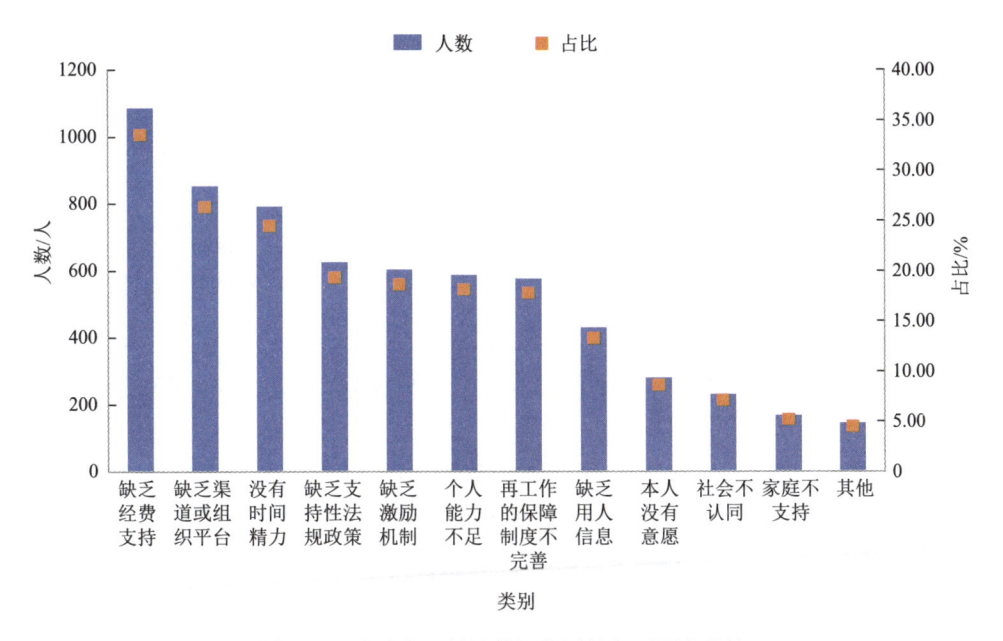

图6-24 影响自己继续发挥作用的主要因素统计

（五）生活与学习状况统计

1. 当前健康状况统计

被调查的3233位老科技工作者中，当前身体健康状况"比较健康"的人数最多，有1973人，占比为61.03%；居第二位的是"一般"，有

745 人，占比为 23.04%；居第三位的是"非常健康"，有 439 人，占比为 13.58%；居第四位的是"不太健康"，有 73 人，占比为 2.26%；居第五位的是"很不健康"，有 3 人，占比为 0.09%，如图 6-25 所示。

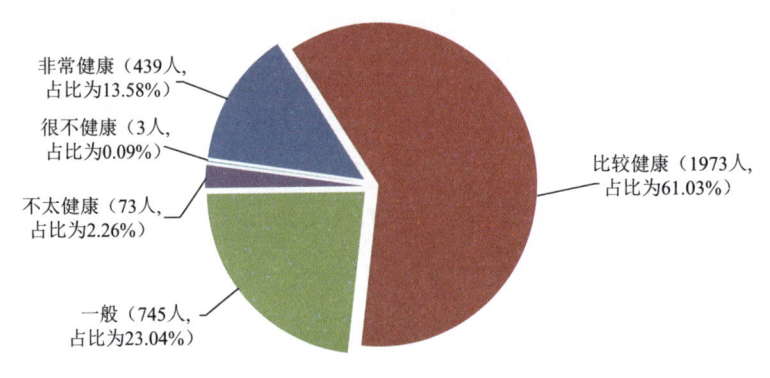

图 6-25　当前健康状况统计

2. 对现在的工作状况是否满意统计

被调查的仍在工作的 1392 位老科技工作者中，对现在工作状况"比较满意"的人数最多，有 937 人，占比为 67.31%；居第二位的是"一般"，有 222 人，占比为 15.95%；居第三位的是"非常满意"，有 207 人，占 14.87%；居第四位的是"不太满意"，有 25 人，占比为 1.80%；居第五位的是"很不满意"，有 1 人，占比为 0.07%，如图 6-26 所示。

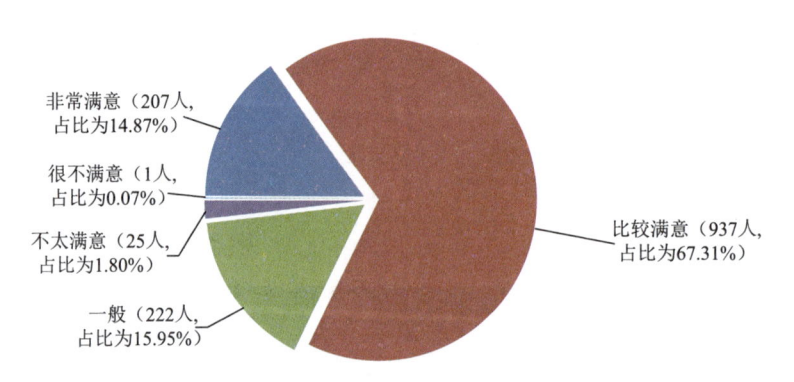

图 6-26　对现在的工作状况是否满意统计

3. 对自身能力知识水平评价和自身在专业领域威望评价的统计

被调查的 3233 位老科技工作者中，对自身能力知识水平评价"非常高"的有 171 人，占比为 5.29%；"比较高"的有 1800 人，占比为 55.68%；"一般"的有 1235 人，占比为 38.20%；"比较低"的有 26 人，占比为 0.80%；"非常低"的有 1 人，占 0.03%。

被调查的老科技工作者中，在专业领域威望"非常高"的有 174 人，占比为 5.38%；认为"比较高"的有 1662 人，占比为 51.41%；认为"一般"的有 1337 人，占比为 41.35%；认为"比较低"的有 51 人，占比为 1.58%；认为"非常低"的有 9 人，占比为 0.28%，如图 6-27 所示。

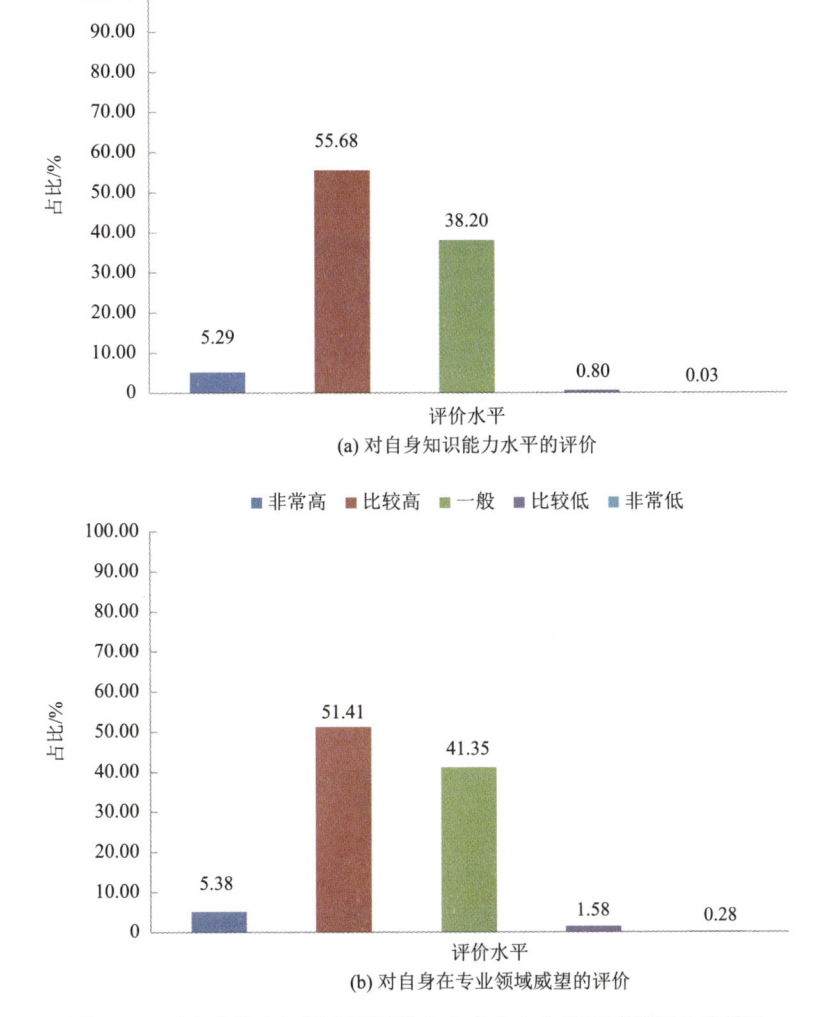

图 6-27 对自身能力知识水平评价和自身在专业领域威望评价的统计

4. 对自身工作经验和自身人脉资源的评价统计

被调查的老科技工作者中，认为自身工作经验"非常丰富"的有325人，占比为10.05%；认为"比较丰富"的有2121人，占比为65.60%；认为"一般"的有773人，占比为23.91%；认为"不太丰富"的有14人，占比为0.43%；没有人认为自己缺乏经验。

被调查的老科技工作者中，认为自身人脉资源评价"非常丰富"的有176人，占5.44%；认为"比较丰富"的有1445人，占44.70%；认为"一般"的有1472人，占45.53%；认为"不太丰富"的有102人，占3.15%；认为"缺乏"的有38人，占1.18%，如图6-28所示。

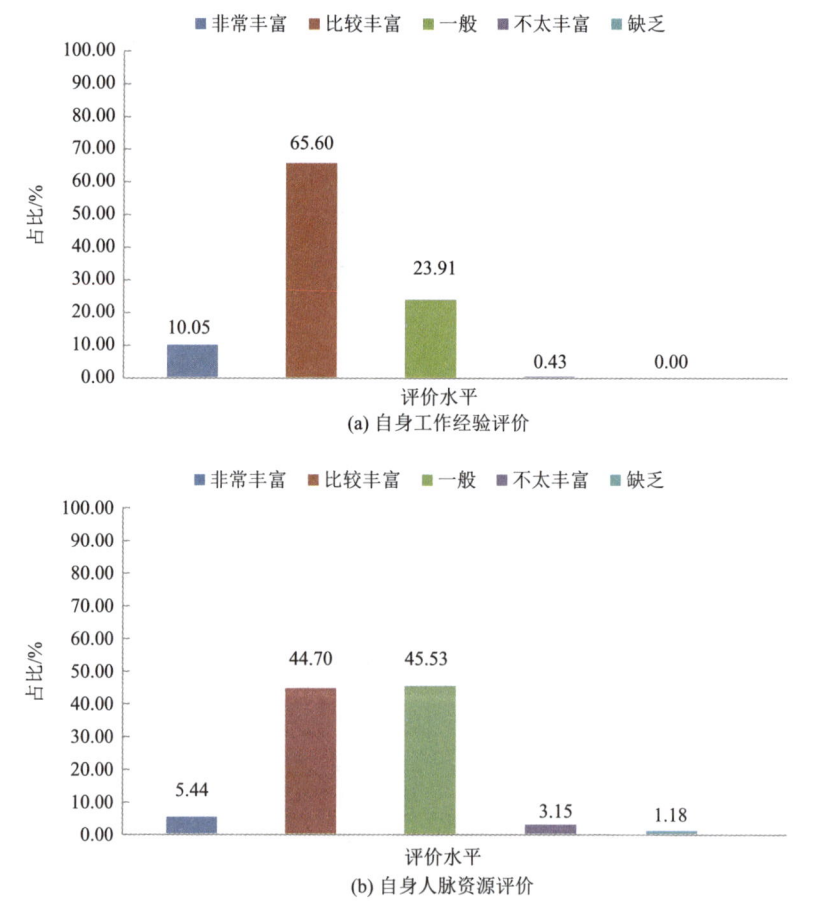

图 6-28 对自身工作经验和人脉资源的评价统计

5. 是否愿意继续学习统计

被调查的老科技工作者中，"比较愿意"继续学习的人数最多，有1670人，占比为51.65%；居第二位的是"非常愿意"，有1021人，占比为31.58%；居第三位的是"一般"，有489人，占比为15.13%；居第四位的是"不太愿意"，有43人，占比为1.33%；居第五位的是"不愿意"，有10人，占比为0.31%，如图6-29所示。

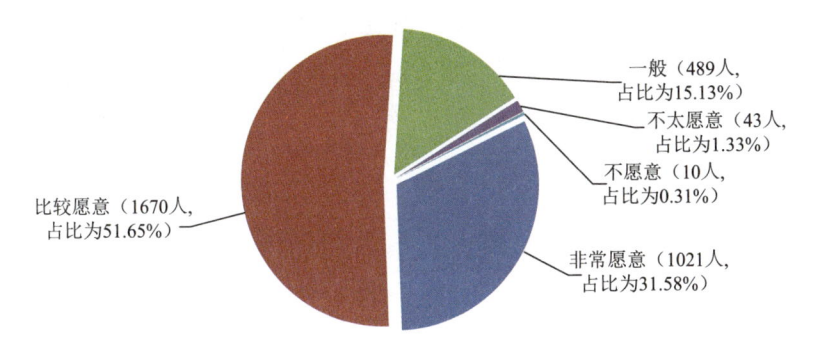

图6-29　是否愿意继续学习统计

6. 当前是否获得足够的学习机会统计

被调查的老科技工作者中，认为当前获得学习机会"一般"的人数最多，有1500人，占比为46.40%；居第二位的是"比较足够"，有1029人，占比为31.83%；居第三位的是"不太够"，有440人，占比为13.61%；居第四位的是"完全足够"，有180人，占比为5.57%；居第五位的是"很不够"，有84人，占比为2.60%，如图6-30所示。

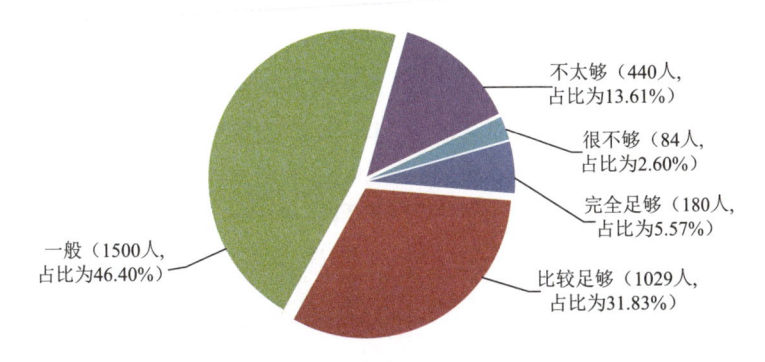

图6-30　当前是否获得足够的学习机会统计

7. 希望获得何种学习机会

被调查的老科技工作者中，希望获得"组织参观学习"机会的人数最多，有 1870 人，占比为 57.84%；居第二位的是"定期举办专题讲座和培训"，有 1401 人，占比为 43.33%；居第三位的是"老年大学或者其他稳定教学点"，有 1382 人，占比为 42.75%；居第四位的是"书籍、视频等学习资料"，有 1306 人，占比为 40.4%；居第五位的是"公共的网络学习平台"，有 830 人，占比为 25.67%；居第六位的是"学术讲座"，有 750 人，占比为 23.2%，居第七位的是希望得到"其他"学习的机会（如专业交流平台等），有 42 人，占比为 1.30%，如图 6-31 所示。

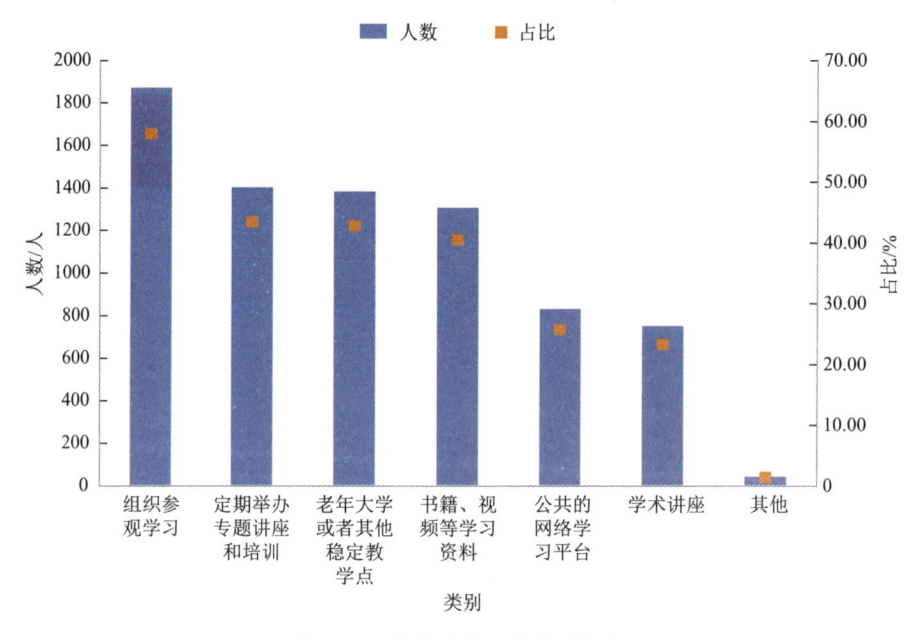

图 6-31　希望获得何种学习机会

8. 老科技工作者对当前老科技工作者人才环境状况的评价以及是否有其他令人不满意的环境因素的统计

被调查的老科技工作者中，认为支持老科技工作者再工作的相关政策"非常好"的有 544 人，占比为 16.83%；认为"比较好"的有

1301 人，占比为 40.24%；认为"一般"的有 1215 人，占比为 37.58%；认为"比较差"的有 154 人，占比为 4.76%；认为"非常差"的有 19 人，占比为 0.59%。

被调查的老科技工作者中，认为老科技工作者异地养老及异地医疗等政策"非常好"的有 350 人，占比为 10.83%；认为"比较好"的有 910 人，占比为 28.15%；认为"一般"的有 1546 人，占比为 47.82%；认为"比较差"的有 383 人，占比为 11.85%；认为"非常差"的有 44 人，占比为 1.36%。

被调查的老科技工作者中，认为老科技工作者个人成果转化与收益保障等政策"非常好"的有 350 人，占比为 10.83%；认为"比较好"的有 853 人，占比为 26.38%；认为"一般"的有 1681 人，占比为 52.00%；认为"比较差"的有 321 人，占 9.93%；认为"非常差"的有 28 人，占比为 0.87%。

被调查的老科技工作者中，认为尊重老龄人才的人文观念"非常好"的有 459 人，占比为 14.20%；认为"比较好"的有 1183 人，占比为 36.59%；认为"一般"的有 1338 人，占比为 41.39%；认为"比较差"的有 230 人，占比为 7.11%；认为"非常差"的有 23 人，占比为 0.71%。

被调查的老科技工作者中，认为老科技工作者人才市场建设与发展情况"非常好"的有 316 人，占比为 9.77%；认为"比较好"的有 881 人，占比为 27.25%；认为"一般"的有 1616 人，占比为 49.98%；认为"比较差"的有 393 人，占比为 12.16%；认为"非常差"的有 27 人，占比为 0.84%。

被调查的老科技工作者中，认为老科技工作者人才中介服务机构发展水平"非常好"的有 295 人，占比为 9.12%；认为"比较好"的有 731 人，占比为 22.61%；认为"一般"的有 1630 人，占比为 50.42%；认为"比较差"的有 533 人，占比为 16.49%；认为"非常差"的有 44 人，占比为 1.36%。

被调查的老科技工作者中，认为人才主管部门为老科技工作者提供公共服务情况"非常好"的有 347 人，占比为 10.73%；认为"比较好"

的有924人，占比为28.58%；认为"一般"的有1525人，占比为47.17%；认为"比较差"的有389人，占比为12.03%；认为"非常差"的有48人，占比为1.48%。

被调查的仍在工作的1392位老科技工作者中，认为再工作单位人才平台载体建设情况"非常好"的有116人，占比为8.33%；认为"比较好"的有428人，占比为30.75%；认为"一般"的有687人，占比为49.35%；认为"比较差"的有140人，占比为10.06%；认为"非常差"的有21人，占比为1.51%。

被调查的仍在工作的1392位老科技工作者中，认为再工作单位人才绩效评价与报酬等管理制度"非常好"的有106人，占比为7.61%；认为"比较好"的有404人，占比为29.02%；认为"一般"的有693人，占比为49.78%；认为"比较差"的有169人，占比为12.14%；认为"非常差"的有20人，占比为1.44%。

被调查的仍在工作的1392位老科技工作者中，认为再工作单位尊重人才的氛围与制度"非常好"的有167人，占比为12.00%；认为"比较好"的有543人，占比为39.01%；认为"一般"的有583人，占比为41.88%；认为"比较差"的有89人，占比为6.39%；认为"非常差"的有10人，占比为0.72%，如图6-32所示。

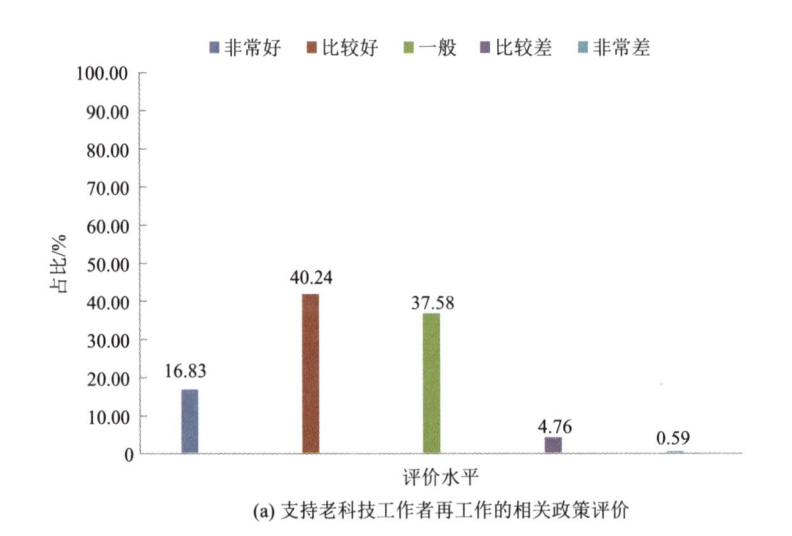

(a) 支持老科技工作者再工作的相关政策评价

第六章 问卷调查统计研究

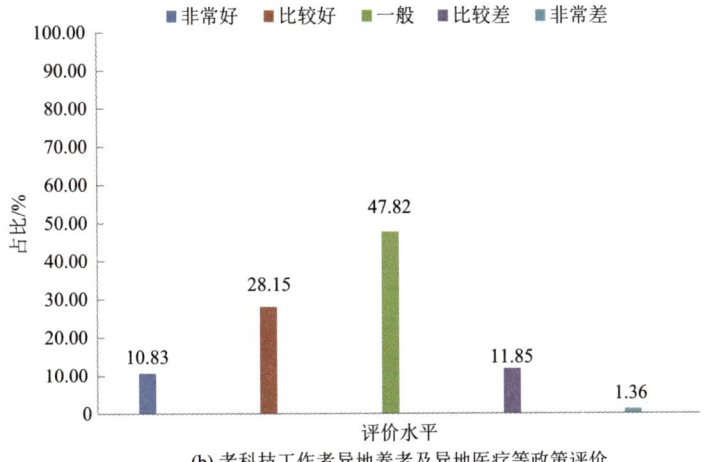

(b) 老科技工作者异地养老及异地医疗等政策评价

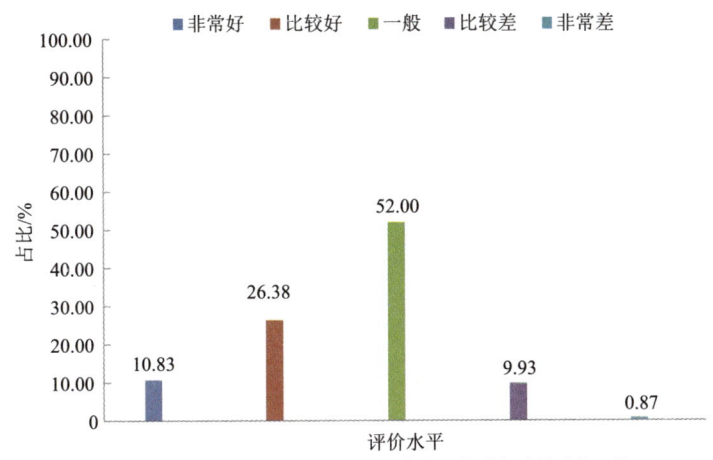

(c) 老科技工作者个人成果转化与收益保障等政策评价

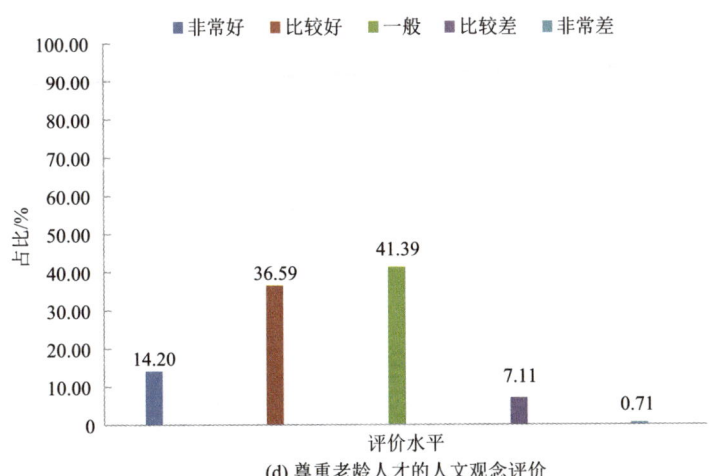

(d) 尊重老龄人才的人文观念评价

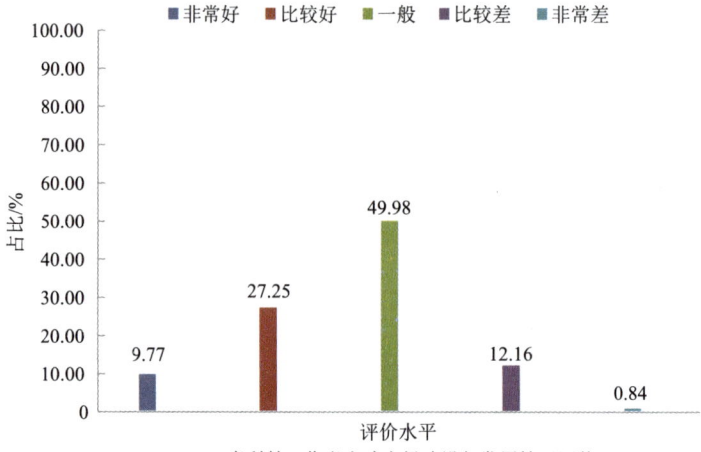

(e) 老科技工作者人才市场建设与发展情况评价

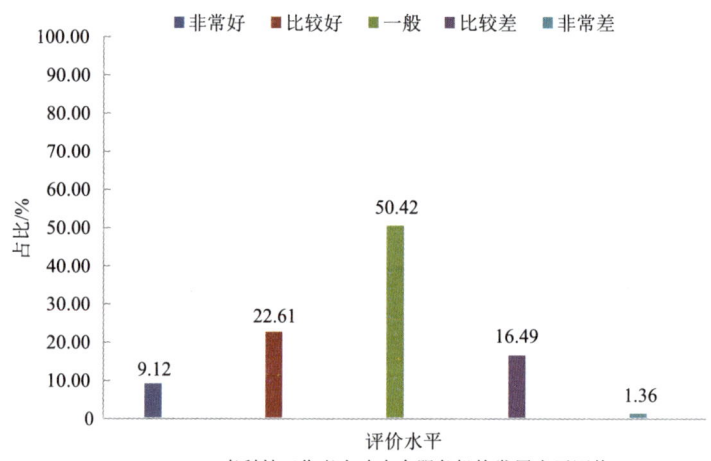

(f) 老科技工作者人才中介服务机构发展水平评价

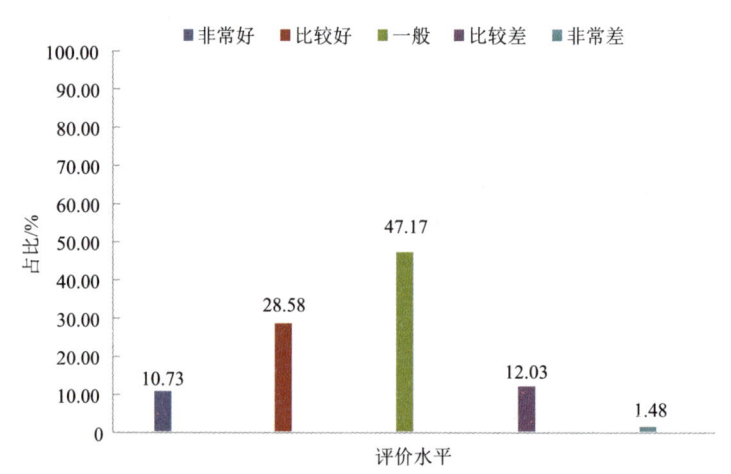

(g) 人才主管部门为老科技工作者提供公共服务情况评价

(h) 再工作单位人才平台载体建设情况评价：非常好 8.33，比较好 30.75，一般 49.35，比较差 10.06，非常差 1.51

(i) 再工作单位人才绩效评价与报酬等管理制度评价：非常好 7.61，比较好 29.02，一般 49.78，比较差 12.14，非常差 1.44

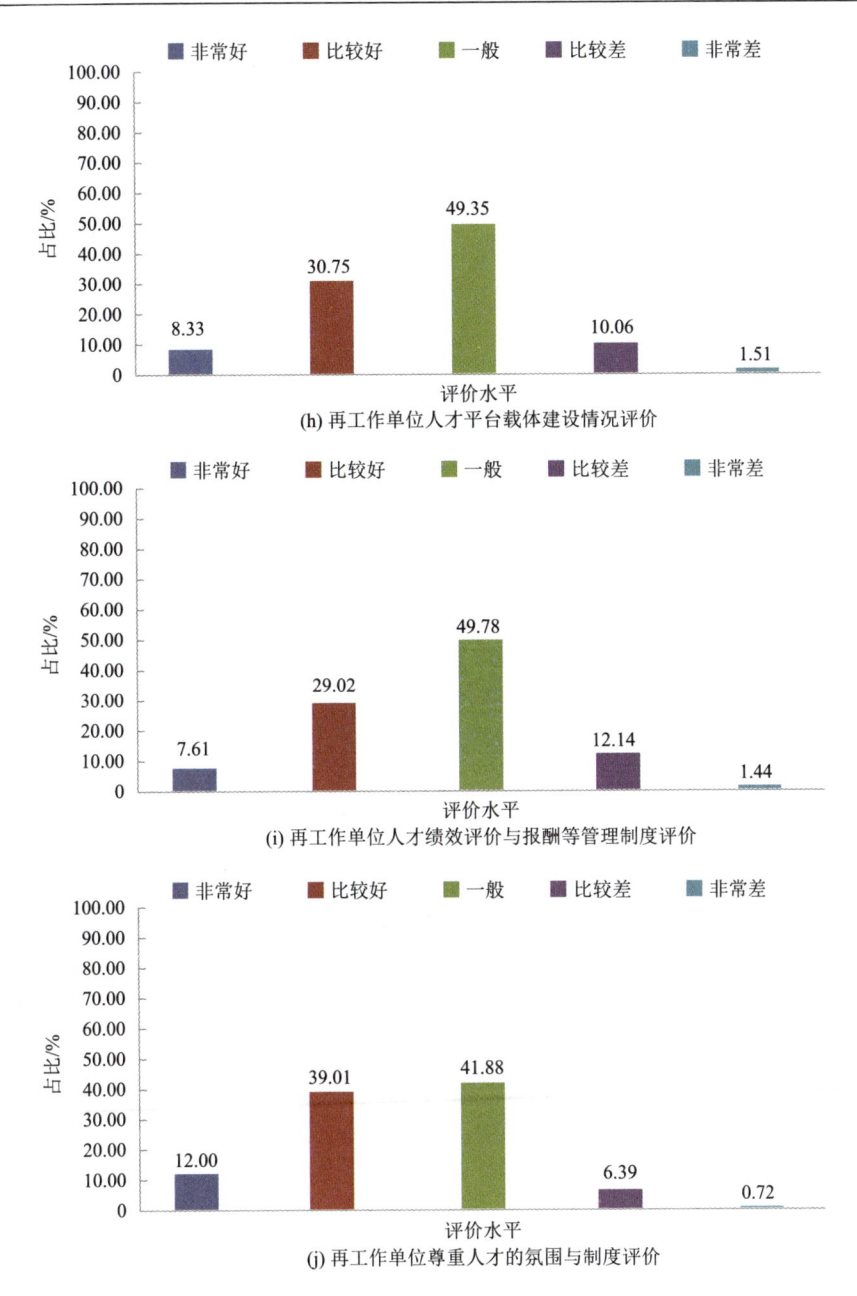

(j) 再工作单位尊重人才的氛围与制度评价：非常好 12.00，比较好 39.01，一般 41.88，比较差 6.39，非常差 0.72

图 6-32　对当前老科技工作者人才环境状况的评价

被调查的老科技工作者中，认为有其他令人感到不满意的环境因素的有 238 人，占比为 7.36%；认为没有其他令人感到不满意的环境因素的有 2995 人，占 92.64%，如图 6-33 所示。

是（238人，占比为7.36%）
否（2995人，占比为92.64%）

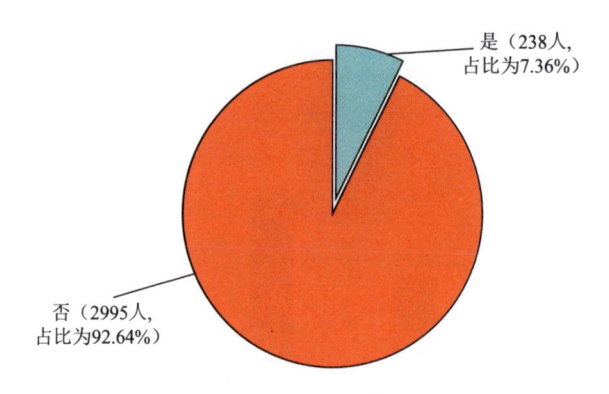

图 6-33　是否有其他令人感到不满意的环境因素统计

9. 对老科协组织了解程度统计

被调查的老科技工作者中，对老科协组织"非常了解"的有 507 人，占比为 15.68%；对老科协组织"比较了解"的有 2101 人，占比为 64.99%；对老科协组织"不太了解"的有 596 人，占比为 18.43%；对老科协组织"完全不了解"的有 29 人，占比为 0.90%，如图 6-34 所示。

不太了解（596人，占比为18.43%）
完全不了解（29人，占比为0.90%）
非常了解（507人，占比为15.68%）
比较了解（2101人，占比为64.99%）

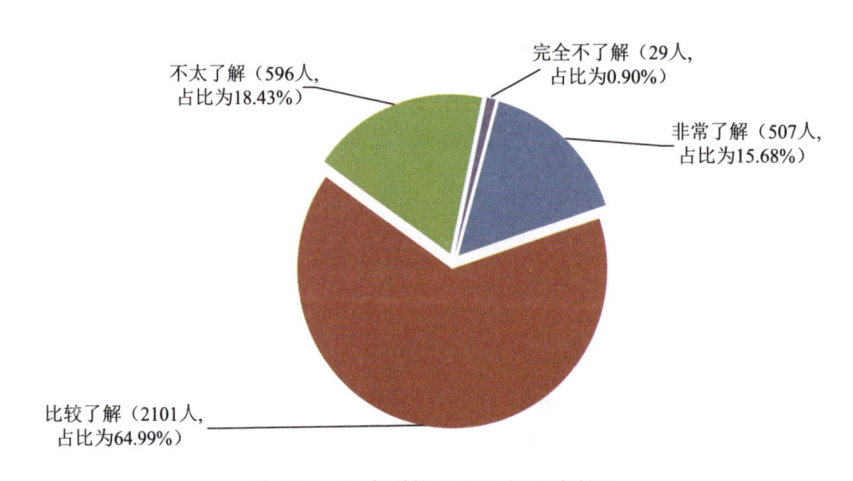

图 6-34　对老科协组织了解程度统计

10. 希望老科协组织提供的服务或帮助统计

被调查的老科技工作者中，希望老科协组织"提供老科技人员交流的机会"的人数最多，有 1730 人，占比为 53.51%；居第二位的是"信息技术服务"，有 1407 人，占比为 43.52%；居第三位的是"提供与社会各界交流的机会",有 1106 人,占比为 34.21%;居第四位的是"政策咨询服务",有 1089 人,占比为 33.68%;居第五位的是"进修学习服务",有 704 人,占比为 21.78%;居第六位的是"保障权益",有 580 人,占比为 17.94%;居第七位的是"返聘服务",有 489 人,占比为 15.13%;居第八位的是"向党和政府反映意见",有 375 人,占比为 11.60%;居第九位的是"解决生活困难",有 223 人,占比为 6.90%;居第十位的是希望老科协组织提供"其他"帮助或服务(如提供著作出版经费等),有 55 人,占比为 1.70%,如图 6-35 所示。

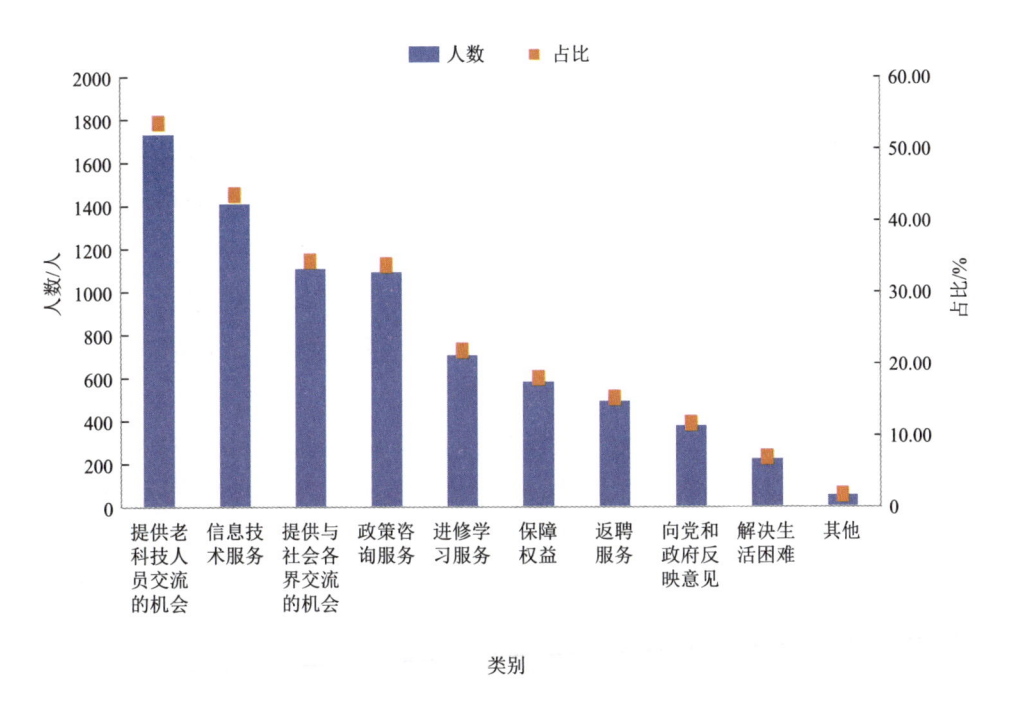

图 6-35　希望老科协组织提供的服务或帮助统计

(六)结论

1. 大部分已退休的老科技工作者仍有继续发挥作用的意愿和能力

本次接受调查的老科技工作者中,男女性别比例约为 1.61∶1。年龄大多为 75 岁(含)以下(占 92.53%),他们中多数人愿意为社会做出更多贡献；有2.32%的被调查者年龄已经超过了80周岁，但是他们思维清晰地完成了问卷填写。这说明，我国有一定数量的高龄人才具有创造更大价值的潜力。这些被调查者中大部分人已经退休（占90.88%），有88.46%的人退休时间不足15年，有11.54%的老科技工作者已经退休15年以上，但他们多数人仍然身体康健、思维敏捷。被调查的老科技工作者中，大部分人是中共党员（73.71%），且多数为大学本科及以上的学历水平（62.91%），较高的思想觉悟和良好的教育背景使老科技工作者们更有意愿、有能力继续创造价值、发挥作用。

2. 大部分老科技工作者退休前是某专业领域的优秀人才

本次调查中，绝大多数老科技工作者（94.21%）退休前工作地点主要分布在四川、辽宁、广东、重庆、江苏、北京、陕西、湖南、山东、上海、湖北、福建等省份。他们的工作单位大部分属于事业单位、国有（或国有控股）企业或者党政部门（92.61%）。他们的职务及占比情况如下：党委、行政管理干部，占比为26.00%；工程师/工程技术人员，占比为19.43%；大学教师，占比为14.94%；医生/医务工作者，占比为10.18%；科学家/科学研究人员，占比为7.76%。此外，半数以上（60.07%）的被调查者退休前担任科级及以上的行政职务，他们不仅拥有高水平的专业能力，还具有丰富的管理经验。半数以上的被调查者（60.40%）拥有副高级或正高级专业职称，并且有5.72%的老科技工作者拥有特定层次的人才称号，这说明他们都是各自专业领域内的优秀人才。其中32.43%拥有国家级人才称号，他们的专业成就得到了社会的高度认可，更是推动社会进步、创造更大社会价值的宝贵人才资源。

3. 绝大部分老科技工作者继续发挥作用的意愿较强烈

根据统计数据，被调查的老科技工作者中，绝大部分人（98.71%）不反对在退休后继续发挥作用，这说明我国有相当一部分老科技工作者有意愿重返工作岗位，继续为社会创造价值，开发老科技工作者人才资源是顺应当事人意愿的做法。被调查的老科技工作者主要希望通过参与建言献策（55.30%）、为企业提供咨询服务（32.85%）、为党政部门等提供咨询服务（25.67%）及举办科普讲座或培训（25.52%）等方式继续发挥作用，说明老科技工作者普遍希望将自己的知识、技能和经验传授给更多的人，为社会发展培养更多的人才。绝大部分被调查者希望通过个人自发组织（82.43%）、老科协及其他社团组织（32.63%）、原单位返聘（26.20%）等渠道来继续发挥作用。调查显示，老科技工作者如果继续工作，希望工作单位性质为：事业单位（36.47%）、社会团体（28.80%）、私企/民营企业（13.02%）、国有（或国有控股）企业（10.67%）、党政部门（4.45%）等。老科技工作者继续工作对时间安排的期许情况如下：根据工作需要灵活安排（76.46%）、全职（5.75%）、非全职（16.58%）及其他（1.21%）。通过以上分析，我们可以根据老科技工作者的意愿通过他们倾向的途径为有工作意愿的老科技工作者提供相应的便利。

4. 退休后还继续发挥作用的老科技工作者取得可喜成果

本次调查的老科技工作者，大部分人退休后约两年内均从事过各类公益活动，包括为企业提供咨询服务（32.97%）、举办科普讲座或培训（28.74%）、为政府部门等提供科技咨询服务（22.27%）、为高校和科研单位提供咨询或服务（14.87%）等。而大部分人退休后通过参加活动继续发挥了自己的作用，48.99%的老科技工作者参与了建言献策，19.68%的老科技工作者参与了教学或科学研究工作。就个人而言，希望通过建言献策的方式继续服务社会的人最多，除此之外，为企业提供咨询服务也是老科技工作者希望继续发挥作用的主要方式之一。此外，老科技工作者希望获得的支持有：鼓励老科技工作者发挥作用的相关法规政策、专门的管理机构或者协会、给予一定的劳动报酬或者奖励等。

5. 大部分老科技工作者对个人生活工作状况感到满意

本次调查的老科技工作者中，在健康状况方面，有半数以上的老科技工作者（61.03%）身体比较健康，13.58%的人身体非常健康，身体不太健康或很不健康的老科技工作者仅占2.35%。仍在工作的老科技工作者中，67.31%的老科技工作者对现在的工作状况比较满意，14.87%的老科技工作者对现在的工作状况非常满意。绝大多数老科技工作者（90.02%）愿意尽可能地保持当前的工作状态，其中，47.56%的老科技工作者表示比较满意，42.46%的老科技工作者表示非常满意。

6. 超过一半的老科技工作者对自我能力评价较高

根据调查结果，大部分老科技工作者对自我能力的评价是比较高的。在自身知识能力水平评价方面，55.68%的人认为比较高，5.29%的人认为非常高；自身在专业领域威望评价方面，51.41%的人认为比较高，5.38%的人认为非常高；在自身工作经验评价方面，65.60%的人认为比较丰富，10.05%的人认为非常丰富；在自身人脉资源评价方面，44.70%的人认为比较丰富，5.44%的人认为非常丰富。

7. 超过八成的老科技工作者继续学习的意愿比较高

调查结果显示，大多数老科技工作者愿意继续学习，其中51.65%的老科技工作者表示比较愿意，31.58%的老科技工作者表示非常愿意。在是否获得足够的学习机会方面，31.83%的老科技工作者表示"比较足够"，5.57%的老科技工作者表示"完全足够"。此外，有57.84%的老科技工作者希望获得组织参观学习的机会、希望定期举办专题讲座和培训的人占43.33%、42.75%的人希望通过参加老年大学或者其他稳定教学点的培训来提升自我。

8. 近半数老科技工作者对当前人才环境及自身发展评价一般

调查结果显示，在对当前老科技工作者的人才环境状况进行评价的七个方面中，认为处于一般水平的均在50%左右（占比分别为37.58%、47.82%、52.00%、41.39%、49.98%、50.42%、47.17%）。评价最高的是"支持老科技工作者再工作的相关政策"方面，57.07%的老科技工作者认为比较好（40.24%）甚至非常好（16.83%）；其次是"尊重老龄人才的人文观念"方面，50.79%的老科技工作者认为比较好（36.59%）甚至非常好（14.20%）。评价最差的是"老科技工作者人才中介服务机构发展水平"方面，17.85%的老科技工作者认为比较差（16.49%）甚至非常差（1.36%）；其次是"人才主管部门为老科技工作者提供公共服务情况"方面，13.51%的老科技工作者认为比较差（12.03%）甚至非常差（1.48%）。

参加工作的老科技工作者对现在工作单位的人才环境评价的三个方面中，认为处于一般水平的接近一半（分别为49.35%、49.78%、41.88%）。评价最高的是"再工作单位尊重人才的氛围与制度"方面，51.01%的老科技工作者认为比较好（39.01%）甚至非常好（12.00%）。评价最差的是"再工作单位人才绩效评价与报酬等管理制度"方面，13.58%的老科技工作者认为比较差（12.14%）甚至非常差（1.44%）。

9. 在进一步激发老科技工作者的潜能方面尚存在较大的提升空间

被调查的老科技工作者，离退休人员占比高达90.88%，但退休后通过各种渠道继续发挥作用的老科技工作者占比还不高。其中，16.12%的人被原单位返聘，24.96%的人退休后受聘于其他单位，5.17%的人进行自主创业、1.58%的人担任人大代表或政协委员，处于其他工作状态的人占13.05%，有近半数的老科技工作者退休赋闲在家（47.82%）。由此可知，许多老科技工作者还处于待开发状态，尚未通过合理渠道使其继续发挥作用。退休后仍在工作的被调查者中，他们工作地点主要集中在辽宁、陕西、广东、四川、湖南、北京、重庆、江苏、山东、湖北、上海、福建等省份（94.26%），工作的单位性质中事业单位（33.91%）仍占有优势，社会团体（25.72%）和私企/民营企业（18.18%）的比例明显上升，这说明社会团体和私企/民营企业已经率先发现并意识到老科技工作者的重要性，已经在着手开发老科技工作者这一宝贵资源。仍在工作的被调查者中，他们的职业身份基本以"科普工作者"（17.10%）、"工程师/工程技术人员"（15.59%）、"医生/医务工作者"（12.14%）、"党委、行政管理干部"（10.34%）、"大学教师"（10.42%）为主，其中，继续参加工作的科普工作者的人数明显增加，说明一部分老科技工作者退休后更乐意将自身的知识、经验分享给更多的人。被调查者退休前和退休后在工作所在省份、单位性质和职业身份等方面呈现出来的高度相似性，说明大多数老科技工作者继续发挥作用、服务社会时，更喜欢在自己熟悉的城市、领域中工作。

10. 需进一步推进老科协组织的各项管理服务工作

对老科协了解程度的统计结果显示，64.99%的老科技工作者比较了解，18.43%的老科技工作者不太了解，只有15.68%的老科技工作者对老科协非常了解，还有0.90%完全不了解。这说明，老科协组织的自我宣传力度需进一步加强。希望老科协提供服务或帮助方面的调查结果显示，有半数以上（53.51%）的老科技工作者希望老科协组织能够"提供老科技人员交流的机会"，有超过四成（43.52%）的老科技工作者希望获得老科协组织提供的"信息技术服务"。同时，老科协还可以顺应广大老科技工作者的意愿，从"政策咨询服务"（33.68%）、"提供与社会各界交流的机会"（34.21%）、"进修学习服务"（21.78%）、"保障权益"（17.94%）等方面更好地为老科技工作者服务。

11. 建立健全的科技奖励和利益分配机制，积极支持和引导离退休老科技工作者继续发挥作用

对以上数据进行分析后，我们发现，目前我国的老科技工作者队伍呈现出以下四种发展趋势：规模越来越大，层次越来越高，身体越来越好，"老有所为"的呼声也越来越高。因此，建立起健全的科技奖励和利益分配机制，积极鼓励、支持和引导离退休老科技工作者继续发挥作用十分必要。一方面，一套健全的科技奖励和利益分配机制可以更好地调动老科技工作者的工作积极性，促进科研成果的产生及科研成果的转化，有利于开发老科技工作者资源；另一方面，一套健全的科技奖励和利益分配机制也有利于维护继续工作的老科技工作者的合法权益，使老科技工作者可以更安心地从事相关工作。

二、全国老科协组织调查统计分析

为了全面了解各地老科协组织的建设情况和服务老科技工作者的工作开展情况，探究老科技工作者人才资源开发的价值意义、存在的

问题与遇到的障碍，为构建和完善老科技工作者人才资源开发的价值体系、组织体系、服务体系等方面提供依据，课题组开展了全国老科协组织状况问卷调查工作。本书根据问卷回收情况对上述内容进行统计分析。

（一）问卷发放及回收情况概述

课题组在北京、福建、甘肃、广东、河北、江苏、湖南、辽宁、山东、山西、陕西、上海、四川、新疆、云南、浙江和重庆等多个省份发放问卷，截止到 2020 年 9 月 22 日，共回收有效问卷 512 份。

（二）基本信息统计

1. 老科协组织所在的省份统计

调查的老科协组织中，"四川"最多，有 65 家，占比为 12.70%；居第二位的是"辽宁"，有 62 家，占比为 12.11%；居第三位的是"山东"，有 53 家，占比为 10.35%；居第四位的是"湖南"，有 50 家，占比为 9.77%；居第五位的是"陕西"，有 48 家，占比为 9.38%；居第六位的是"江苏"，有 46 家，占比为 8.98%；居第七位的是"重庆"，有 40 家，占比为 7.81%；居第八位的是"河北"，有 38 家，占比为 7.42%；居第九位的是"北京"，有 30 家，占比为 5.86%；居第十位的是"山西"，有 23 家，占比为 4.49%；居第十一位的是"上海"，有 21 家，占比为 4.10%；居第十二位的是"广东"，有 20 家，占比为 3.91%；居第十三位的是"福建"，有 11 家，占比为 2.15%；居第十四位的是"新疆"，有 2 家，占比为 0.39%；居第十五位的是"云南""浙江""甘肃"，各有 1 家，各占 0.20%，如表 6-3 所示。

表 6-3 老科协组织所在的省份统计

地区	数量/家	占比/%
四川	65	12.70
辽宁	62	12.11

续表

地区	数量/家	占比/%
山东	53	10.35
湖南	50	9.77
陕西	48	9.38
江苏	46	8.98
重庆	40	7.81
河北	38	7.42
北京	30	5.86
山西	23	4.49
上海	21	4.10
广东	20	3.91
福建	11	2.15
新疆	2	0.39
云南	1	0.20
浙江	1	0.20
甘肃	1	0.20

2. 老科协组织的级别统计

调查的老科协组织中，市级老科协组织最多，有 220 家，占比为 42.97%；其次是县级老科协组织，有 177 家，占比为 34.57%；再次是省级老科协组织，有 67 家，占比为 13.09%；最后是中国老科协直属，有 48 家，占比为 9.38%，如图 6-36 所示。

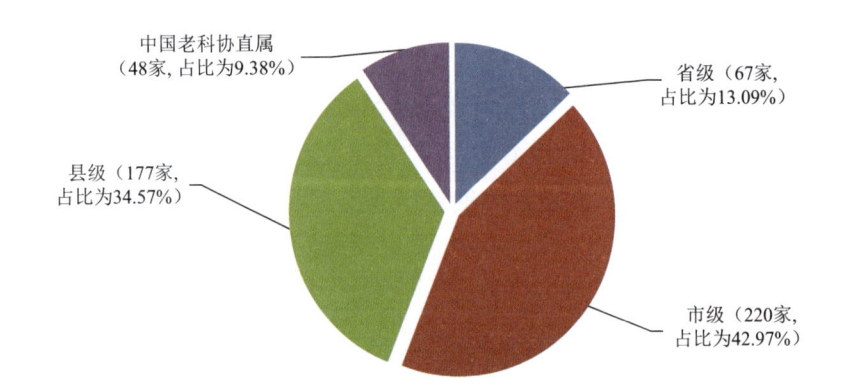

图 6-36 老科协组织的级别统计

3. 老科协组织的人员数量统计

（1）老科协组织的工作人员数量统计

调查的老科协组织中，本项目的实际填答单位数量为404家，其中，老科协组织的工作人员数量为"1～5人"的最多，有189家，占比为46.78%；居第二位的是"6～10人"，有144家，占比为35.64%；居第三位的是"11～15人"，有29家，占比为7.18%；居第四位的是"16～20人"，有18家，占比为4.46%；居第五位的是"大于等于26人"，有15家，占比为3.71%；居第六位的是"20～25人"，有7家，占比为1.73%；居第七位的是"0人"，有2家，占比为0.50%，如图6-37所示。

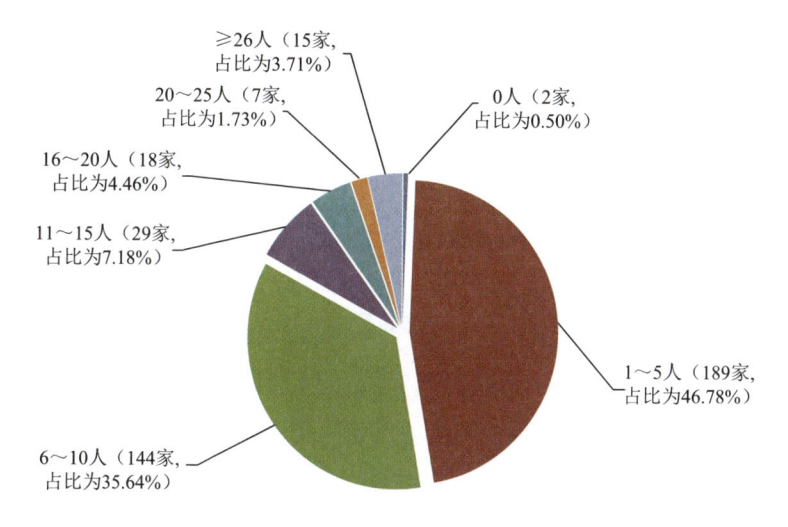

图6-37　老科协组织的工作人员数量统计

（2）老科协组织的专职人员数量统计

调查的老科协组织中，本项目的实际填答单位数量为404家，其中，老科协组织的专职人员数量为"1～5人"的最多，有211家，占比为52.23%；居第二位的是"0人"，有115家，占比为28.47%；居第三位的是"6～10人"，有66家，占比为16.34%；居第四位的是"大于等于11人"，有12家，占比为2.97%，如图6-38所示。

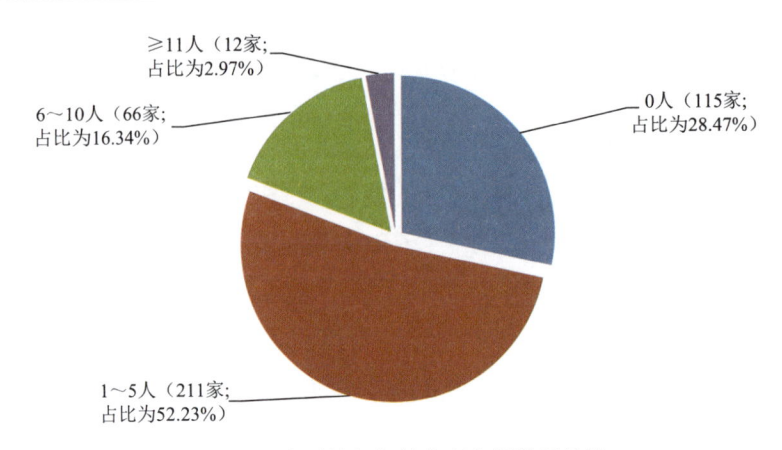

图 6-38　老科协组织的专职人员数量统计

（3）老科协组织的兼职人员数量统计

调查的老科协组织中，本项目的实际填答单位为 404 家，其中，老科协组织的兼职人员数量为"1~5 人"的组织最多，有 211 家，占比为 52.23%；居第二位的是"0 人"，有 77 家，占比为 19.06%；居第三位的是"6~10 人"，有 74 家，占比为 18.32%；居第四位的是"大于等于 11 人"，有 42 家，占比为 10.40%，如图 6-39 所示。

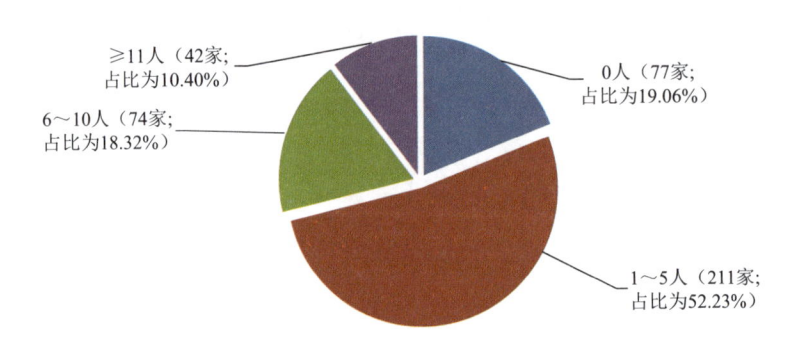

图 6-39　老科协组织的兼职人员数量统计

4. 老科协组织的班子成员情况统计

（1）老科协组织会长的工作性质统计

调查的老科协组织中，会长的工作性质为"专职"的最多，有 267 家，占比为 52.15%；其次是"兼职"，有 245 家，占比为 47.85%，如图 6-40 所示。

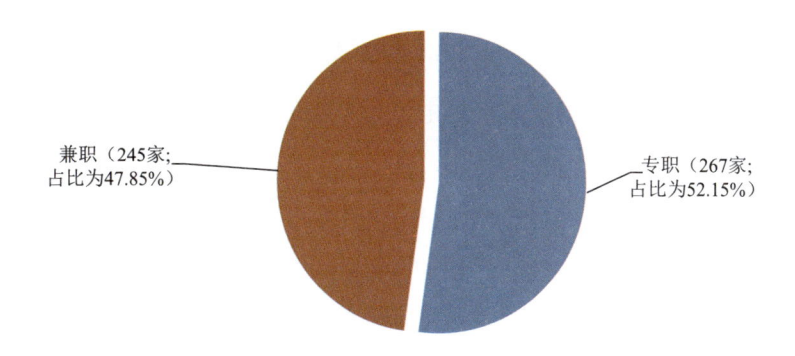

图 6-40　老科协组织会长的工作性质统计

(2) 老科协组织的副会长专职人员数量统计

调查的老科协组织中,本项目的实际填答单位数量为 310 家,其中,老科协组织的副会长专职人数为"0~2 人"的最多,有 240 家,占比为 77.42%;居第二位的是"3~5 人",有 51 家,占比为 16.45%;居第三位的是"6~8 人",有 12 家,占比为 3.87%;居第四位的是"9~11 人",有 4 家,占比为 1.29%;居第五位的是"12~14 人",有 2 家,占比为 0.65%;居第六位的是"15~17 人",有 1 家,占比为 0.32%,如图 6-41 所示。

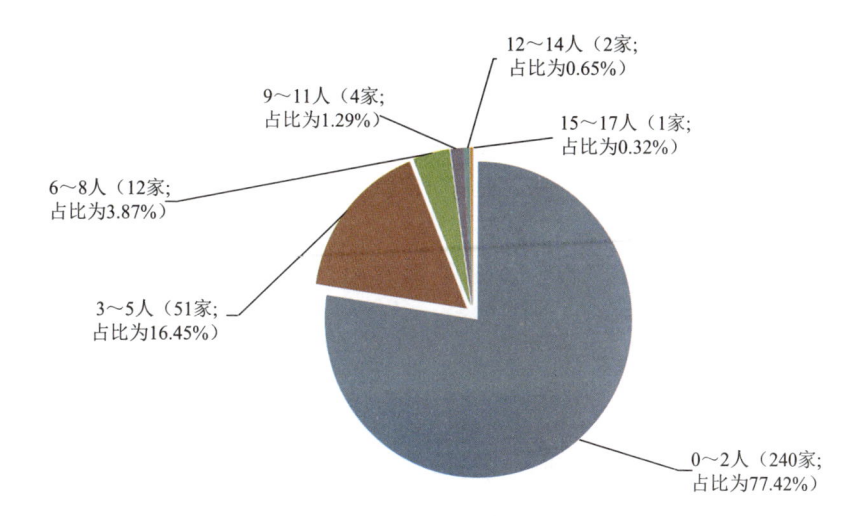

图 6-41　老科协组织的副会长专职人员数量统计

（3）老科协组织的副会长兼职人员数量统计

调查的老科协组织中，本项目的实际填答单位数量为 305 家，其中，老科协组织的副会长兼职人数为"0~2 人"的组织最多，有 174 家，占比为 57.05%；居第二位的是"3~5 人"，有 80 家，占比为 26.23%；居第三位的是"6~8 人"，有 32 家，占比为 10.49%；居第四位的是"9~11 人"，有 7 家，占比为 2.30%；居第五位的是"12~14 人""15~17 人""18~20 人"，各有 4 家，各占 1.31%，如图 6-42 所示。

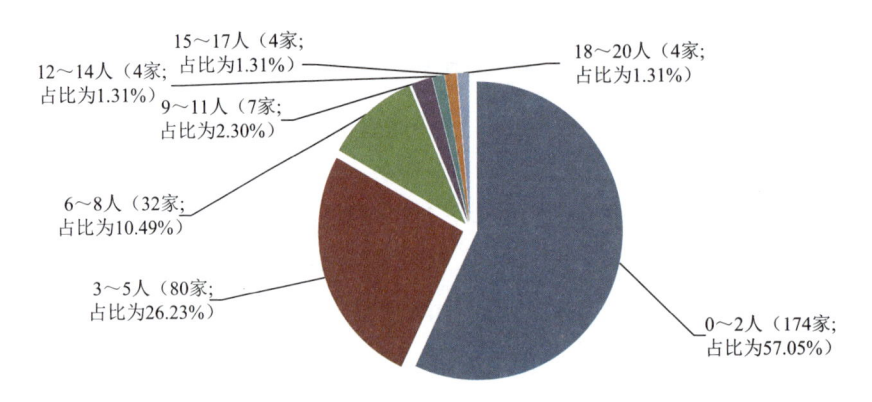

图 6-42　老科协组织的副会长兼职人员数量统计

（4）老科协组织秘书长的工作性质统计

被调查的老科协组织中，秘书长的工作性质为"专职"，有 245 家，占比为 47.85%；其次是"兼职"，有 267 家，占比为 52.15%，如图 6-43 所示。

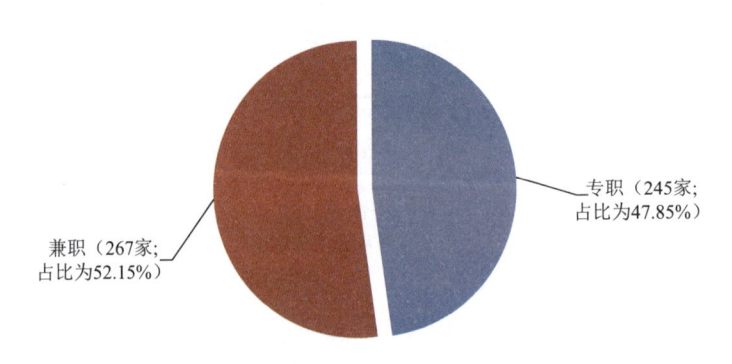

图 6-43　老科协组织秘书长的工作性质统计

（三）组织保障和党组织建设情况统计

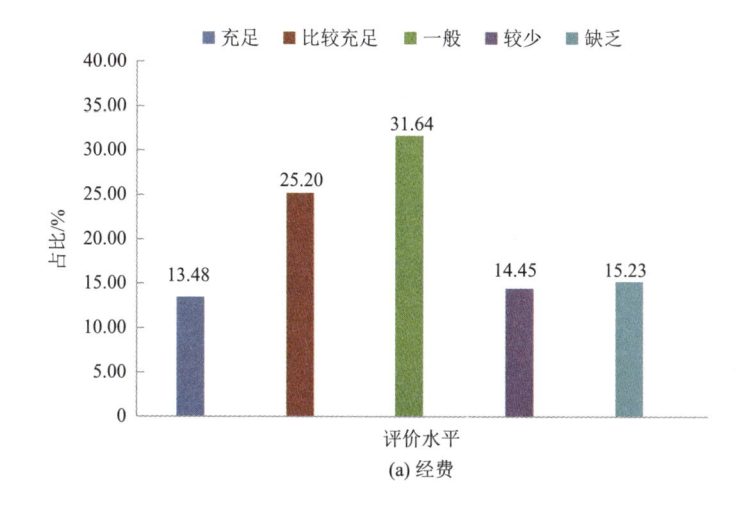

1. 本级老科协"四有"保障情况的评价统计

调查的老科协中，对本级老科协"经费"保障情况的评价中，认为"充足"的有 69 家，占比为 13.48%；认为"比较充足"的 129 家，占比为 25.20%；认为"一般"的有 162 家，占比为 31.64%；认为"较少"的有 74 家，占比为 14.45%；认为"缺乏"的有 78 家，占比为 15.23%。

对本级老科协"场地"保障情况的评价中，认为"充足"的有 123 家，占比为 24.02%；认为"比较充足"的有 140 家，占比为 27.34%；认为"一般"的有 164 家，占比为 32.03%；认为"较少"的有 51 家，占比为 9.96%；认为"缺乏"的有 34 家，占比为 6.64%。

对本级老科协"设施"保障情况的评价中，认为"充足"的有 102 家，占比为 19.92%；认为"比较充足"的有 132 家，占比为 25.78%；认为"一般"的有 190 家，占比为 37.11%；认为"较少"的有 44 家，占比为 8.59%；认为"缺乏"的有 44 家，占比为 8.59%。

对本级老科协"人员"保障情况的评价中，认为"充足"的有 113 家，占比为 22.07%；认为"比较充足"的有 154 家，占比为 30.08%；认为"一般"的有 151 家，占比为 29.49%；认为"较少"的有 65 家，占比为 12.70%；认为"缺乏"的有 29 家，占比为 5.66%，如图 6-44 所示。

(a) 经费

(b) 场地

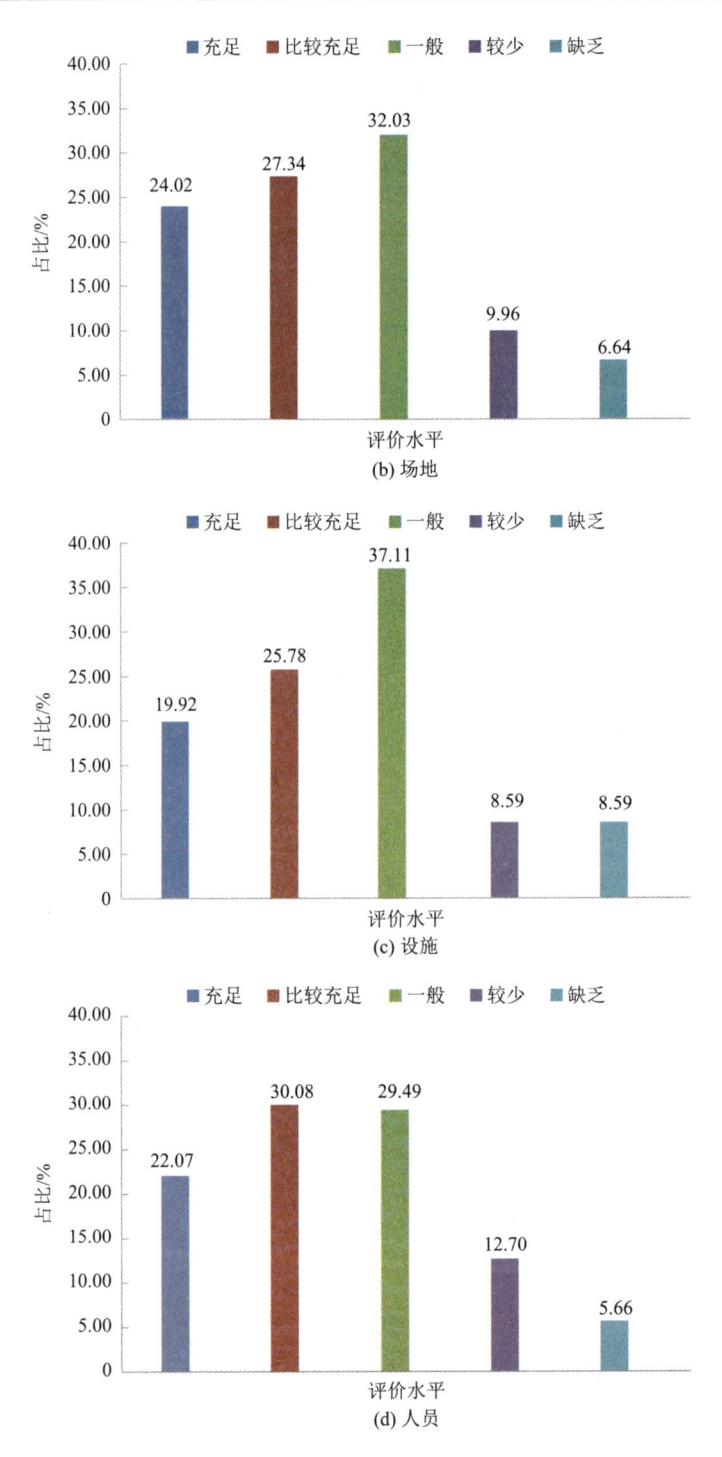

(c) 设施

(d) 人员

图 6-44 本级老科协"四有"保障情况评价统计

2. 本级老科协的党组织建设情况统计

调查的老科协组织中，认为本级老科协的党组织"设有日常工作机构"的最多，有 282 家，占比为 55.08%；居第二位的是"设有支部委员会"，有 259 家，占比为 50.59%；居第三位的是"定期召开'三会一课'"，有 228 家，占比为 44.53%；居第四位的是"有党员档案管理、活动组织等工作制度"，有 181 家，占比为 35.35%；居第五位的是"其他"方式（如没有建立党组织、与离退休支部联合等），有 167 家，占比为 32.62%，居第六位的是"设有总支部委员会"，有 62 家，占比为 12.11%；居第七位的是"定期发展新党员"，有 48 家，占比为 9.38%，如图 6-45 所示。

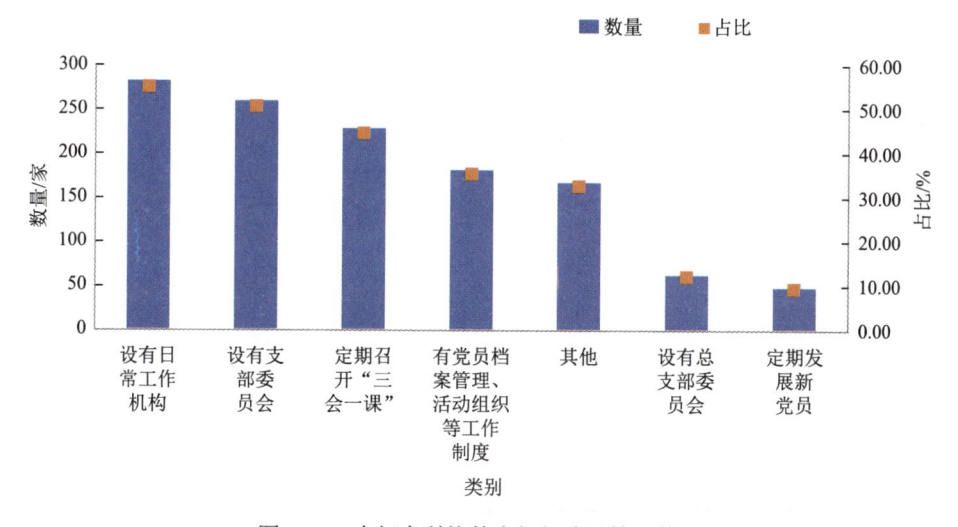

图 6-45 本级老科协的党组织建设情况统计

（四）作用发挥情况统计

1. 在本级老科协中，老科技工作者的作用发挥程度统计

被调查的老科协中，认为在本级老科协中，老科技工作者的作用发挥"非常充分"的有 87 家，占比为 16.99%；认为"比较充分"的有 307 家，占比为 59.96%；认为"一般"的有 109 家，占比为 21.29%；

认为"较不充分"的有 7 家，占比为 1.37%；认为"未发挥作用"的有 2 家，占比为 0.39%，如图 6-46 所示。

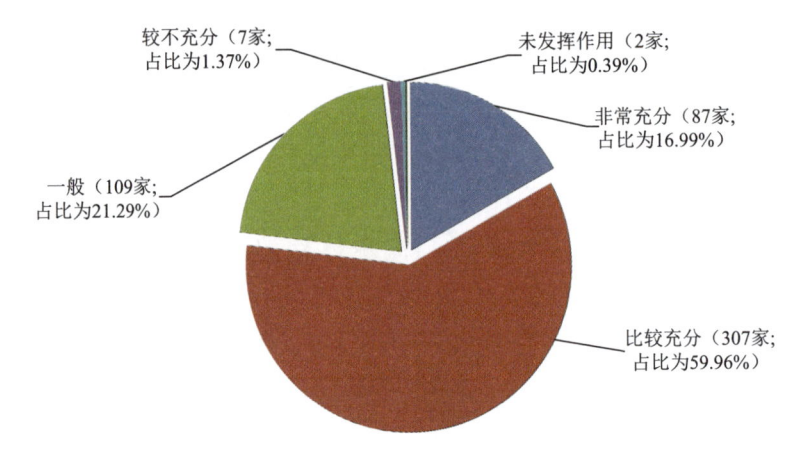

图 6-46　在本级老科协范围内，老科技工作者的作用发挥程度统计

2. 对老科技工作者具有的作用或价值评价统计

调查的老科协组织中，对于老科技工作者在"决策咨询"方面具有的作用或价值的评价，认为"非常重要"的有 168 家，占比为 32.81%；"比较重要"的有 229 家，占比为 44.73%；"一般"的有 106 家，占比为 20.70%；"较不重要"的有 6 家，占比为 1.17%；"不重要"的有 3 家，占比为 0.59%。

对于老科技工作者在"科技创新"方面具有的作用或价值的评价，认为"非常重要"的有 121 家，占比为 23.63%；"比较重要"的有 213 家，占比为 41.60%；"一般"的有 156 家，占比为 30.47%；"较不重要"的有 20 家，占比为 3.91%；"不重要"的有 2 家，占比为 0.39%。

对于老科技工作者在"科学普及"方面具有的作用或价值的评价，认为"非常重要"的有 234 家，占比为 45.70%；"比较重要"的有 208 家，占比为 40.63%；"一般"的有 68 家，占比为 13.28%；"较不重要"的有 1 家，占比为 0.20%；"不重要"的有 1 家，占比为 0.20%。

对于老科技工作者在"科技为民"方面具有的作用或价值的评价，认为"非常重要"的有 208 家，占比为 40.63%；"比较重要"的有 213 家，占比为 41.60%;"一般"的有 84 家,占比为 16.41%;"较不重要"的有 6 家,占比为 1.17%;"不重要"的有 1 家,占比为 0.20%。

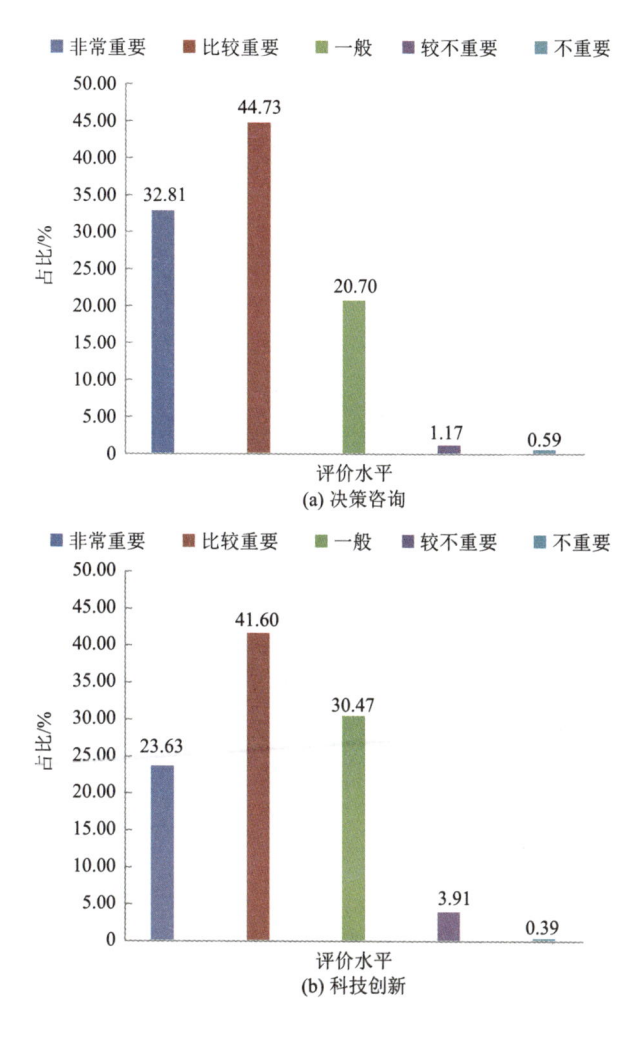

对于老科技工作者在"人才培养与学风建设"方面具有的作用或价值的评价,认为"非常重要"的有 142 家,占比为 27.73%;"比较重要"的有 217 家,占比为 42.38%;"一般"的有 142 家,占比为 27.73%;"较不重要"的有 7 家,占比为 1.37%;"不重要"的有 4 家,占比为 0.78%,如图 6-47 所示。

(a) 决策咨询

(b) 科技创新

(c) 科学普及

(d) 科技为民

(e) 人才培养与学风建设

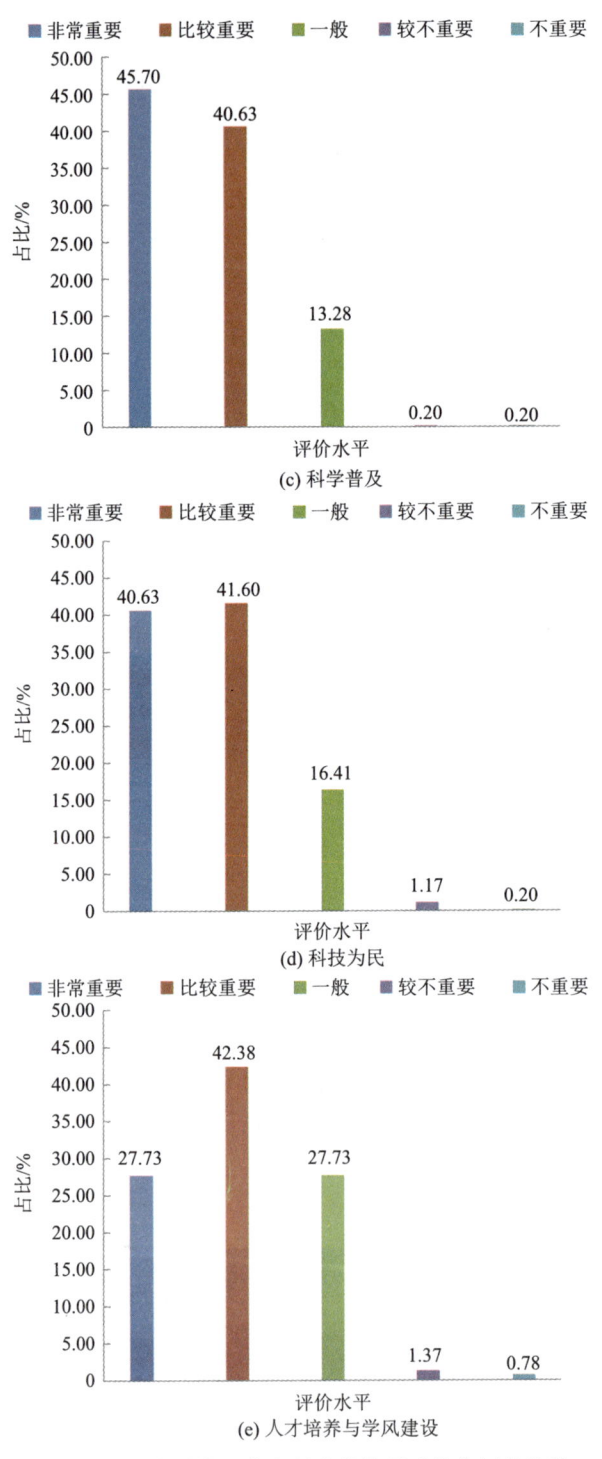

图 6-47　对老科技工作者具有的作用或价值评价统计

3. 近两年本级老科协组织的活动统计

被调查的老科协组织中,认为近两年本级老科协"举办科普讲座或培训"活动较多的,有429家,占比为83.79%;居第二位的是"参与建言献策",有420家,占比为82.03%;居第三位的是"为企业提供咨询服务",有336家,占比为65.63%;居第四位的是"科技下乡",有313家,占比为61.13%;居第五位的是"为党政部门提供科技咨询",有267家,占比为52.15%;居第六位的是"医疗义诊服务",有235家,占比为45.90%;居第七位的是"技术推广",有215家,占比为41.99%;居第八位的是"新技术、新产品等研发工作",有129家,占比为25.20%;居第九位的是"编著出版科普读物",有127家,占比为24.80%;居第十位的是"教育培训",有111家,占比为21.68%;居第十一位的是"为科普场馆提供服务",有109家,占比为21.29%;居第十二位的是"教学或科学研究工作",有93家,占比为18.16%;居第十三位的是"为高校等单位提供咨询服务",有91家,占比为17.77%;居第十四位的是"就科技问题接受媒体采访",有52家,占比为10.16%;居第十五位的是"兴办实体企业",有26家,占比为5.08%;居第十六的是"其他"活动(如养老咨询、宣传老科技工作者先进事迹等),有22家,占比为4.30%,如图6-48所示。

图6-48 近两年本级老科协组织的活动统计

4. 未来两年本级老科协计划组织的活动统计

调查的老科协组织中，认为未来两年本级老科协计划组织"参与建言献策"活动的最多，有 423 家，占比为 82.62%；居第二位的是"举办科普讲座或培训"，有 395 家，占比为 77.15%；居第三位的是"为企业提供咨询服务"，有 322 家，占比为 62.89%；居第四位的是"科技下乡"，有 296 家，占比为 57.81%；居第五位的是"为党政部门提供科技咨询"，有 272 家，占比为 53.13%；居第六位的是"医疗义诊服务"，有 226 家，占比为 44.14%；居第七位的是"技术推广"，有 214 家，占比为 41.80%；居第八位的是"新技术、新产品等研发工作"，有 140 家，占比为 27.34%；居第九位的是"编著出版科普读物"，有 123 家，占比为 24.02%；居第十位的是"教育培训"，有 115 家，占比为 22.46%，居第十一位的是"为科普场馆提供服务"，有 106 家，占比为 20.70%；居第十二位的是"为高校等单位提供咨询服务"，有 101 家，占比为 19.73%；居第十三位的是"教学或科学研究工作"，有 92 家，占比为 17.97%；居第十四位的是"就科技问题接受媒体采访"，有 45 家，占比为 8.79%；居第十五位的是"兴办实体企业"，有 34 家，占比为 6.64%；居第十六位的是"其他"活动（如组织会员外出考察、对高龄老科学家关怀等），有 15 家，占比为 2.93%，如图 6-49 所示。

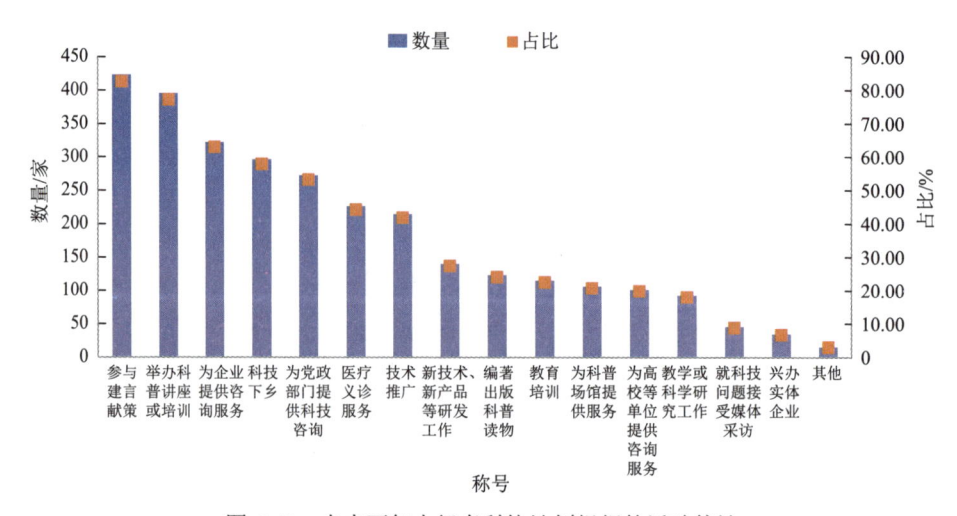

图 6-49 未来两年本级老科协计划组织的活动统计

5. 影响老科技工作者继续发挥作用的主要因素统计

调查的老科协组织中，认为影响老科技工作者继续发挥作用的主要问题是"缺乏经费支持"的组织最多，有322家，占比为62.89%；居第二位的是"缺乏激励机制"，有270家，占比为52.73%；居第三位的是"缺乏支持性法规政策"，有208家，占比为40.63%；居第四位的是"再工作的保障制度不完善"，有174家，占比为33.98%；居第五位的是"缺乏渠道或组织平台"，有139家，占比为27.15%；居第六位的是"本人意愿较低"，有100家，占比为19.53%；居第七位的是"缺乏用人信息"，有77家，占比为15.04%；居第八位的是"时间精力有限""社会认同度低"，各有75家，各占14.65%；居第九位的是"个人能力不足"，有55家，占比为10.74%，居第十位的是"家庭不支持"，有27家，占比为5.27%；居第十一位的是"其他"问题（如缺少基层需求与科技人员沟通渠道、同级组织管理缺乏认可等），有15家，占比为2.93%，如图6-50所示。

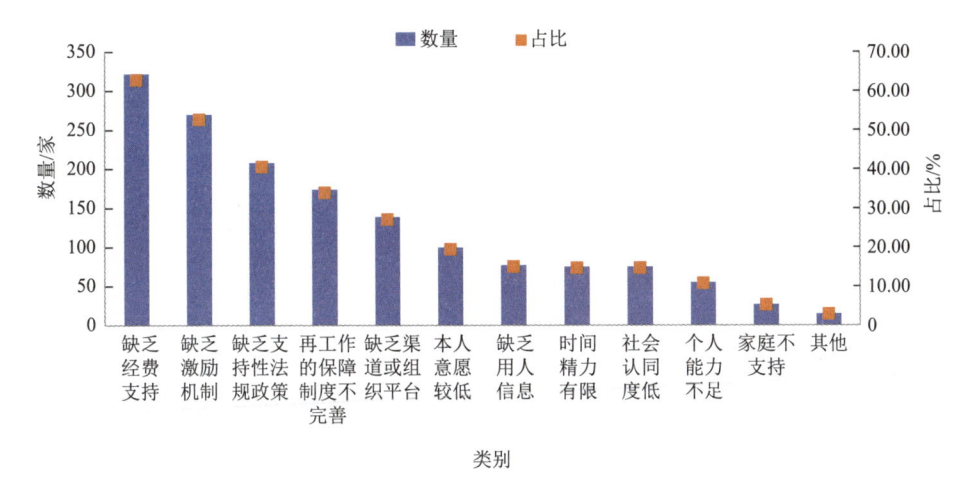

图6-50 影响老科技工作者继续发挥作用的主要因素统计

（五）地方党委和政府以及上级老科协组织支持情况统计

1. 近年来，地方党委和政府为本级老科协提供的支持统计

调查的老科协组织中，认为近年来地方党委和政府为本级老科协

"提供经费、场地、专兼职人员等"支持的最多，有 394 家，占比为 76.95%；居第二位的是"加强各级老科协组织建设"，有 356 家，占比为 69.53%；居第三位的是"出台鼓励老科技工作者发挥作用的法规政策"，有 180 家，占比为 35.16%；居第四位的是"建立人才资源开发工作联络机制和机构"，有 153 家，占比为 29.88%；居第五位的是"制定老科技工作者人才资源开发规划"，有 101 家，占比为 19.73%；居第六位的是"发展老龄人才教育培训"，有 99 家，占比为 19.34%；居第七位的是"转移政府有关职能"，有 65 家，占比为 12.70%；居第八位的是"其他"支持（如鼓励上老年大学、参与单位人才培养规划指导等），有 31 家，占比为 6.05%，如图 6-51 所示。

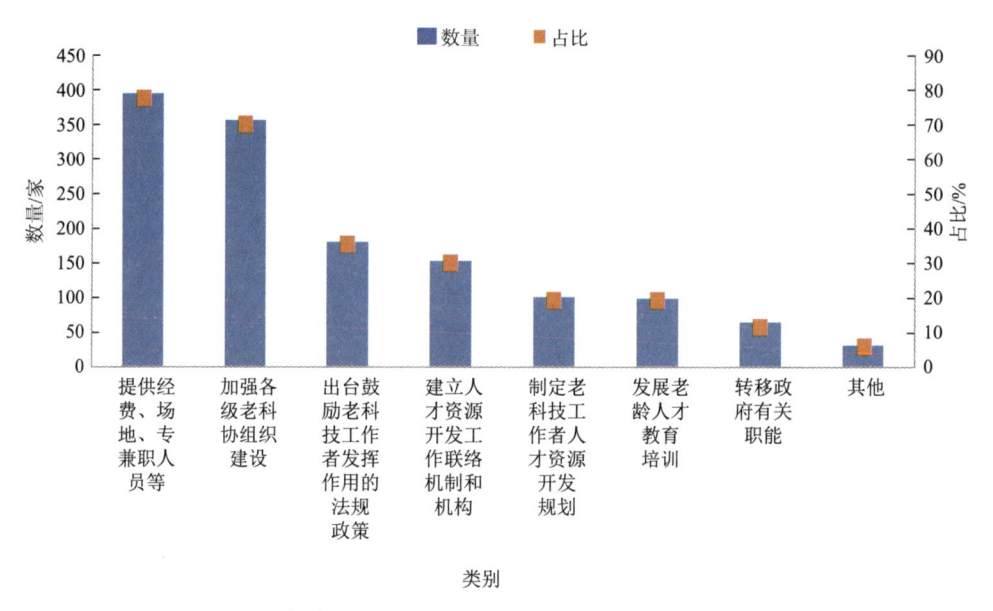

图 6-51　近年来，地方党委和政府为本级老科协提供的支持统计

2. 为了更好地发挥老科技工作者的作用，地方党委和政府还应为本级老科协提供的支持统计

调查的老科协组织中，为了更好地发挥老科技工作者的作用，认为地方党委和政府还应为本级老科协"提供经费、场地、专兼职人员等"的最多，有 389 家，占比为 75.98%；居第二位的是"出台鼓励老科技工作者发挥作用的法规"，有 302 家，占比为 58.98%；居第三位的是"加

强各级老科协组织建设",有 238 家,占比为 46.48%;居第四位的是"加强宣传引导,提高知名度",有 209 家,占比为 40.82%;居第五位的是"制定老科技工作者人才资源开发规划",有 176 家,占比为 34.38%;居第六位的是"建立人才资源开发工作联络机制和机构",有 172 家,占比为 33.59%;居第七位的是"鼓励承接政府有关职能的转移",有 134 家,占比为 26.17%;居第八位的是"发展老龄人才教育培训",有 88 家,占比为 17.19%;居第九位的是"其他"方面的支持(如提供社会需求信息、增加办公经费、解决老科技工作者的工作补助等),有 16 家,占比为 3.13%,如图 6-52 所示。

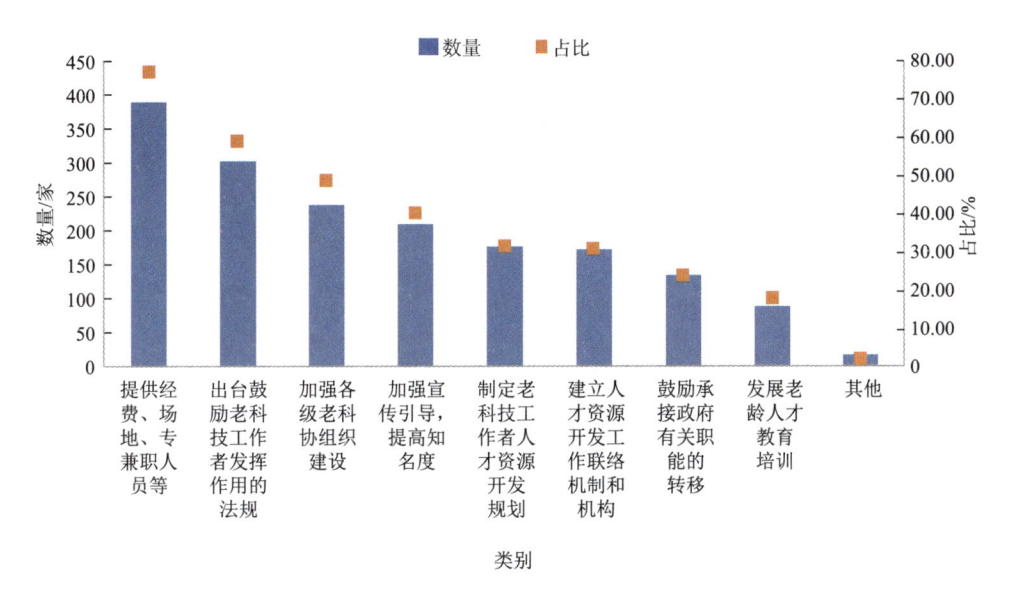

图 6-52 地方党委和政府还应为本级老科协提供的支持统计

3. 近年来上级老科协组织为本级老科协提供的支持统计

调查的老科协组织中,认为上级老科协为本级老科协"给予工作指导"的最多,有 405 家,占比为 79.10%;居第二位的是"对先进典型进行表彰和宣传",有 322 家,占比为 62.89%;居第三位的是"提供学习培训机会",有 276 家,占比为 53.91%;居第四位的是"组织同行交流",有 224 家,占比为 43.75%;居第五位的是"提供政策咨询",有 174 家,占 33.98%;居第六位的是"提供建言献策渠道",有

163 家，占比为 31.84%；居第七位的是"共享专家资源与信息"，有 119 家，占比为 23.24%；居第八位的是"其他"支持（如组织听取科技前沿及热点话题报告、指导协会各项工作等），有 10 家，占比为 1.95%，如图 6-53 所示。

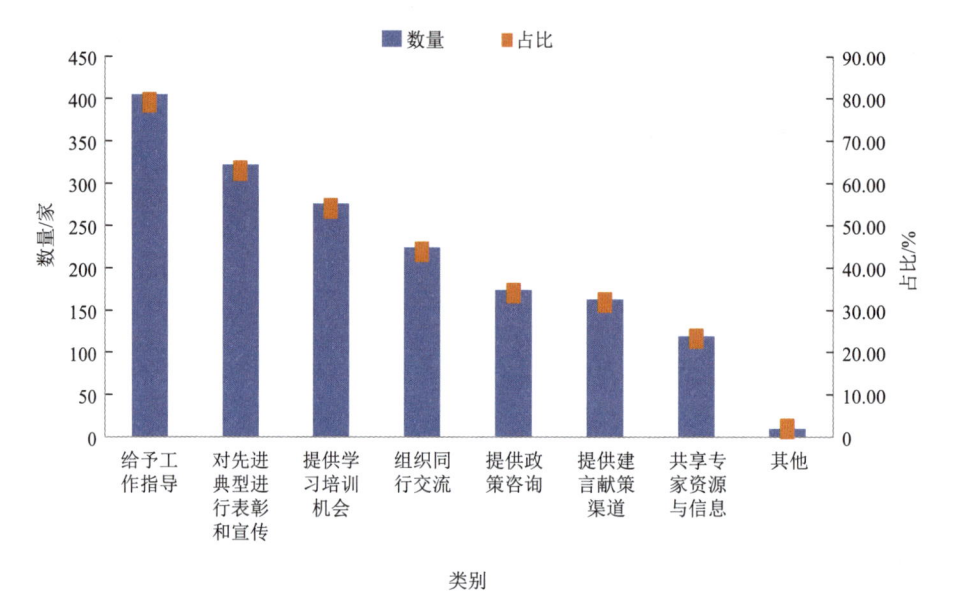

图 6-53　上级老科协为本级老科协提供的支持统计

4. 为了更好地发挥老科技工作者的作用，上级老科协还应为本级老科协提供的支持统计

调查的老科协组织中，为了更好地发挥老科技工作者的作用，认为上级老科协还应为本级老科协"提供学习培训机会"的最多，有 334 家，占比为 65.23%；居第二位的是"加强工作指导"，有 320 家，占比为 62.50%；居第三位的是"组织同行交流"，有 296 家，占比为 57.81%；居第四位的是"加大对先进典型的表彰和宣传"，有 209 家，占比为 40.82%；居第五位的是"共享专家资源与信息"，有 208 家，占比为 40.63%；居第六位的是"提供政策咨询"，有 184 家，占比为 35.94%；居第七位的是"提供建言献策渠道"，有 165 家，占比为 32.23%；居第八位的是"其他"支持（如协调组织课题调研合作活动、提供必要的办公条件等），有 21 家，占比为 4.10%，如图 6-54 所示。

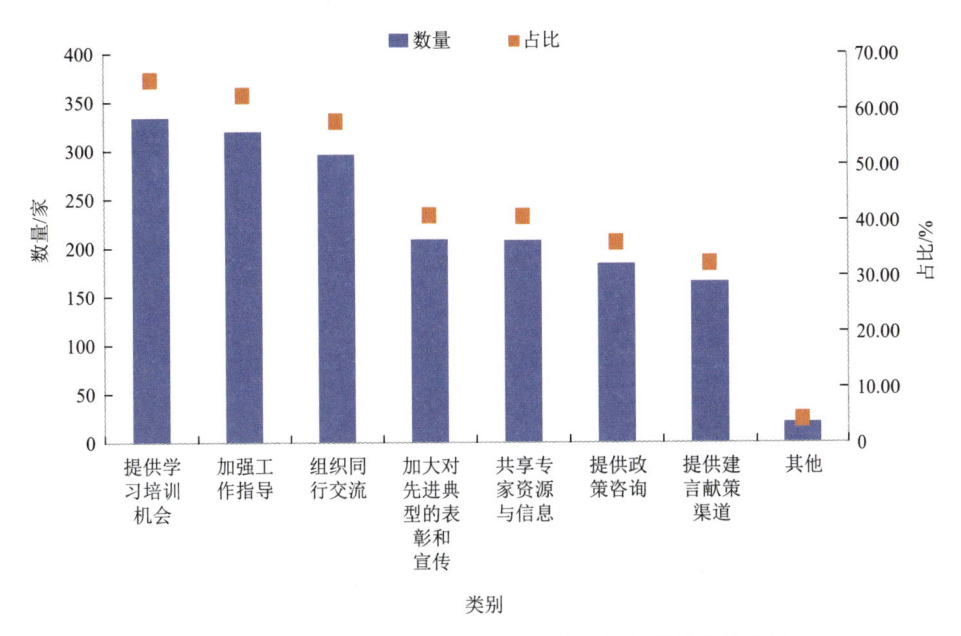

图 6-54　上级老科协组织还应为本级老科协提供的支持统计

（六）对本级老科协的期待及其存在的问题统计

1. 本级老科协在推动老科技工作者发挥作用方面还应做的工作统计

调查的老科协中，认为本级老科协还应做的工作是"提供老科技工作者间的交流机会"的最多，有 295 家，占比为 57.62%；居第二位的是"信息技术服务"，有 208 家，占比为 40.63%；居第三位的是"拓展建言献策渠道"，有 190 家，占比为 37.11%；居第四位的是"提供与社会各界交流的机会"，有 175 家，占比为 34.18%；居第五位的是"政策咨询服务"，有 162 家，占比为 31.64%；居第六位的是"科普组织服务"，有 134 家，占比为 26.17%；居第七位的是"进修学习服务"，有 121 家，占比为 23.63%；居第八位的是"再工作服务"，有 104 家，占比为 20.31%；居第九位的是"成果推介服务"，有 92 家，占比为 17.97%；居第十位的是"保障权益"，有 89 家，占比为 17.38%，居第十一位的是"职称评定服务"，有 81 家，占比为 15.82%；居第十二位的是"解决生活困难",有 42 家,占比为 8.20%;居第十三位的是"其他"(如关心为社会做出过贡献的、晚年生活困难的高龄老科学家及加强老科协对外宣传力度等),有 16 家,占比为 3.13%,如图 6-55 所示。

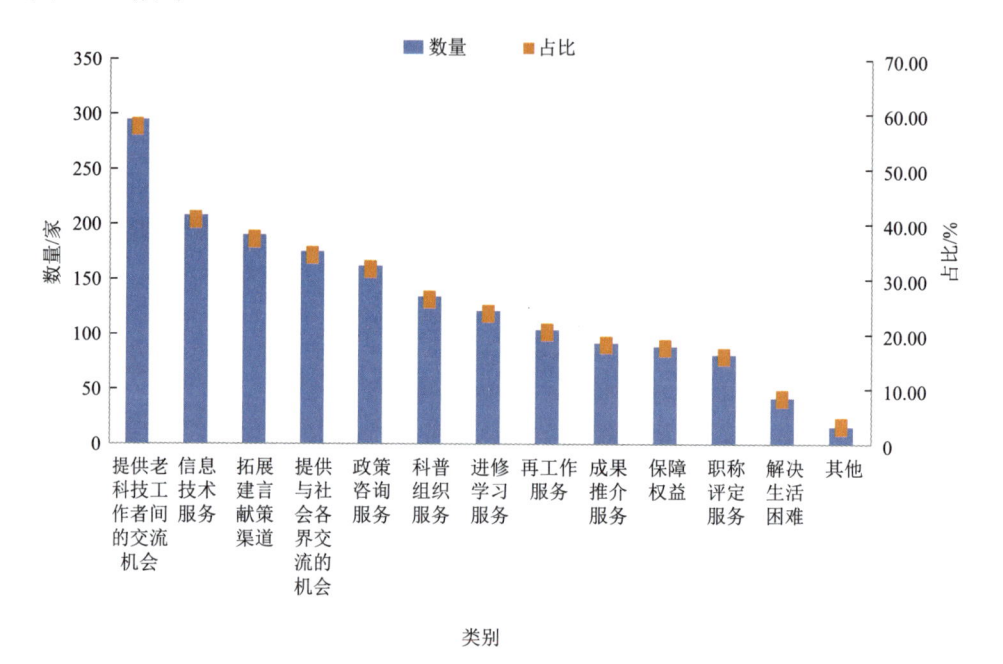

图 6-55 本级老科协在推动老科技工作者发挥作用方面还应做的工作

2. 本级老科协在自身建设方面存在的问题统计

调查的老科协组织中,认为本级老科协在自身建设方面存在"经费不足"问题的最多,有 360 家,占比为 70.31%;居第二位的是"社会影响力有待提高",有 282 家,占比为 55.08%;居第三位的是"编制不足",有 179 家,占比为 34.96%;居第四位的是"缺少工作或活动场所",有 147 家,占比为 28.71%;居第五位的是"会员吸纳滞后",有 105 家,占比为 20.51%;居第六位的是"运行机制不规范",有 90 家,占比为 17.58%;居第七位的是"党和政府不够重视",有 82 家,占比为 16.02%;居第八位的是"组织体系不健全",有 80 家,占比为 15.63%;居第九位的是"其他"问题(如人员不足、没有社团法人和独立银行账户等),有 19 家,占比为 3.71%,如图 6-56 所示。

图 6-56　本级老科协在自身建设方面存在的问题

（七）结论

1. 大部分老科协组织规模较小，缺乏专门从事组织活动的人员

本次调查的老科协组织，大部分分布在四川、辽宁、山东、湖南、陕西、江苏、重庆、河北、北京等省份（84.38%），他们基本上属于市级或者县级（77.54%）。超过八成的老科协组织的人数不超过 10 人（82.92%），其中，专职人员不高于 5 人的组织占 80.70%；兼职人员超过 5 人的组织占 28.72%。在老科协组织的班子成员中，近半数（47.85%）会长的工作性质是兼职，半数以上（52.15%）秘书长的工作性质也是兼职，77.42%的组织其副会长的专职人数低于 3 人，16.72%的组织其副会长的兼职人数高于 5 人，说明我国老科协组织分布较为集中但规模较小，且缺乏专门从事组织活动的人员。

2. 大部分老科技工作者具有创造价值及发挥作用的能力

根据对老科技工作者具有的作用或价值的评价统计，分别有 32.81%、23.63%、45.70%、40.63%、27.73%的老科协组织认为，老科技工作者在"决策咨询""科技创新""科学普及""科技为民""人才培养与学风建设"方面起着非常重要的作用，且分别有 44.73%、41.60%、

40.63%、41.60%、42.38%的老科协组织认为，老科技工作者在上述五个方面起着比较重要的作用。

大多数老科协组织对老科技工作者所发挥的作用评价较高，其中，16.99%的老科协组织表示在本级老科协中，老科技工作者的作用发挥得非常充分；59.96%的老科协组织认为比较充分。而影响老科技工作者继续发挥作用的主要问题是"缺乏经费支持"（62.89%）、"缺乏激励机制"（52.73%）、"缺乏支持性法规政策"（40.63%）、"再工作的保障制度不完善"（33.98%）、"缺乏渠道或组织平台"（27.15%）、"本人意愿较低"（19.53%）、"缺乏用人信息"（15.04%）、"时间精力有限"（14.65%）、"社会认同度低"（14.65%）等。

3. 只有近半数的老科协组织对"四有"保障评价较高

通过对本级老科协"四有"保障情况评价的统计结果显示，在"经费"保障方面，38.68%的老科协组织对其评价较高，其中，认为充足的有13.48%，比较充足的有25.20%；在"场地"保障方面，51.36%的老科协组织对其评价较高，其中，认为充足的有24.02%，比较充足的有27.34%；在"设施"保障方面，45.70%的老科协组织对其评价较高，其中，认为充足的有19.92%，比较充足的有25.78%；在"人员"保障方面，52.15%的老科协组织对其评价较高，其中，认为充足的有22.07%，比较充足的有30.08%。结合影响老科技工作者继续发挥作用的主要问题进行分析，笔者认为，应当着力加强对老科协组织的"经费"支持并进一步加强"场地""设施""人员"方面的保障。

4. 需要进一步加强老科协的党组织建设

根据对本级老科协的党组织建设情况的评价统计，老科协的党组织建设主要包括设有日常工作机构（55.08%）、设有支部委员会（50.59%）、定期召开"三会一课"（44.53%）、有党员档案管理/活动组织等工作制度（35.35%）等，还有32.62%的老科协组织选择了"其他"建设方式。

5. 需要进一步推进本级老科协的各项管理服务及自身建设工作

调查结果显示，近两年来老科协主要组织老科技工作者从事的活动是参与建言献策（82.03%）、为党政部门提供科技咨询（52.15%）、编著出版科普读物（24.80%）、教育培训（21.68%）、为科普场馆提供服务（21.29%）等。这些活动未来两年占比变化不大（参与建言献策为82.62%、为党政部门提供科技咨询为53.13%、编著出版科普读物为24.02%、教育培训为22.46%、为科普场馆提供服务为20.70%）。认为老科协组织在未来两年开展新技术/新产品等研发工作（27.34%）（近两年为25.20%）、为高校等单位提供咨询服务（19.73%）（近两年为17.77%）、兴办实体企业（6.64%）（近两年为5.08%）的比例比近两年的比例明显高一些。认为老科协组织在未来两年举办科普讲座或培训（77.15%）（近两年为83.79%）、为企业提供咨询服务（62.89%）（近两年为65.63%）、科技下乡（57.81%）（近两年为61.13%）、医疗义诊服务（44.14%）（近两年为45.90%）、就科技问题接受媒体采访（8.79%）（近两年为10.16%）的比例比近两年的比例明显低一些，说明老科协组织的一些活动未满足老科技工作者的需求，仍需进一步推进相应工作。在希望老科协组织应做的工作中，有超过五成（57.62%）的老科技工作者希望获得老科协组织"提供老科技工作者间的交流机会"。同时，老科协还可以顺应广大老科技工作者的愿望，应从提供"信息技术服务"（40.63%）、"拓展建言献策渠道"（37.11%）、提供"政策咨询服务"（31.64%）、提供"科普组织服务"（26.17%）、提供"再工作服务"（20.31%）等方面更好地为老科技工作者服务。

本级老科协在自身建设方面存在以下问题，如经费不足（70.31%）、社会影响力有待提高（55.08%）、编制不足（34.96%）、缺少工作或活动场所（28.71%）等。

6. 需要地方党委和政府和上级老科协组织为本级老科协提供的支持

调查结果显示，近年来地方党委和政府为老科协组织主要"提供经费、场地、专兼职人员"等支持（76.95%）。为了更好地发挥老科技工作者的作用，地方党委和政府还应为本级老科协提供的支持统计结果显示，地方党委和政府应在"出台鼓励老科技工作者发挥作用的法规政策"（58.98%）（近年来该项占比为35.16%）、"制定老科技工作者人才资源开发规划"（34.38%）（近年来该项占比为19.73%）以及"建立人才资源开发工作联络机制和机构"（33.59%）（近年来该项占比为29.88%）等方面应加大支持力度。

调查结果显示，近年来上级老科协组织为本级老科协提供的支持主要是"给予工作指导"（79.10%）、"对先进典型进行表彰和宣传"（62.89%）、"提供建言献策渠道"（31.84%）等。为了更好地发挥老科技工作者的作用，上级老科协组织还应为本级老科协提供的支持统计结果显示，上级老科协组织在"提供学习培训机会"（65.23%）（近年来该项占比为53.91%）、组织同行交流（57.81%）（近年来该项占比为43.75%）、"共享专家资源与信息"（40.63%）（近年来该项占比为23.24%）、"提供政策咨询"（35.94%）（近年来该项占比为33.98%）等方面的支持力度仍需加大。

三、全国临近退休科技工作者状况调查统计分析

为了全面了解临近退休科技工作者基本情况和退休后继续发挥作用的意愿、设想及看法，探究老科技工作者人才资源开发的价值意义、存在的问题与障碍，为构建和完善老科技工作者人才资源开发的价值体系、组织体系、服务体系等提供基础和依据，课题组开展了全国临近退休科技工作者状况问卷调查工作。本书根据问卷回收情况对上述内容进行了统计分析。

（一）问卷发放及回收情况概述

课题组在辽宁、重庆、山东、四川、江苏、陕西、北京、山西、广东、河北、福建、湖北、上海、浙江、天津、新疆、云南和江西等多个省份进行了线上问卷调查，截止到2020年9月22日共回收问卷836份（注：含有部分年轻人），问卷填答均有效。

（二）基本信息统计

1. 性别统计

此次问卷中，共有 836 人填答，其中，男性有 468 位，占比为 55.98%；女性有 368 位，占比为 44.02%，如图 6-57 所示。

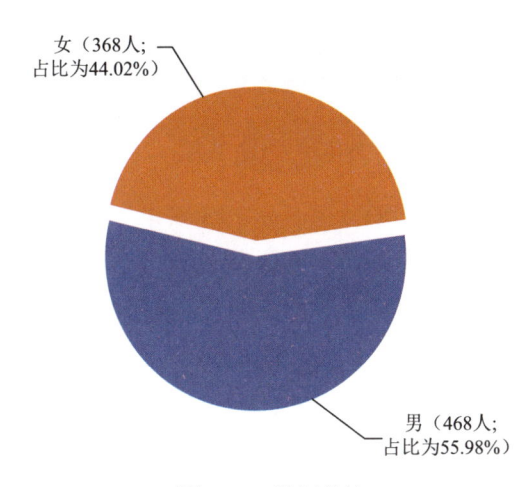

图 6-57　性别统计

2. 当前的年龄统计

836 位老科技工作者中，本项目填答人数为 831 人。其中，"55～60 岁"（含 60 岁）的人数最多，有 413 人，占比为 49.70%；居第二位的是 "50～55 岁"（含 55 岁）的，有 248 人，占比为 29.84%；居第三位的是 "45～50 岁"（含 50 岁）的，有 85 人，占比为 10.23%；居第四位的是 "60～65 岁"（含 65 岁）的，有 27 人，占比为 3.25%；居第五位的是 "40～45 岁"（含 45 岁）的，有 20 人，占比为 2.41%；居第六位的是 "65～70 岁"（含 70 岁）的，有 16 人，占比为 1.93%；居第七位的是 "小于等于 35 岁"的，有 11 人，占比为 1.32%；居第八位的是 "35～40 岁"（含 40 岁）的，有 8 人，占比为 0.96%；居第九位的是 "75～80 岁"（含 80 岁）的，有 2 人，占比为 0.24%；居第十位的是 "70～75 岁"（含 75 岁）的，有 1 人，占比为 0.12%，如图 6-58 所示。

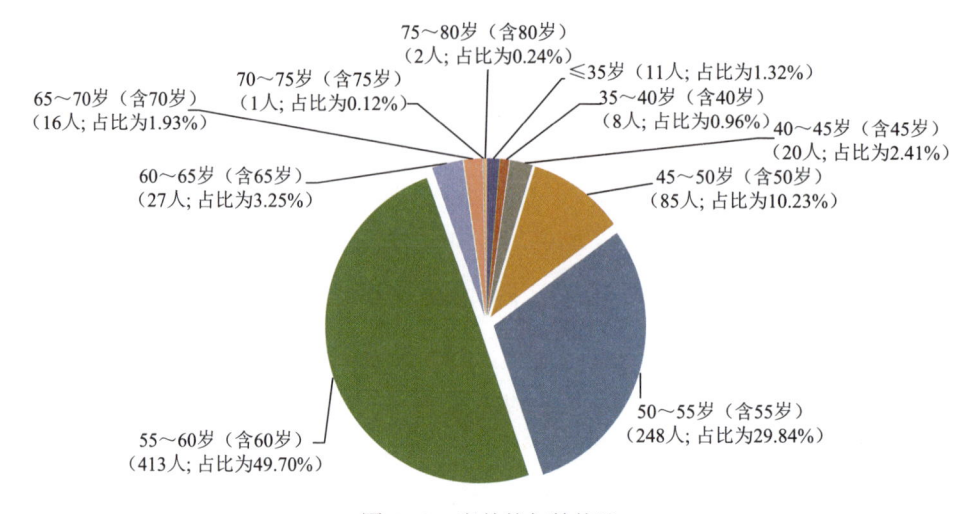

图 6-58　当前的年龄统计

3. 距离办理退休手续的年限统计

被调查的老科技工作者中，本项目填答人数为 836 人。其中，距离办理退休手续还有"1 年"的有 180 人，占比为 21.53%；距离办理退休手续还有"2 年"的有 152 人，占比为 18.18%；距离办理退休手续还有"3 年"的有 113 人，占比为 13.52%；距离办理退休手续还有"4 年"的有 84 人，占比为 10.05%；距离办理退休手续还有"5 年"的有 127 人，占比为 15.19%；除此之外，还有 180 位老工作者选择了"其他"选项，占比为 21.53%，如图 6-59 所示。

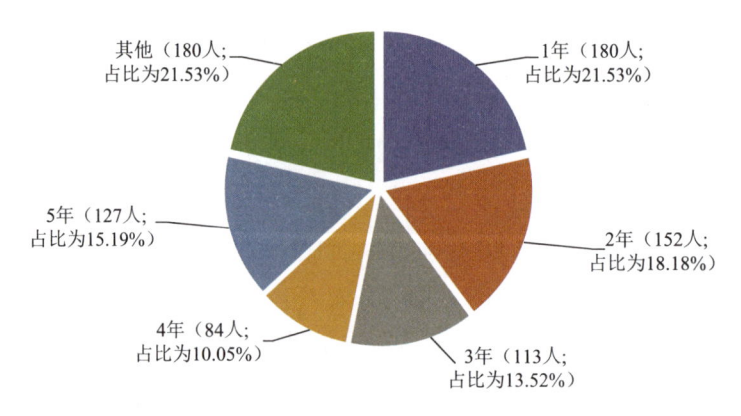

图 6-59　距离办理退休手续的年限统计

4. 政治面貌统计

被调查的老科技工作者中，本项目填答人数为836人。其中，政治面貌为"群众"的有224人，占比为26.79%；"中共党员"有521人，占比为62.32%；"民主党派"有61人，占比为7.30%；"无党派人士"有30人，占比为3.59%，如图6-60所示。

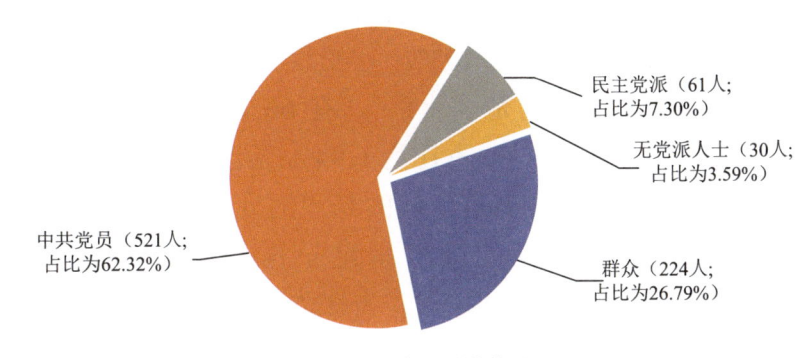

图6-60　政治面貌统计

5. 最高学历统计

被调查的老科技工作者中，本项目填答人数为836人。其中，最高学历为"博士研究生"的有51人，占比为6.10%；"硕士研究生"有110人，占比为13.16%；"大学本科"有436人，占比为52.15%；"大专"有186人，占比为22.25%；"高中/中专"有45人，占比为5.38%；还有8人选择了"其他"选项（如初中、在职研究生等），占比为0.96%，如图6-61所示。

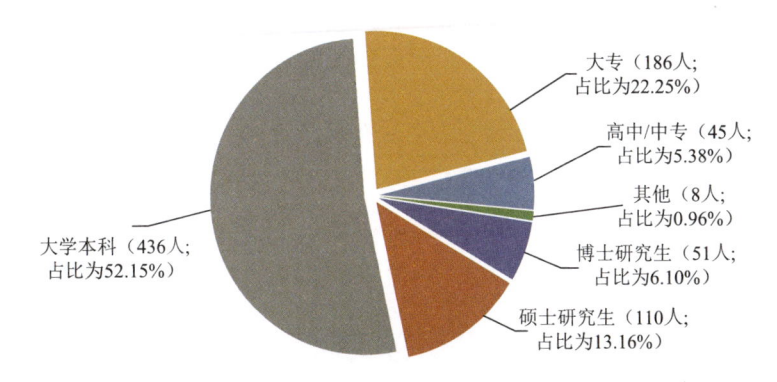

图6-61　最高学历统计

6. 所在省份及单位性质统计

（1）所在省份统计

被调查的老科技工作者中，本项目填答人数为 836 人。其中，所在省份为"辽宁"的最多，有 103 人，占比为 12.32%；居第二位的是"重庆"，有 97 人，占比为 11.60%；居第三位的是"山东"，有 91 人，占比为 10.89%；居第四位的是"四川"，有 79 人，占比为 9.45%；居第五位的是"江苏"，有 75 人，占比为 8.97%；居第六位的是"陕西"，有 72 人，占比为 8.61%；居第七位的是"北京"，有 66 人，占比为 7.89%；居第八位的是"山西"，有 58 人，占比为 6.94%；居第九位的是"广东"，有 51 人，占比为 6.10%；居第十位的是"河北"，有 41 人，占比为 4.90%；居第十一位的是"湖北"和"福建"，有 32 人，占比为 3.83%；居第十二位的是"上海"，有 29 人，占比为 3.47%；居第十三位的是"浙江"，有 3 人，占比为 0.36%；居第十四位的是"新疆""天津""云南"，各有 2 人，各占 0.24%；居第十五位的是"江西"，仅有 1 人，占比为 0.12%，如表 6-4 所示。

表 6-4 退休前所在省份统计

地区	人数/人	占比/%
辽宁	103	12.32
重庆	97	11.60
山东	91	10.89
四川	79	9.45
江苏	75	8.97
陕西	72	8.61
北京	66	7.89
山西	58	6.94
广东	51	6.10
河北	41	4.90
湖北	32	3.83
福建	32	3.83
上海	29	3.47
浙江	3	0.36

续表

地区	人数	占比/%
新疆	2	0.24
天津	2	0.24
云南	2	0.24
江西	1	0.12

（2）所在单位性质统计

被调查的老科技工作者中，本项目填答人数为836人。其中，所在单位性质为"事业单位"的人最多，有487人，占比为58.25%；居第二位的是"国有（或国有控股）单位"，有225人，占比为26.91%；居第三位的是"党政部门"，有53人，占比为6.34%；居第四位的是"私企/民营企业"，有29人，占比为3.47%；居第五位的是"社会团体"，有24人，占比为2.87%；居第六位的是"其他"性质的单位（如高校工作、个体工商户等），有11人，占比为1.32%；居第七位的是"集体企业"，有3人，占比为0.36%；居第八位的是"外资企业"和"港澳台资企业"，各有2人，占比各为0.24%，如图6-62所示。

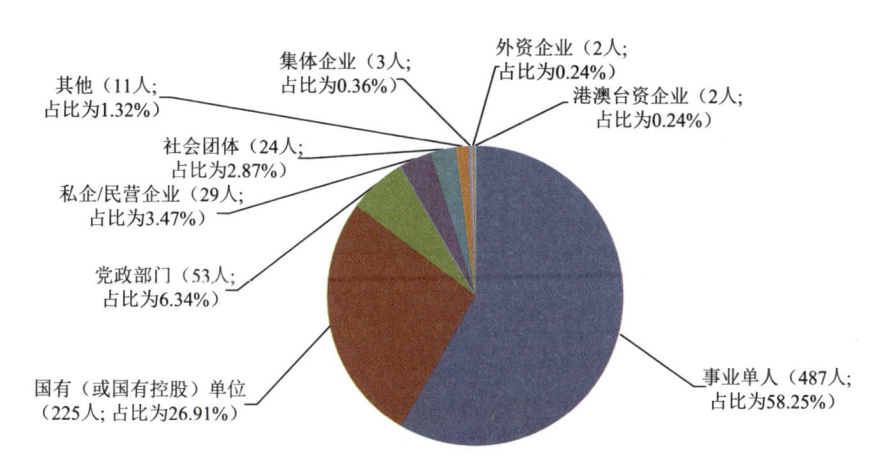

图 6-62　退休前所在单位性质统计

7. 职业身份统计

被调查的老科技工作者中，本项目填答人数为836人。其中，职业身份为"工程师/工程技术人员"的人最多，有 203 人，占比为 24.28%；居第二位的是"党委/行政管理干部"，有 164 人，占比为 19.62%；居第三位的是"大学教师"，有 89 人，占比为 10.65%；居第四位的是"科学家/科学研究人员"，有 85 人，占比为 10.17%；居第五位的是"医生/医务工作者"，有 77 人，占比为 9.21%；居第六位的是"科普工作者"，有 58 人，占比为 6.94%；居第七位的是"其他"职业身份（如工人/职工、会计师、老年大学老师、财务人员等），有 56 人，占比为 6.70%；居第八位的是"技术推广人员"，有 55 人，占比为 6.58%；居第九位的是"科研/教学辅助人员"，有 25 人，占比为 2.99%；居第十位的是"中学教师"，有 17 人，占比为 2.03%；居第十一位的是"中专/技校教师"，有 7 人，占比为 0.84%，如图 6-63 所示。

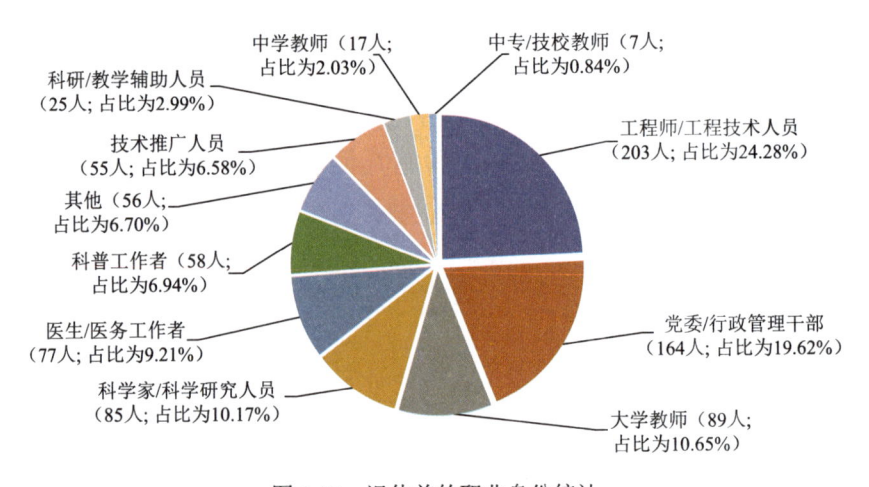

图 6-63　退休前的职业身份统计

8. 行政级别统计

被调查的老科技工作者中，本项目填答人数为 836 人。其中，行政级别为"无"的有 438 人，占比为 52.39%；"科级"有 198 人，占比为 23.68%；"处级"有 148 人，占比为 17.70%；"厅局级"有 17 人，占比为 2.03%；"省部级"有 1 人，占比为 0.12%；还有 34 人属于"其他"行政级别（如副处/科级、中层正职、党支部委员等），占比为 4.07%，如图 6-64 所示。

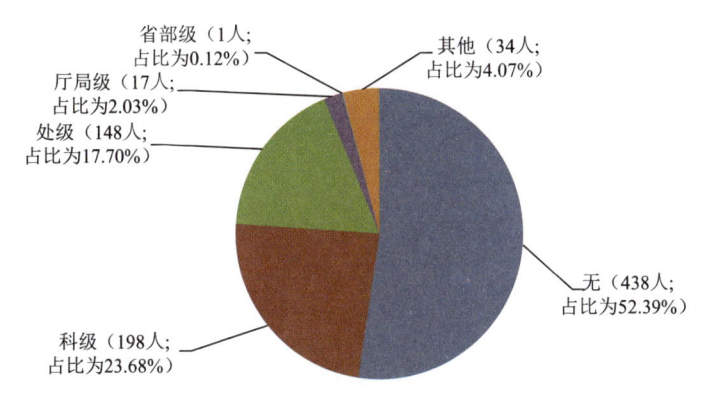

图 6-64　退休前的行政级别统计

9. 专业技术职称统计

被调查的老科技工作者中，本项目填答人数为 836 人。其中，专业技术职称为"无职称"的有 105 人，占比为 12.56%；"初级"职称的有 33 人，占比为 3.95%；"中级"职称的有 238 人，占比为 28.47%；"副高级"职称的有 278 人，占比为 33.25%；"正高级"职称的有 182 人，占比为 21.77%，如图 6-65 所示。

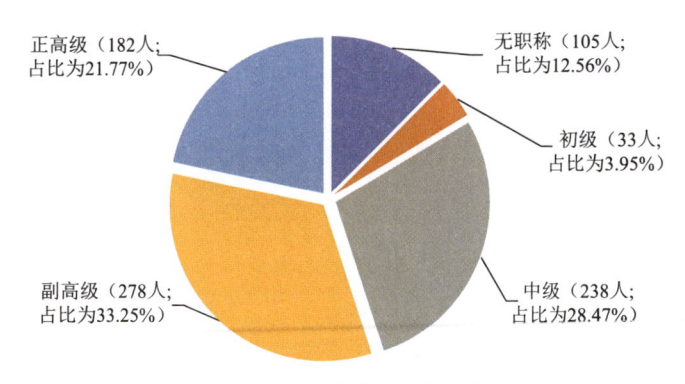

图 6-65　专业技术职称统计

10. 是否被评为特定层次的人才称号及其称号类型统计

（1）是否被评为国家级人才称号统计

被调查的老科技工作者中，本项目填答人数为 836 人。其中，回答"是否被评为国家级人才称号"为"是"的有 18 人，占比为 2.15%；回答为"否"的有 818 人，占比为 97.85%，如图 6-66 所示。

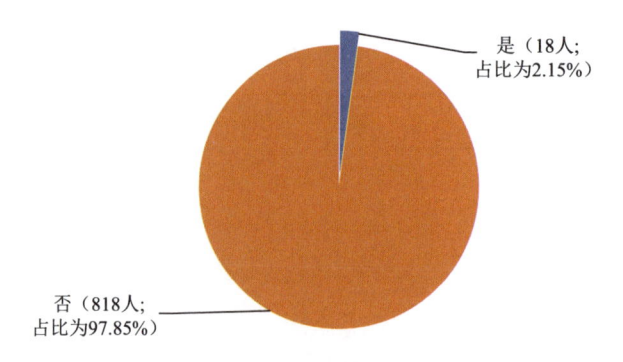

图 6-66　是否被评为国家级人才称号统计

(2) 国家级人才称号的类型统计

调查显示,获得过国家级人才称号的老科技工作者共 18 人。其中,"享受国务院政府特殊津贴专家"的人最多,有 10 人,占比为 55.56%;居第二位的是被评为"其他"国家级人才称号,有 6 人,占比为 33.33%;居第三位的是"中国科学院院士、中国工程院院士""全国杰出专业技术人才""全国技术能手""国家有突出贡献的中青年专家""'万人计划'入选者",各有 1 人,各占 5.56%,如图 6-67 所示。

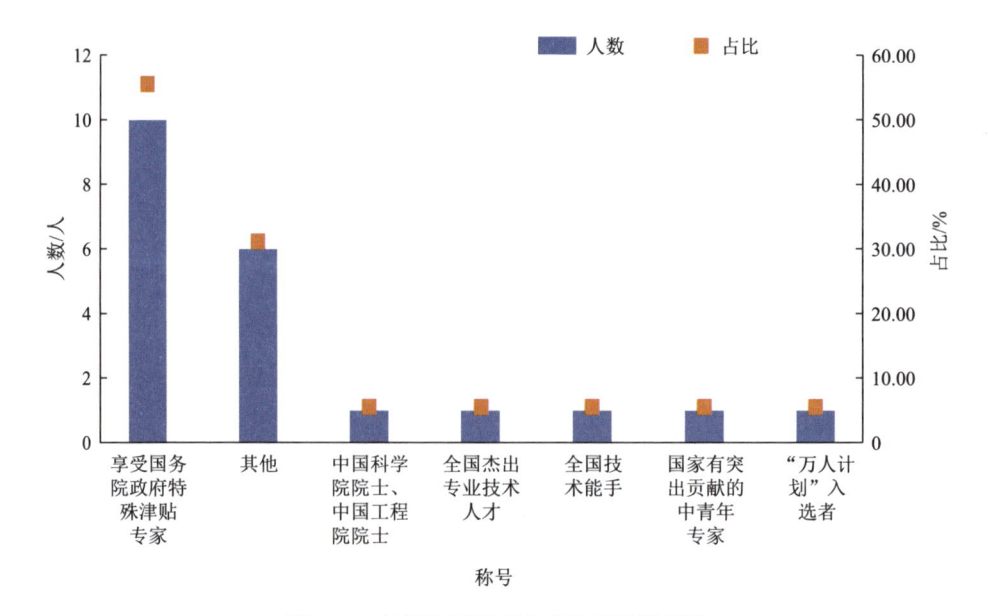

图 6-67　被评的国家级人才称号类型统计

(3) 是否被评为省级人才称号统计

被调查的老科技工作者中，本项目的填答人数为 836 人。其中，回答"是否被评为省级人才称号"为"是"的有 12 人，占比为 1.44%；回答为"否"的有 824 人，占比为 98.56%，如图 6-68 所示。

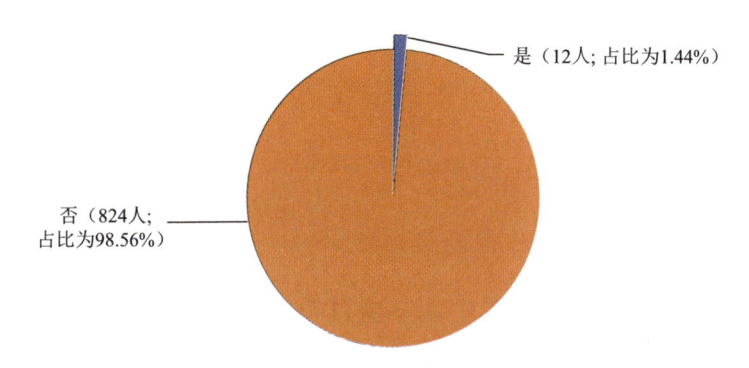

图 6-68　是否被评为省级人才称号统计

(4) 省级人才称号的类型统计

调查显示，获得过省级人才称号的老科技工作者共有 12 人，山东省非物质文化遗产传承人、重庆市地方志专家库成员、江苏省技术能手、山东省有突出贡献的中青年专家、陕西省三五人才、陕西省有突出贡献专家、《全民科学素质行动计划纲要》"十二五"实施工作先进个人、四川省有突出贡献专家、四川省特贡专家、四川省学术和技术带头人、辽宁省设施蔬菜创新团队首席专家和辽宁省"百千万人才工程"百千层次人选各有 1 人，各占 8.33%。

（三）作用发挥情况统计

1. 退休后是否愿意继续发挥作用、为社会做贡献统计

被调查的老科技工作者中，本项目填答人数为 836 人。退休后"非常愿意"继续发挥作用、为社会做贡献的有 436 人，占比为 52.15%；"比较愿意"的有 290 人，占比为 34.69%；"一般"的有 86 人，占比为 10.29%；"不太愿意"的有 15 人，占比为 1.79%；"不愿意"的有 9 人，占比为 1.08%，如图 6-69 所示。

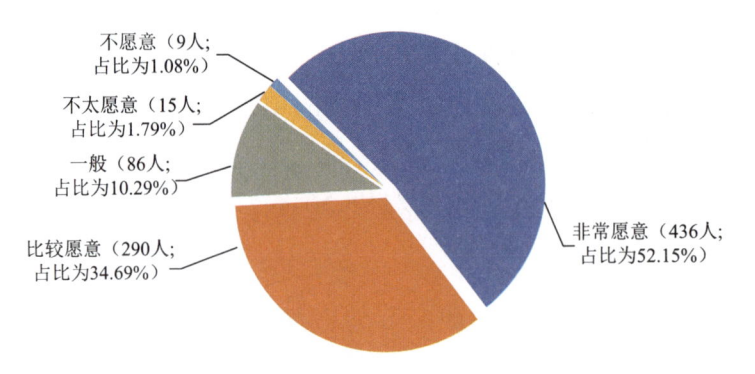

图 6-69　退休后是否愿意继续发挥作用、为社会做贡献统计

2. 退休后希望发挥作用的领域统计

被调查的老科技工作者中，本项目填答人数为 836 人。其中，退休后最希望在"科学普及"领域发挥作用的人最多，有 388 人，占比为 46.41%；居第二位的是"科技咨询"，有 301 人，占比为 36.00%；居第三位的是"人才培养"，有 286 人，占比为 34.21%；居第四位的是"技术推广"，有 258 人，占比为 30.86%；居第五位的是"政策咨询"，有 157 人，占比为 18.78%；居第六位的是"科技创新"，有 128 人，占比为 15.31%；居第七位的是"其他"领域（如文体、公益、老年生活关怀等），有 48 人，占比为 5.74%，如图 6-70 所示。

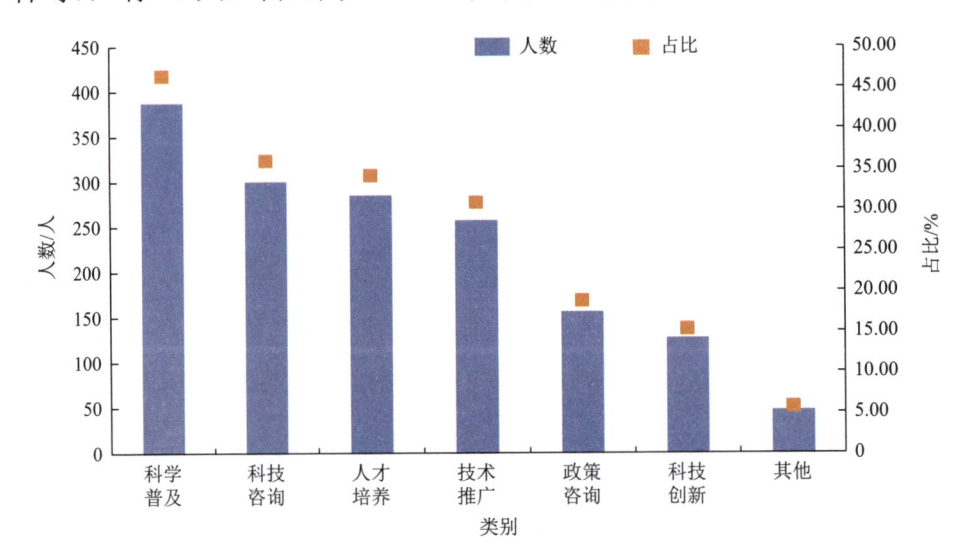

图 6-70　退休后希望发挥作用的领域统计

3. 退休后希望发挥作用的渠道统计

被调查的老科技工作者中，本项目填答人数为836人。退休后希望通过"老科协及其他社团组织"渠道发挥作用的人最多，有564人，占比为67.46%；居第二位的是"原单位返聘"，有311人，占比为37.20%；居第三位的是"社区组织"，有295人，占比为35.29%；居第四位的是"个人自发组织"，有163人，占比为19.50%；居第五位的是"民办非企业单位"，有114人，占比为13.64%；居第六位的是"人才市场或中介组织"，有89人，占比为10.65%；居第七位的是"其他"渠道（如行业协会、公益基金会、自主创业等），有19人，占比为2.27%，如图6-71所示。

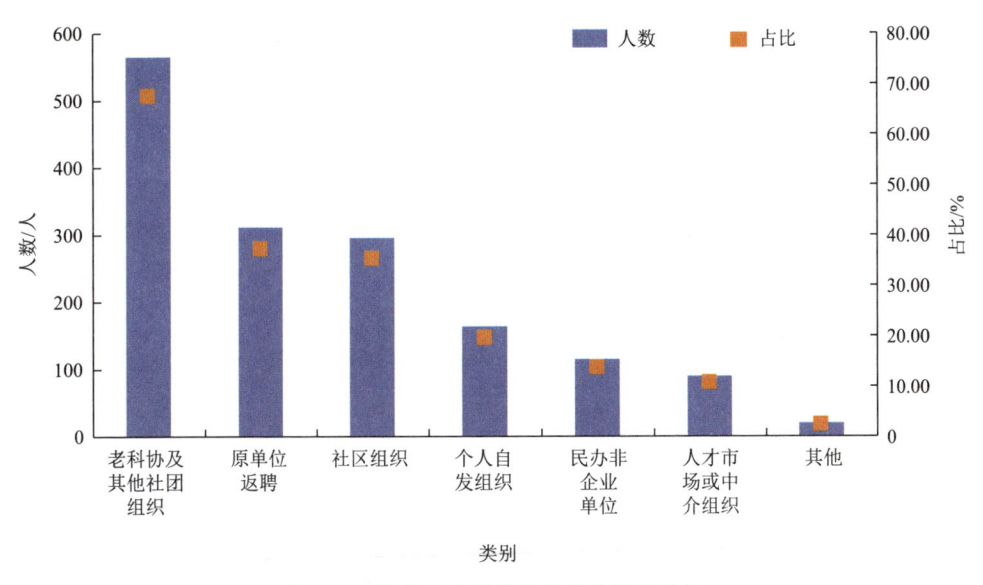

图6-71 退休后希望发挥作用的渠道统计

4. 退休后希望在哪些方面继续发挥作用统计

被调查的老科技工作者中，本项目填答人数为836人。其中，就个人愿望而言，希望退休后在"参与建言献策"方面继续发挥作用的人数最多，有384人，占比为45.93%；居第二位的是"为企业提供咨询服务"，有310人，占比为37.08%；居第三位的是"教育培训"，有214人，占比为25.60%；居第四位的是"为党政部门等提供科技咨询服务"，有

193 人，占比为 23.09%；居第五位的是"举办科普讲座或培训"，有 190 人，占比为 22.73%；居第六位的是"为科普场馆提供服务"，有 182 人，占比为 21.77%；居第七位的是"技术推广（为个人、组织推广技术，推动技术应用）"，有 163 人，占比为 19.50%；居第八位的是"为高校、科研单位提供咨询或服务"，有 154 人，占比为 18.42%；居第九位的是"科技下乡（利用专业知识为农村、农民服务）"，有 142 人，占比为 16.99%；居第十位的是"新技术、新产品、新服务研发工作"，有 136 人，占比为 16.27%；居第十一位的是"教学或科学研究工作"，有 128 人，占比为 15.31%；居第十二位的是"医疗义诊服务"，有 64 人，占比为 7.66%；居第十三位的是"编著出版科普读物"，有 53 位，占比为 6.34%；居第十四位的是"兴办实体企业"，有 39 人，占比为 4.67%；居第十五位的是"其他"方面（如创办医疗养老机构、科研项目财务管理咨询等），有 19 人，占比为 2.27%；居第十六位的是"就科技问题接受大众媒体采访"，有 15 人，占比为 1.79%，如图 6-72 所示。

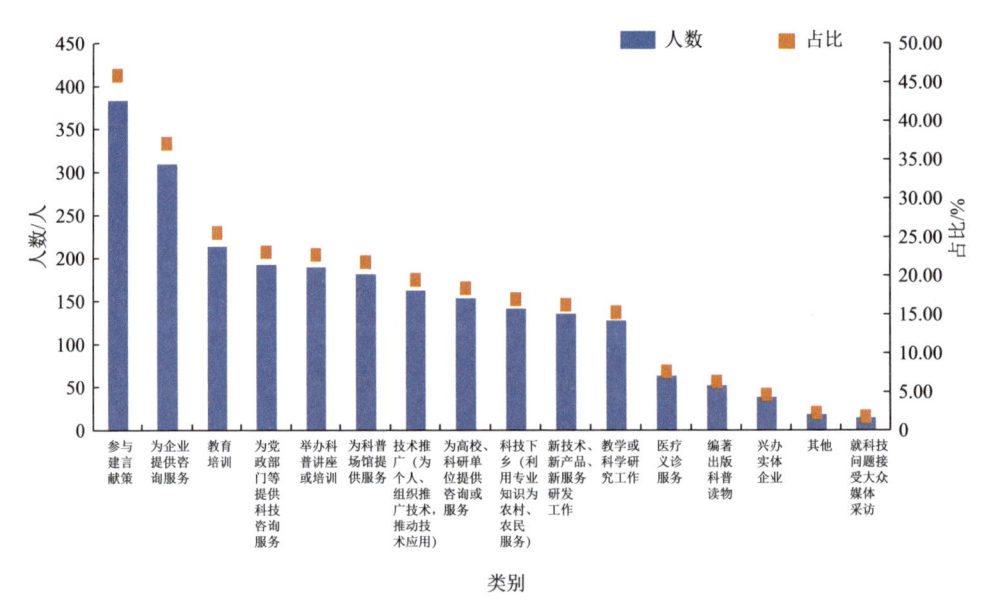

图 6-72 就个人愿望而言，最希望退休后在哪些方面继续发挥作用统计

5. 退休后为了更好地发挥自身的作用希望获得的支持统计

被调查的老科技工作者中，本项目填答人数为 836 人。其中，退休

后为更好发挥自身作用希望获得"鼓励老科技工作者发挥作用的相关法规政策"支持的人最多，有494人，占比为59.09%；居第二位的是"专门的管理机构或者协会"，有308人，占比为36.84%；居第三位的是"给予一定的劳动报酬或者奖励"，有307人，占比为36.72%；居第四位的是"专门的科普、交流等活动经费"，有233人，占比为27.87%；居第五位的是"及时提供准确的用人需求信息"，有168人，占比为20.10%；居第六位的是"建言献策渠道"，有150人，占比为17.94%；居第七位的是"工作场所和硬件设施"，有122人，占比为14.59%；居第八位的是"能够申请使用科研基金、平台等政府提供的公共科研资源"，有73人，占比为8.73%；居第九位的是"成果转化平台"，有55人，占比为6.58%；居第十位的是"职称评定渠道"，有35人，占比为4.19%；居第十一位的是"其他"支持（如建立专家库或信息平台、面向老年人的政策倾斜、金融服务等），有12人，占比为1.44%，如图6-73所示。

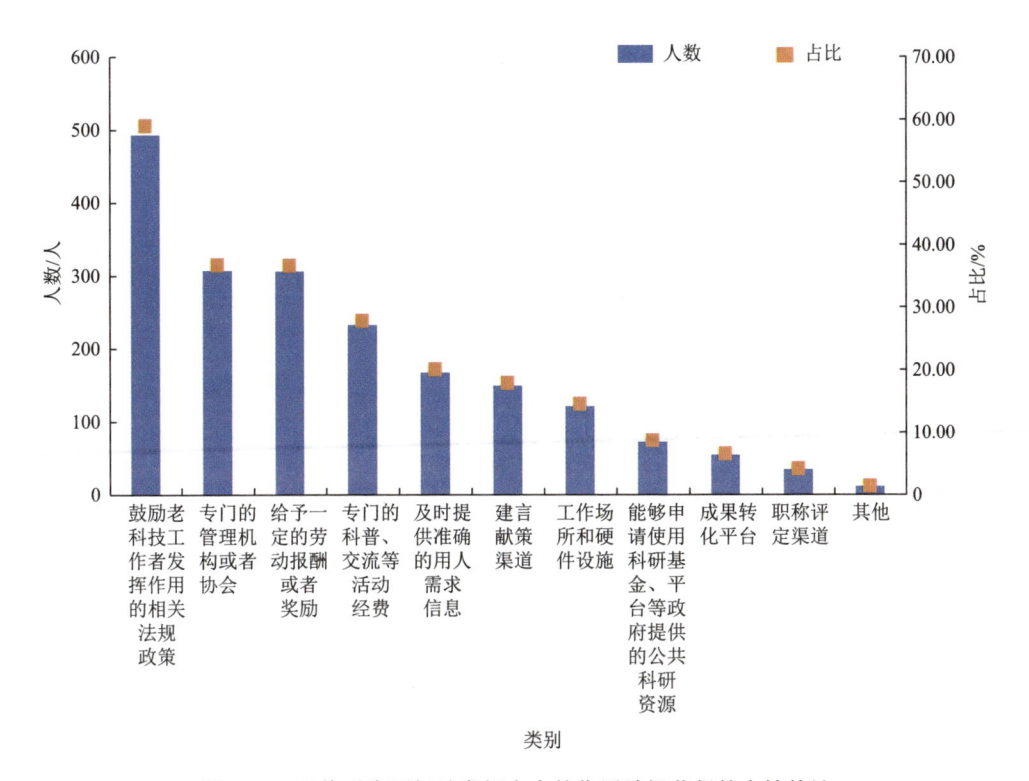

图6-73　退休后为更好地发挥自身的作用希望获得的支持统计

6. 对于退休后继续发挥作用的主要顾虑统计

被调查的老科技工作者中，本项目填答人数为 836 人。其中，对于退休后继续发挥作用的主要顾虑为"缺乏经费支持"的人最多，有 318 人，占比为 38.04%；居第二位的是"缺乏渠道或组织平台"，有 276 人，占比为 33.01%；居第三位的是"没有时间精力"，有 231 人，占比为 27.63%；居第四位的是"个人能力不足"，有 218 人，占比为 26.08%；居第五位的是"缺乏激励机制"，有 174 人，占比为 20.81%；居第六位的是"缺乏支持性法规政策"，有 158 人，占比为 18.90%；居第七位的是"再工作的保障制度不完善"，有 148 人，占比为 17.70%；居第八位的是"缺乏用人信息"，有 117 人，占比为 14.00%；居第九位的是"社会不认同"，有 109 人，占比为 13.04%；居第十位的是"家庭不支持"，有 61 人，占比为 7.30%；居第十一位的是"本人没有意愿"，有 42 人，占比为 5.02%；居第十二位的是"其他"（如身体状况不佳等），有 16 人，占比为 1.91%，如图 6-74 所示。

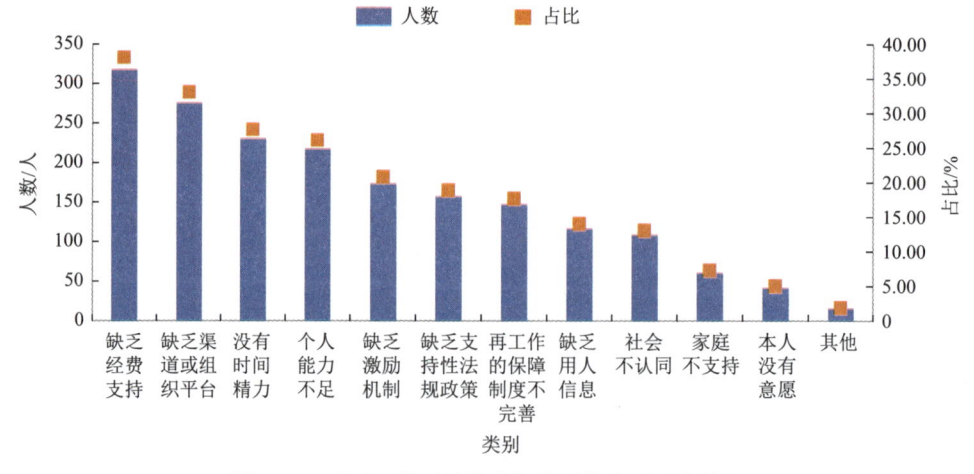

图 6-74 对于退休后继续发挥作用的主要顾虑统计

7. 对老科技工作者退休后的作用的评价统计

被调查的老科技工作者中，对"决策咨询"方面做出评价的人数为 836 人。其中，认为"非常重要"的有 337 人，占比为 40.31%；认为"比较重要"的有 329 人，占比为 39.35%；认为"一般"的有 141 人，占比为 16.87%；认为"较不重要"的有 20 人，占比为 2.39%；认为"不重要"的有 9 人，占比为 1.08%。

对"科技创新"方面做出评价的人数为 836 人。其中，认为"非常重要"的有 244 人，占比为 29.19%；认为"比较重要"的有 285 人，占比为 34.09%；认为"一般"的有 258 人，占比为 30.86%；认为"较不重要"的有 42 人，占比为 5.02%；认为"不重要"的有 7 人，占比为 0.84%。

对"科学普及"方面做出评价的人数为 836 人。其中，认为"非常重要"的有 385 人，占比为 46.05%；认为"比较重要"的有 333 人，占比为 39.83%；认为"一般"的有 105 人，占比为 12.56%；认为"较不重要"的有 12 人，占比为 1.44%；认为"不重要"的有 1 人，占比为 0.12%。

对"推动科技为民服务"方面做出评价的人数为 836 人。其中，认为"非常重要"的有 329 人，占比为 39.35%；认为"比较重要"的有 348 人，占比为 41.63%；认为"一般"的有 144 人，占比为 17.22%；认为"较不重要"的有 13 人，占比为 1.56%；认为"不重要"的有 2 人，占比为 0.24%。

对"人才培养与学风建设"方面做出评价的人数为 836 人。其中，认为"非常重要"的有 356 人，占比为 42.58%；认为"比较重要"的有 306 人，占比为 36.60%；认为"一般"的有 152 人，占比为 18.18%；认为"较不重要"的有 17 人，占比为 2.03%；认为"不重要"的有 5 人，占比为 0.60%，如图 6-75 所示。

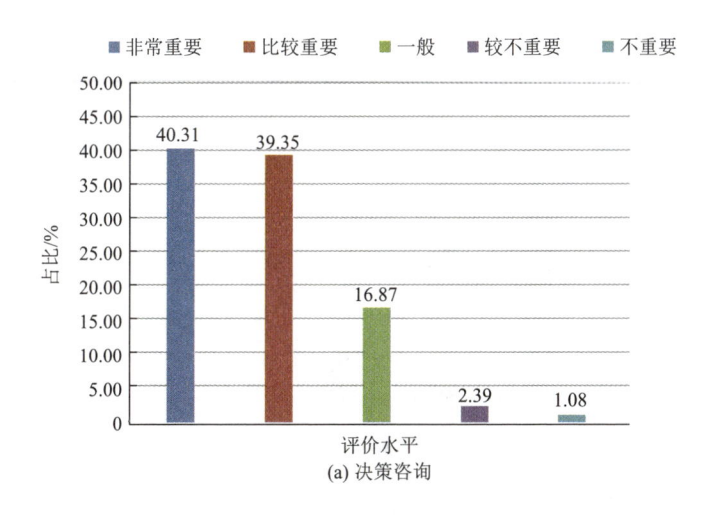

(a) 决策咨询

(b) 科技创新

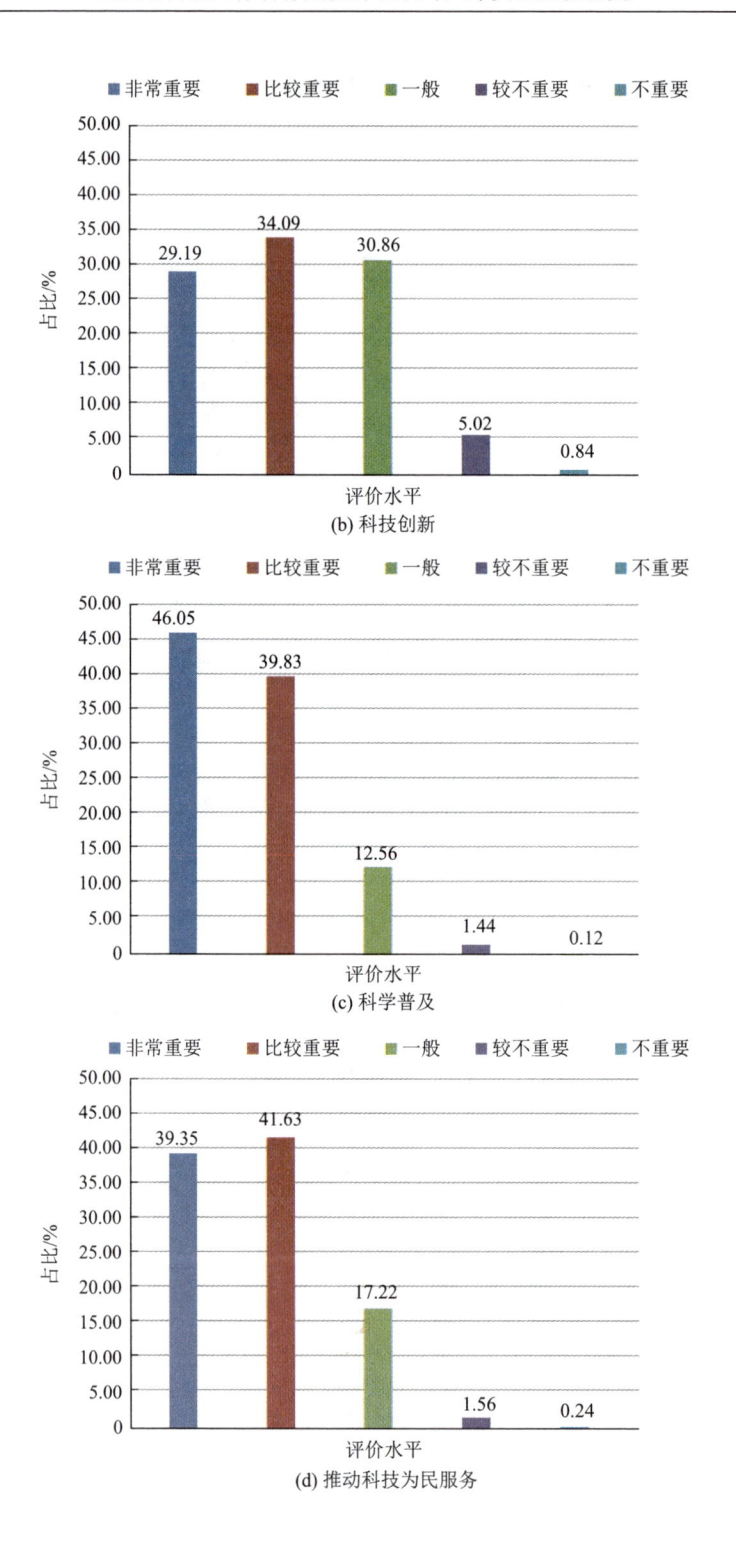

- 非常重要: 29.19
- 比较重要: 34.09
- 一般: 30.86
- 较不重要: 5.02
- 不重要: 0.84

(c) 科学普及

- 非常重要: 46.05
- 比较重要: 39.83
- 一般: 12.56
- 较不重要: 1.44
- 不重要: 0.12

(d) 推动科技为民服务

- 非常重要: 39.35
- 比较重要: 41.63
- 一般: 17.22
- 较不重要: 1.56
- 不重要: 0.24

(e) 人才培养与学风建设

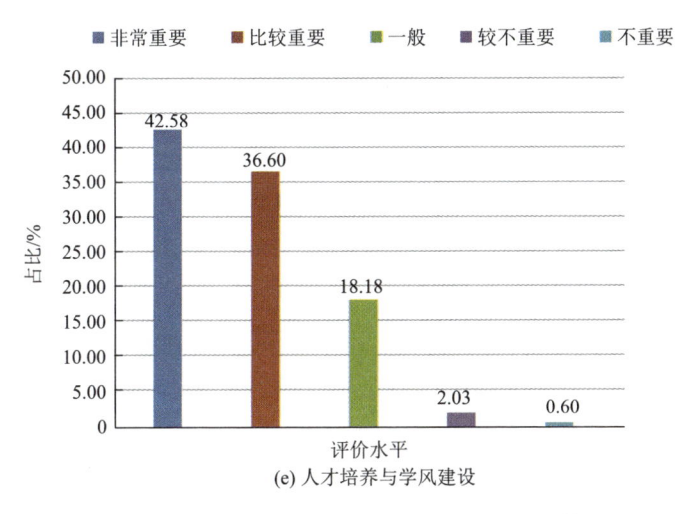

图 6-75　对老科技工作者退休后的作用的评价统计

（四）对老科协组织的了解程度、是否愿意加入老科协组织和期待获得的帮助等数据统计

1. 对老科协组织的了解程度统计

调查的老科技工作者中，本项目填答人数为 836 人。对老科协的情况"非常了解"的有 170 人，占比为 20.33%；"比较了解"的有 423 人，占比为 50.60%；"不太了解"的有 216 人，占比为 25.84%；"完全不了解"的有 27 人，占比为 3.23%，如图 6-76 所示。

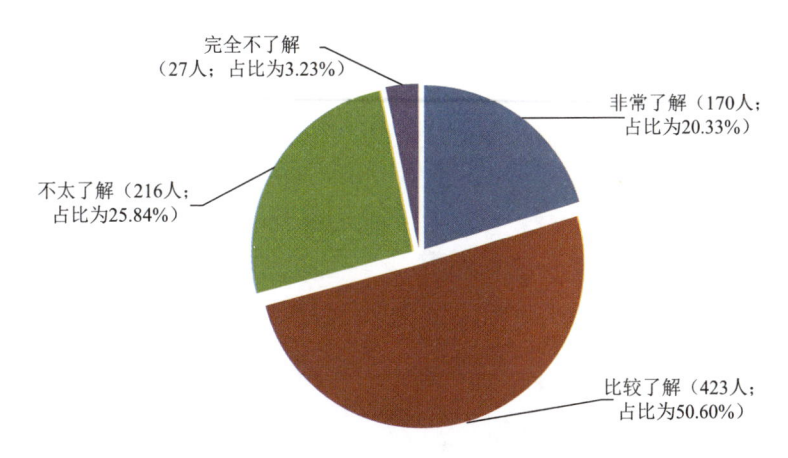

图 6-76　对老科协组织的了解程度

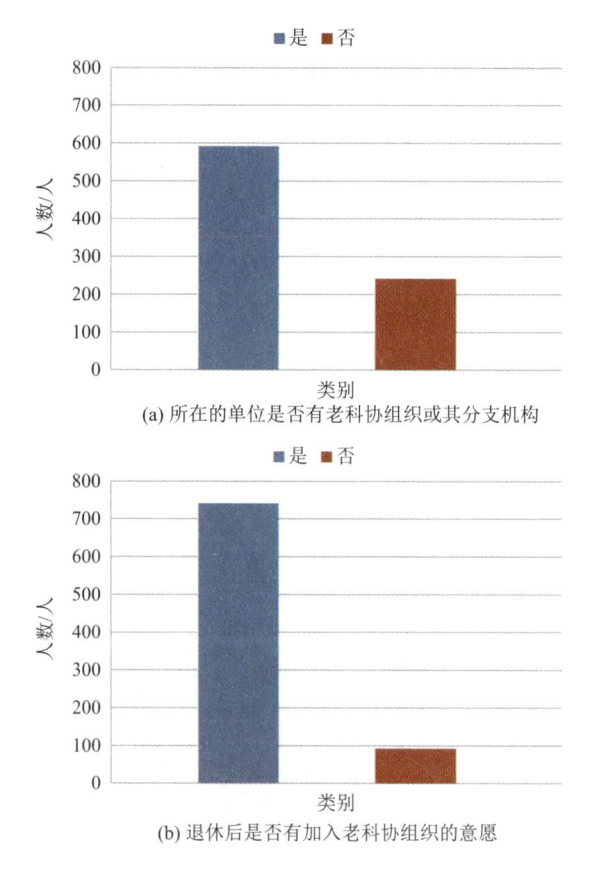

2. 所在的单位是否有老科协组织或其分支机构、是否有加入或提前接触了解老科协组织的意愿统计

被调查的老科技工作者中，回答"所在的单位是否有老科协组织或其分支机构"项目的人数为 836 人。其中，选择"是"的有 593 人，占比为 70.93%；选择"否"的有 243 人，占比为 29.07%。

回答"退休后是否有加入老科协组织的意愿"项目的人数为 836 人。其中，选择"是"的有 742 人，占比为 88.76%；选择"否"的有 94 人，占比为 11.24%。

回答"临近退休是否有提前接触了解老科协组织的意愿"项目的人数为 836 人。其中，选择"是"的有 701 人，占比为 83.85%；选择"否"的有 135 人，占比为 16.15%，如图 6-77 所示。

(a) 所在的单位是否有老科协组织或其分支机构

(b) 退休后是否有加入老科协组织的意愿

(c) 临近退休是否有提前接触了解老科协组织的意愿

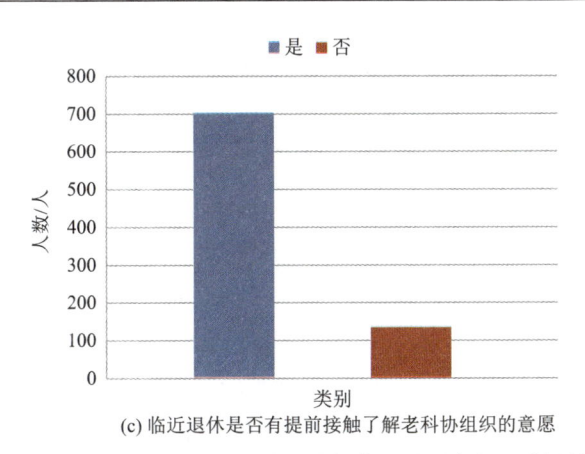

图 6-77　所在的单位是否有老科协组织或其分支机构、是否有加入或提前接触了解老科协组织的意愿统计

3. 退休前希望老科协组织提供的帮助和服务统计

被调查的老科协工作者中，本项目的填答人数为 836 人。退休前，希望得到"老科协入会引导"帮助的人最多，有 460 人，占比为 55.02%；居第二位的是"科普、培训等活动组织服务"，有 411 人，占比为 49.16%；居第三位的是"提供与专家交流的机会"，有 330 人，占比为 39.47%；居第四位的是"政策咨询服务"，有 300 人，占比为 35.89%；居第五位的是"进修学习服务"，有 240 人，占比为 28.71%；居第六位的是"退休手续办理服务"，有 147 人，占比为 17.58%；居第七位的是希望在退休前老科协组织提供"其他"方面的帮助和服务（如提供金融服务、财务服务等），有 21 人，占比为 2.51%，如图 6-78 所示。

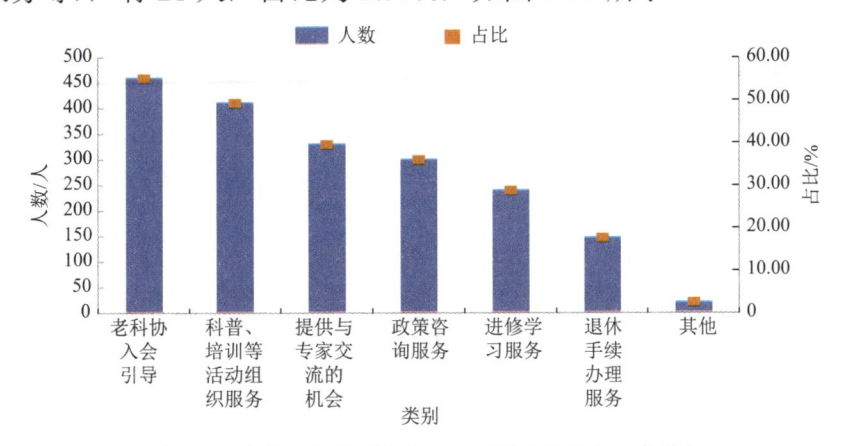

图 6-78　退休前希望老科协组织提供的帮助和服务统计

4. 退休后希望老科协组织将来会提供的帮助或服务统计

被调查的老科协工作者中，本项目的填答人数为 836 人。退休后，希望老科协"提供老科技工作者间的交流机会"的人最多，有 420 人，占比为 50.24%；居第二位的是"信息技术服务"和"提供与社会各界交流的机会"并列，均有 315 人，均占 37.68%；居第三位的是"政策咨询服务"，有 259 人，占比为 30.98%；居第四位的是"再工作推荐服务"，有 228 人，占比为 27.27%；居第五位的是"进修学习服务"，有 195 人，占比为 23.33%；居第六位的是"保障权益"，有 113 人，占比为 13.52%；居第七位的是"向政府反映意见"，有 93 人，占比为 11.12%；居第八位的是"解决生活困难"，有 63 人，占比为 7.54%；居第九位的是希望在退休后老科协组织在将来会提供"其他"方面的帮助或服务（如提高医疗待遇和提供退休经济保障、金融服务、财务服务等），有 16 人，占比为 1.91%，如图 6-79 所示。

图 6-79 退休后希望老科协组织将来会提供的帮助或服务统计

（五）结论

1. 大部分临近退休的老科技工作者仍具有继续创造价值、发挥作用的意愿和能力

本次调查的老科技工作者中，男女性别比例为 1.27∶1。年龄大多不超过 70 周岁（占比为 99.64%），在自愿的前提下，他们仍有充足的时间为社会做出更多贡献。另有 0.24%的被调查者的年龄虽然已经超过了 75 周岁，但是他们仍思维清晰地完成了问卷的填写，这表明我国有数量可观的高龄人才具有创造更大价值的潜力。这些被调查者中，大部分老科技工作者（78.47%）距离退休时间不足 5 年，他们身体健康、思维敏捷。被调查的老科技工作者中，大部分人是中共党员（62.32%），71.41%的人具有大学本科及以上的学历。较高的思想觉悟和深厚的教育背景使老龄科技工作者更有意愿和能力继续创造价值、发挥作用。

2. 超过五成的老科技工作者是其所在专业领域的优秀人才

本次调查的老科技工作者来自辽宁、重庆、山东、四川、江苏、陕西、北京、山西、广东、河北、湖北、福建、上海、浙江、新疆、天津、云南和江西等 18 个省份。其中辽宁（12.32%）、重庆（11.60%）和山东（10.89%）占比最高。被调查者的工作单位大部分属于事业单位或者国有（或国有控股）单位（85.16%）。他们退休前的职业身份主要是工程师/工程技术人员（24.28%）、党委/行政管理干部（19.62%）、大学教师（10.65%）以及科学家/科学研究人员（10.17%）等。此外，接近半数（47.60%）的被调查者退休前担任科级及以上的行政职务，他们不仅拥有高水平的专业能力，还具有丰富的管理经验。大部分被调查者（55.02%）拥有副高级或正高级专业技术职称，说明了他们都是各自专业领域内的优秀人才。尤其是其中 2.15%和 1.44%的被调查者分别被评为国家级和省级人才称号，他们的专业成就受到社会的高度认可，更是推动社会进步、创造更大社会价值的宝贵人才资源。

3. 绝大部分老科技工作者继续发挥作用的意愿较强烈

被调查的老科技工作者中，绝大部分人（97.13%）不反对在退休后继续发挥作用，而且过半数的人（52.15%）非常愿意继续发挥作用，这说明我国有相当一部分即将退休的老科技工作者有意愿在退休后重返工作岗位继续为社会创造价值，这也说明开发老科技工作者资源是顺应当事人意愿的做法。被调查的老科技工作者大部分希望在科学普及（46.41%）、科技咨询（36.00%）、人才培养（34.21%）或技术推广（30.86%）领域继续发挥作用、为社会做贡献，说明老科技工作者普遍希望将自己的知识、技能和经验传递给更多的人，为社会培养更多的人才。此外，就个人愿望而言，希望在参与建言献策方面继续发挥作用的人数最多（45.93%），除此之外，为企业提供咨询服务（37.08%）也是老科技工作者希望发挥作用的主要方面。最后，绝大部分被调查者希望通过老科协及其他社团组织（67.46%）、原单位返聘（37.20%）、社区组织（35.29%）和个人自发组织（19.50%）等渠道继续发挥作用，有关部门可以通过上述途径为有工作意愿的老科技工作者提供便利。

4. 部分老科技工作者对其退休后在不同方面发挥作用的评价较为积极

根据调查结果，被调查的老科技工作者认为自己可以在多个方面继续发挥重要作用，分别为决策咨询（40.31%）、科学普及（46.05%）、人才培养与学风建设（42.58%）。此外很多老科技工作者认为，自己在科技创新和推动科技为民服务方面的作用比较重要，分别占34.09%和41.63%。这说明大部分老科技工作者对自己能在哪些方面继续发挥作用比较明确，而且自我评价比较积极乐观。

5. 老科技工作者继续发挥作用的资源、平台和渠道建设亟待加强

在本次调查中，有一半多的老科技工作者（59.09%）退休后希望获得鼓励老科技工作者发挥作用的相关法规政策支持，还有36.84%的人希望有专门的管理机构或者协会为他们提供服务。除此之外，老科技工作者比较希望获得的支持还包括给予一定的劳动报酬或奖励（36.72%）、专门的科普/交流等活动经费（27.87%）等。此外，被调查的老科技工作者对退休后继续发挥作用的主要顾虑集中在缺乏经费支持（38.04%）、缺乏渠道或组织平台（33.01%）等客观方面，以及没有时间精力（27.63%）、个人能力不足（26.08%）等主观方面。

6. 大部分老科技工作者了解老科协组织且有意愿进一步了解和加入老科协组织

根据对老科协组织了解程度的统计结果，50.60%的老科技工作者对老科协组织比较了解，25.84%的人不太了解，仅有3.23%的人完全不了解，这说明大部分老科技工作者对老科协组织还是有一定的了解的。此外调查结果显示，大部分调查者所在单位有老科协组织或其分支机构（70.93%），有83.85%的人有提前接触老科协组织的意愿，另外，有88.76%的人有在退休后加入老科协组织的意愿。这说明老科协组织的各方面工作都得到了老科技工作者的认可，在业界有一定影响力，因此大多数的老科技工作者都知道老科协组织并有意愿加入这一组织。

7. 需进一步推进老科协组织的各项管理服务工作

根据调查结果，在退休前，绝大部分老科技工作者希望老科协组织提供入会引导（55.02%）和科普、培训（49.16%）等方面的服务，以及提供与专家交流的机会（39.47%）。在退休后，则有50.24%的被调查者表示希望老科协组织在将来能够提供老科技工作者间的交流机会，也有很多人希望老科协组织在将来提供信息技术服务和提供与社会各界交流的机会（均占37.68%）。总之，老科协组织可以顺应广大老科技工作者的意愿，在以上这些方面更好地为老科技工作者服务。

四、已退休和临近退休科技工作者的异同分析

此次调查问卷实际回收全国老科技工作者的问卷3233份，实际回收全国临近退休科技工作者问卷836份。下面主要是对已退休和临近退休科技工作者在继续发挥作用意愿、对老科协组织了解程度、退休后希望发挥作用的组织渠道、希望发挥作用的领域、为更好地发挥作用希望获得的支持、影响自己继续发挥作用的主要因素以及退休后希望老科协组织提供的服务或帮助等方面存在的异同进行分析。

（一）退休后是否愿意继续发挥作用的方差分析

结果显示，$p=0.283>0.05$，说明已退休科技工作者和临近退休科技工作者在是否愿意继续发挥作用方面不存在显著差异（表6-5）。

表6-5 是否退休与继续发挥作用意愿方差分析表

类别	变差	df	S^2	F	P
组间	0.66	1	0.66	1.151	0.283
组内	2331.54	4067	0.573		
合计	2332.20	4068			

（二）对老科协组织了解程度的方差分析

结果显示，$p=0.003<0.05$，说明已退休科技工作者和临近退休科技工作者对于老科协组织的了解存在显著差异。已退休科技工作者对老科协组织的了解程度均值为2.05；临近退休科技工作者对老科协组织的了解程度均值为2.12。这说明临近退休科技工作者对老科协组织的了解程度更好一些（表6-6）。

表6-6 对老科协组织的了解程度方差分析表

类别	变差	df	S^2	F	P
组间	3.652	1	3.65	8.77	0.003
组内	1694.35	4067	0.42		
合计	1698.002	4068			

（三）退休后希望发挥作用的组织渠道异同分析

对于退休后希望发挥作用的组织渠道选择上，已退休的老科技工作者中，绝大部分人（82.43%）希望通过"个人自发组织"继续发挥作用；32.63%的已退休老科技工作者希望通过"老科协及其他社团组织"继续发挥作用；26.20%的已退休老科技工作者希望通过"原单位返聘"的方式来继续发挥作用。而对于临近退休的老科技工作者而言，超过六成的人（67.46%）希望通过"老科协及其他社团组织"继续发挥作用；37.20%的人希望通过"原单位返聘"渠道发挥作用；35.29%的临近退休老科技工作者希望通过"社区组织"渠道继续发挥作用。这反映出已退休的老科技工作者更倾向于通过个人途径寻找工作岗位。

（四）退休后希望发挥作用方面异同分析

退休后希望在哪些方面发挥作用的选择上，超过一半（55.30%）的已退休的老科技工作者希望通过"参与建言献策"方式继续发挥作用；32.85%的已退休老科技工作者希望通过"为企业提供咨询服务"的方式来继续发挥作用；25.67%的已退休老科技工作者希望通过"为党政部门等提供咨询服务"的方式继续发挥作用。而对于临近退休的老科技工作者来说，45.93%的人首选也是通过"参与建言献策"的方式继续发挥作用；37.08%的临近退休老科技工作者选择通过"为企业提供咨询服务"的方式继续发挥作用；25.60%的临近退休老科技工作者选择通过"教育培训"的方式继续发挥作用。由此我们可以看出，无论是否退休，老科技工作者选择继续发挥作用的方式还是比较一致的。

（五）为了更好地发挥作用希望获得的支持异同分析

为了更好地发挥作用希望获得的支持选择中，68.23%的已退休的老科技工作者首选"鼓励老科技工作者发挥作用的相关法规政策"；37.89%的已退休老科技工作者希望获得"专门的管理机构或者协会"的支持；37.24%的已退休老科技工作者希望获得"给予一定的劳动报酬或者奖励"的支持。对于临近退休的老科技工作者，超过半数（59.09%）的人同样首选"鼓励老科技工作者发挥作用的相关法规政策"；36.84%的人希望获得"专门的管理机构或者协会"的支持；36.72%的人希望获得"给予一定的劳动报酬或者奖励"的支持。所以，在该题项上，无论是否退休，老科技工作者为了更好地发挥作用希望获得的支持是相同的。

（六）影响自己继续发挥作用的主要因素异同分析

在影响自己继续发挥作用因素的选择上，33.56%的已退休的老科技工作者认为"缺乏经费支持"是主要原因；26.35%的已退休的老科技工作者认为是"缺乏渠道或组织平台"；24.47%的已退休的老科技工作者认为是由于"没有时间精力"从而影响自己继续发挥作用。临近退休老科技工作者，认为主要影响自己发挥作用的三个因素分别也是"缺乏经费支持"（38.04%）、"缺乏渠道或组织平台"（33.01%）以及"没有时间精力"（27.63%）。所以，该题项上二者认为影响自己继续发挥作用的因素是一致的。

（七）退休后希望老科协组织提供的服务或帮助异同分析

在老科技工作者希望获得的老科协组织的服务或帮助方面，已退休的老科技工作者超过半数（53.51%）希望获得"提供老科技人员交流的机会"的服务或帮助；43.52%的已退休的老科技工作者希望获得"信息技术服务"；34.21%的人希望获得"提供与社会各界交流的机会"。临近退休老科技工作者选择也差不多，首位也是希望"提供老科技工作者间的交流机会"，同样也超过了半数（50.24%）；并列第二位的是老科协组织提供"信息技术服务"和"提供与社会各界交流的机会"，均为37.68%。所以，这个题项中，已退休和临近退休老科技工作者的需求也是一样的。

综上可见，已退休的老科技工作者和临近退休的老科技工作者除了在"对老科协组织的认识程度"以及"退休后希望发挥作用的组织渠道"方面的认知上存在差异外，其他相同题项的认识趋于一致。

参 考 文 献

贝克尔. 2016. 人力资本[M]. 陈耿宣, 等译. 北京: 机械工业出版社.
蔡昉. 2020. 如何开启第二次人口红利? [J]. 国际经济评论, (2): 9-24, 4.
陈彦斌, 林晨, 陈小亮. 2019. 人工智能、老龄化与经济增长[J]. 经济研究, 54 (7): 47-63.
程馨. 2008. 中国人口老龄化背景下的老年人力资源开发研究[D]. 青岛大学博士学位论文.
第二次江苏省科技工作者状况调查课题组. 2019. 第二次江苏省科技工作者状况调查报告（2019）[R]. 北京: 中国科学技术出版社.
豆建春. 2019. 老龄化对创新的影响——效应、机制及其对中国的启示[J]. 人口与经济, (5): 78-93.
封婷. 2019. 日本老龄政策新进展及其对中国的启示[J]. 人口与经济, (4): 79-93.
格扎维埃·范登·布朗德. 周愚. 2007. 欧洲老龄化问题对策述评——迈向积极的老年人口就业政策[J]. 经济社会体制比较, (1): 130-133.
辜胜阻, 吴华君, 吴沁沁, 等. 2018. 创新驱动与核心技术突破是高质量发展的基石[J]. 中国软科学, (10): 9-18.
韩利红. 2014. 对离退休专业技术人员再使用问题的思考[J]. 河北学刊, 34 (2): 162-164.
韩振秋. 2019. 试论科技在应对社会老龄化问题中的作用[J]. 自然辩证法研究, 35 (9): 55-60.
郝福庆, 王谈凌, 鲍文涵. 2019. 积极应对人口老龄化的战略思考和政策取向[J]. 宏观经济管理, (2): 43-47, 61.
郝金磊, 姜诗尧. 2016. 健康人力资本、科技创新效率与经济增长[J]. 西安电子科技大学学报（社会科学版）, 26 (1): 52-58.
何冬梅, 刘鹏. 2020. 人口老龄化、制造业转型升级与经济高质量发展——基于中介效应模型[J]. 经济与管理研究, 41 (1): 3-20.
华晓晨. 1994. 日本老年人才开发机构——银色人才中心[J]. 中国人才, (12): 39-40.
江维. 2013. 北京市老年人再就业意愿影响因素分析[J]. 山西农业大学学报（社会科学版）, 12 (1): 104-108.
蒋同明. 2019. 人口老龄化对中国劳动力市场的影响及应对举措[J]. 宏观经济研究, (12): 148-159.
焦婷. 2018. 我国老年人力资源开发研究二十年综论——基于CNKI文献分析视角[J]. 老龄科学研究, 6 (10): 62-67.
金碚. 2018. 关于"高质量发展"的经济学研究[J]. 中国工业经济, (4): 5-18.
金光照, 陶涛, 刘安琪. 2020. 人口老龄化与劳动力老化背景下中国老年人力资本存量与开发现状[J]. 人口与发展, 26（4）：60-71.

李建伟, 钱诚. 2020-10-15. 未来十年我国劳动力供求趋势分析[N]. 经济日报.

李竞博, 高瑗. 2020. 我国人口老龄化对劳动生产率的影响机制研究[J]. 南开经济研究, （3）：61-80.

李连友, 李磊. 2020. 构建积极老龄化政策体系释放中国老年人口红利[J]. 中国行政管理, （8）：21-25.

廖煜娟. 2013. 老年人就业意愿与就业行为研究[J]. 贵州大学学报（社会科学版）, 31（1）：122-126.

林昆仑, 周晓光. 2020. 需求视角下科技社团精准服务基层科技工作者的路径研究——以中国林学会为例[J]. 学会, （9）：34-40.

刘畅. 2020-11-03. 中共中央关于制定国民经济和社会发展第十四个五年规划和二〇三五年远景目标的建议[EB/OL]. http://www.gov.cn/zhengce/2020-11/03/content_5556991.htm.

刘清芝. 2009. 美国、日本、韩国应对人口老龄化的经验及其启示[J]. 西北人口, 30（4）：73-75.

陆杰华, 郭冉. 2019. 病态状态压缩还是病态状态扩展？——1998-2014年老年人健康指标长期变化趋势探究[J]. 人口与发展, 25（6）：76-86.

陆林, 兰竹虹. 2015. 我国城市老年人就业意愿的影响因素分析——基于2010年中国城乡老年人口状况追踪调查数据[J]. 西北人口, 36（4）：90-95.

钱鑫, 姜向群. 2006. 中国城市老年人就业意愿影响因素分析[J]. 人口学刊, （5）：24-29.

山东省人大常委会. 2020-03-26. 山东省人才发展促进条例[EB/OL]. http://www.dtdjzx.gov.cn/staticPage/zcfg/sdzcwj/20200403/2685111.html

随淑敏, 何增华. 2020. 人口老龄化对企业创新的影响——基于人口普查数据与微观工业企业数据的实证分析[J]. 人口研究, 44（6）：63-78.

孙鼎国. 1998. 人的本质及人的价值[J]. 文史哲, （4）：37-42.

田立法, 沈红丽, 赵美涵, 等. 2014. 城市老年人再就业意愿影响因素调查研究：以天津为例[J]. 中国经济问题, （5）：30-38.

汪伟, 姜振茂. 2016. 人口老龄化对技术进步的影响研究综述[J]. 中国人口科学, （3）：114-125.

汪伟, 刘玉飞, 彭冬冬. 2015. 人口老龄化的产业结构升级效应研究[J]. 中国工业经济, （11）：47-61.

王颖, 邓博文, 王建民. 2016. 第二次人口红利：概念、产生机制及研究展望[J]. 经济与管理研究, 37（2）：12-20.

徐兴文. 2019. 东亚人口老龄化危机下老年社会福利制度的挑战与展望——以中国、日本和韩国为例[J]. 贵州师范大学学报（社会科学版）, （1）：15-23.

严晓萍. 2019. 新形势下积极应对老龄社会发展中问题[J]. 社会科学论坛, （6）：224-233.

杨成钢, 孙晓海. 2020. 老年人口影子红利与中国经济增长[J]. 人口学刊, 42（4）：30-41.

杨舸. 2021. 我国"十四五"时期的人口变动及重大"转变"[J]. 北京工业大学学报（社会科学

版），21（1）：17-29.
杨亚柳，侯瑞. 2019. 高质量发展下"创新困境"的机制优化研究[J]. 科学管理研究，37（5）：23-28.
杨宜勇，关博. 2017. 老龄化背景下社会保障的"防风险"和"补短板"——国际经验和中国改革路径[J]. 经济与管理研究，38（6）：44-53.
姚东旻，宁静，韦诗言. 2017. 老龄化如何影响科技创新[J]. 世界经济，40（4）：105-128.
詹婧，赵越. 2018. 身体健康状况、社区社会资本与单位制社区老年人主观幸福感[J]. 人口与经济，（3）：67-80.
张豪，张向前. 2016. 日本适应驱动创新科技人才发展机制分析[J]. 现代日本经济，（1）：76-85.
张士斌，刘秀秀. 2019. 老龄化社会的经济增长、二次红利与高龄人力资本投资体系变革[J]. 改革，（12）：124-132.
张翼，李江英. 2000. "强关系网"与退休老年人口的再就业[J]. 中国人口科学，（2）：34-40.
赵延东，石长慧，徐莹莹，等. 2020. 科技工作者职业倦怠的变化趋势及其组织环境影响因素分析[J]. 科学与社会，10（1）：62-75.
郑猛，陈明明. 2018. 人口老龄化、资源依赖与科技创新——基于2006—2015年中国省级面板数据的实证研究[J]. 宏观质量研究，6（3）：90-104.
中国科协调研宣传部，中国科协创新战略研究院. 2020. 中国科技人力资源发展研究报告（2018）——科技人力资源的总量、结构与科研人员流动[M]. 北京：清华大学出版社.
中国科协调研宣传部，中国科协发展研究中心. 2014. 第三次全国科技工作者状况调查报告[R]. 北京：中国科技出版社.
钟仁耀，马昂. 2016. 弹性退休年龄的国际经验及其启示[J]. 社会科学，（7）：64-74.
朱宇，刘爽. 2019. 中国城市高知老年人养老特点分析——兼论对第二次人口红利的启示[J]. 重庆社会科学，（9）：26-37.
朱正昌，张体勤. 2019-12-19. 发挥老科技工作者的智慧[EB/OL]. https://news.gmw.cn/2019-12/19/content_33412626.htm.
祝玉琴，赵丹红. 2001. 老年科技人才二次开发问题研究[J]. 科技进步与对策，（4）：106-107.

附录 A　全国老科技工作者状况调查问卷

尊敬的老科技工作者：

您好！非常感谢您抽出宝贵时间填写这份调查问卷（以下简称"问卷"）。本问卷是中国科协战略研究院立项课题"全国老科技工作者作用发挥现状与人才资源开发研究"调研工作的一部分，旨在全面了解老科技工作者基本情况和作用发挥情况，探究老科技工作者人才资源开发的价值意义、存在的问题与障碍，为构建和完善老科技工作者人才资源开发的价值体系、组织体系、服务体系等提供基础和依据。

问卷采取不记名方式填答，所获信息仅用于整体统计性研究和对策研究，不会用于其他目的，我们将保证对您填写的各项信息保密。填写本问卷大约需要 20 分钟的时间，请点选答案前的选框（书面填写请将答案选项填写在下划线上）或在预留位置输入相关信息。请根据您的具体情况据实填写，勿有遗漏，并期望您积极为我们提出意见和建议！在此，课题组谨对您的真诚参与和积极支持表示衷心地感谢！

为帮助您顺利准确地填写问卷，请您阅读以下关于问卷中部分选项或术语的解释：

（1）政治面貌中的"无党派人士"是指在我国政治协商制度中，没有参加任何党派、对社会有积极贡献和一定影响的人士。

（2）"再工作"指在退休后，老科技工作者通过一定方式从事稳定的工作活动，继续为社会做贡献。

（3）问卷末"您所在单位的名称"是指参与本次调查的组织单位，请按一级单位名称填写，如"XX 大学""XX 医院""XX 科学院""XX 公司"等。

如果对本次调查有何异议，您可以随时联系我们。联系人：赵景雪　房茂涛　邮箱：sdslkx@sdslkx.net。

"全国老科技工作者作用发挥现状与人才资源开发研究"课题组

2020 年 6 月

一、基本信息

1. 您的性别：_____

A. 男

B. 女

2. 您当前的年龄是：_____周岁

您是否已办理了正式的退休手续：_____

A. 是

B. 否

若已办理退休手续，您退休的时间是：_____年

3. 您的政治面貌是：_____

A. 群众

B. 中共党员

C. 民主党派

D. 无党派人士

4. 您的最高学历是：_____

A. 博士研究生

B. 硕士研究生

C. 大学本科

D. 大专

E. 高中/中专

F. 其他（请注明）：_____

5. 您退休前所在的省份是：_____

6. 您退休前所在的单位性质属于：_____

A. 事业单位

B. 国有（或国有控股）企业

C. 集体企业

D. 私企/民营企业

E. 外资企业

F. 社会团体

G. 党政部门

H. 其他（请注明）：_____

7. 您退休前的职业身份是：_____

A. 科学家/科学研究人员

B. 工程师/工程技术人员

C. 大学教师

D. 中专/技校教师

E. 中学教师

F. 医生/医务工作者

G. 技术推广人员

H. 科普工作者

I. 科研/教学辅助人员

J. 党委、行政管理干部

K. 其他（请注明）：_____

8. 您退休前的行政级别是：_____

A. 无

B. 科级

C. 处级

D. 厅局级

E. 省部级

F. 其他（请注明）：_____

9. 您的专业技术职称是：_____

A. 无职称

B. 初级

C. 中级

D. 副高级

E. 正高级

10. 您是否被评为特定层次的人才称号：_____

A. 是

B. 否

若是，请选择您被评为的人才称号类型，具体内容如下：

（1）国家级人才（多选题）：_____

A. 中国科学院院士、中国工程院院士

B. "长江学者"

C. "万人计划"入选者

D. "百千万人才工程"国家级人选

E. 全国杰出专业技术人才

F. 国家有突出贡献的中青年专家

G. 享受国务院政府特殊津贴专家

H. 全国技术能手

I. 其他（请注明）：_____

（2）省级人才（请注明）：_____

二、作用发挥情况

11. 退休后，您是否愿意继续发挥作用、为社会做贡献：_____

A. 非常愿意

B. 比较愿意

C. 一般

D. 不太愿意

E. 不愿意

12. 退休后，您希望通过哪种渠道发挥作用（可多选，最多选三项）：_____

A. 个人自发组织

B. 老科协及其他社团组织

C. 社区组织

D. 原单位返聘

E. 人才市场或中介组织

F. 民办非企业单位

G. 其他（请注明）：_____

13. 就个人愿望而言，您希望通过哪些方式继续发挥您的作用（可多选，最多选五项）：_____

A. 参与建言献策

B. 为党政部门等提供科技咨询服务

C. 为企业提供咨询服务

D. 为科研机构等提供咨询服务

E. 教学或科学研究工作

F. 新产品、新技术等研发工作

G. 为科普场馆提供服务

H. 举办科普讲座或培训

I. 就科技问题接受大众媒体采访

J. 编著出版科普读物

K. 科技下乡

L. 技术推广

M. 医疗义诊服务

N. 兴办实体企业

O. 教育培训

P. 其他（请注明）：_____

14. 若退休后再工作，您希望选择的工作单位性质是：_____

A. 事业单位

B. 国有（或国有控股）企业

C. 集体企业

D. 私企/民营企业

E. 外资企业

F. 港澳台资企业

G. 社会团体

H. 党政部门

I. 其他（请注明）：_____

15. 若退休后再工作，您希望的工作时间安排是：_____

A. 全职

B. 非全职（固定时间）

C. 根据工作需要灵活安排

D. 其他（请注明）：_____

16. 您当前的工作状况是（可多选）：_____

A. 退休赋闲

B. 退休且被原单位返聘

C. 退休后受聘于其他单位

D. 在职未退休

E. 人大代表或政协委员

F. 自主创业

G. 其他工作状态（请注明）：_____

17. 若您退休后仍在工作，您工作所在的省份是：_____
工作的单位性质属于：

A. 事业单位

B. 国有（或国有控股）企业

C. 集体企业

D. 私企/民营企业

E. 外资企业

F. 港澳台资企业

G. 社会团体

H. 党政部门

I. 其他（请注明）：_____

18. 若您退休后仍在工作，您目前的职业身份是：_____

A. 科学家/科学研究人员

B. 工程师/工程技术人员

C. 大学教师

D. 中专/技校教师

E. 中学教师

F. 医生/医务工作者

G. 技术推广人员

H. 科普工作者

I. 科研/教学辅助人员

J. 党委、行政管理干部

K. 其他（请注明）：_____

19. 若退休后仍在工作，您是否愿意尽可能地保持当前的工作状态：_____

A. 非常愿意

B. 比较愿意

C. 一般

D. 不太愿意

E. 不愿意

20. 退休后，您近两年主要通过以下哪些方式继续发挥了您的作用（可多选，最多选五项）：_____

A. 参与建言献策

B. 为政府部门等提供科技咨询服务

C. 为企业提供咨询服务

D. 为科研单位等提供咨询等服务

E. 教学或科学研究工作

F. 新产品、新技术等研发工作

G. 为科普场馆提供服务

H. 举办科普讲座或培训

I. 就科技问题接受大众媒体采访

J. 编著出版科普读物

K. 科技下乡

L. 技术推广

M. 医疗义诊服务

N. 兴办实体企业

O. 教育培训

P. 其他（请注明）：新技术：_____

21. 为了更好地发挥老年科技工作者的作用，您希望获得的支持有（可多选，最多选三项）：_____

A. 鼓励老科技工作者发挥作用的相关法规政策

B. 专门的管理机构或者协会

C. 及时提供准确的用人需求信息

D. 给予一定的劳动报酬或者奖励

E. 专门的科普、交流等活动经费

F. 能够申请使用科研基金、平台等政府提供的公共科研资源

G. 工作场所和硬件设施

H. 成果转化平台

I. 建言献策渠道

J. 职称评定渠道

K. 其他（请注明）：_____

22. 您觉得影响自己继续发挥作用的主要问题有哪些（可多选，最多选三项）：_____

A. 本人没有意愿

B. 没有时间精力

C. 个人能力不足

D. 家庭不支持

E. 社会不认同

F. 缺乏经费支持

G. 缺乏渠道或组织平台

H. 缺乏用人信息

I. 缺乏激励机制

J. 缺乏支持性法规政策

K. 再工作的保障制度不完善

L. 其他（请注明）：_____

三、综合评价

23. 您对自身的知识能力水平如何评价：_____

A. 非常高

B. 比较高

C. 一般

D. 比较低

E. 非常低

24. 您对自身的工作经验如何评价：_____

A. 非常丰富

B. 比较丰富

C. 一般

D. 不太丰富

E. 缺乏

25. 您对自身的人脉资源如何评价：_____

A. 非常丰富

B. 比较丰富

C. 一般

D. 不太丰富

E. 缺乏

26. 您对在专业领域的个人威望如何评价：_____

A. 非常高

B. 比较高

C. 一般

D. 比较低

E. 非常低

27. 您对当前的身体健康状况如何评价：_____

A. 非常健康

B. 比较健康

C. 一般

D. 不太健康

E. 很不健康

28. 若您仍在工作，您对现在的工作状况是否满意：_____

A. 非常满意

B. 比较满意

C. 一般

D. 不太满意

E. 很不满意

29. 您是否愿意继续学习：_____

A. 非常愿意

B. 比较愿意

C. 一般

D. 不太愿意

E. 不愿意

30. 你当前是否获得了足够的学习机会：_____

A. 完全足够

B. 比较足够

C. 一般

D. 不太够

E. 很不够

31. 您希望得到何种学习支持（多选，最多选三项）：_____

A. 老年大学或者其他稳定教学点

B. 书籍、视频等学习资料

C. 定期举办专题讲座和培训

D. 公共的网络学习平台

E. 组织参观学习

F. 学术讲座

G. 其他（请注明）：_____

32. 请您对当前老科技工作者的人才环境状况进行评价

（1）支持老科技工作者再工作的相关政策：_____

A. 非常好

B. 比较好

C. 一般

D. 比较差

E. 非常差

（2）老科技工作者异地养老及异地医疗等政策：_____

A. 非常好

B. 比较好

C. 一般

D. 比较差

E. 非常差

（3）老科技工作者个人成果转化与收益保障等政策：_____

A. 非常好

B. 比较好

C. 一般

D. 比较差

E. 非常差

（4）尊重老龄人才的人文观念：_____

A. 非常好

B. 比较好

C. 一般

D. 比较差

E. 非常差

（5）老科技工作者人才市场建设与发展情况：_____

A. 非常好

B. 比较好

C. 一般

D. 比较差

E. 非常差

（6）老科技工作者人才中介服务机构发展水平：_____

A. 非常好

B. 比较好

C. 一般

D. 比较差

E. 非常差

（7）人才主管部门为老科技工作者提供公共服务情况：_____

A. 非常好

B. 比较好

C. 一般

D. 比较差

E. 非常差

（8）再工作单位人才平台载体建设情况：_____

A. 非常好

B. 比较好

C. 一般

D. 比较差

E. 非常差

（9）再工作单位人才绩效评价与报酬等管理制度：_____

A. 非常好

B. 比较好

C. 一般

D. 比较差

E. 非常差

（10）再工作单位尊重人才的氛围与制度：_____

A. 非常好

B. 比较好

C. 一般

D. 比较差

E. 非常差

其他不满意的人才环境要素（请注明）：_____

33. 您对老科协组织的了解程度如何：_____

A. 非常了解

B. 比较了解

C. 不太了解

D. 完全不了解

34. 您希望老科协组织为您提供哪些方面的帮助或服务（可多选，最多选三项）：_____

A. 信息技术服务

B. 政策咨询服务

C. 返聘服务

D. 进修学习服务

E. 解决生活困难

F. 提供老科技工作者间的交流机会

G. 提供与社会各界交流的机会

H. 向党委和政府反映意见

I. 保障权益

J. 其他（请注明）：_____

35. 您对于老科技工作者的作用与价值、如何发挥老科技工作者的作用等问题，还有没有其他想法，请描述：

_____
_____
_____

36. 您所在单位的名称是：_____

您的联系电话是：_____

附录 B 全国老科协组织状况调查问卷

尊敬的老科协领导：

您好！非常感谢您抽出宝贵时间填写这份调查问卷（以下简称"问卷"）。本问卷是中国科协战略研究院立项课题"全国老科技工作者作用发挥现状与人才资源开发研究"调研工作的一部分，旨在全面了解各地老科协组织建设情况和为发挥老科技工作者作用开展工作的情况，探究老科技工作者人才资源开发的价值意义、存在的问题与障碍，为构建和完善老科技工作者人才资源开发的价值体系、组织体系、服务体系等提供基础和依据。

问卷原则上由本级老科协秘书长填写，采取不记名方式填答，所获信息仅用于整体统计性研究和对策研究，不会用于其他目的，我们将保证对您填写的各项信息保密。填写本问卷大约需要 20 分钟的时间，请点选答案前的选框（书面填写请将答案选项填写在下划线上）或在预留位置输入相关信息。请根据您的具体情况据实填写，勿有遗漏，并期望您积极为我们提出意见和建议！在此，课题组谨对您的真诚参与和积极支持表示衷心地感谢！

为帮助您顺利准确地填写问卷，请您阅读以下关于问卷中部分选项或术语的解释：

（1）政治面貌中的"无党派人士"是指在我国政治协商制度中，没有参加任何党派、对社会有积极贡献和一定影响的人士。

（2）工作人员"兼职"指该工作人员的工作关系或编制在其他工作单位，同时又在本级老科协任职。

（3）题目 6 中"老科技工作者所具有的作用或价值"，指基于了解和研判，对老科技工作者在决策咨询、科技创新、科学普及、推动科技为民服务、人才培养与学风建设等方面的作用或价值分别给予评价。

（4）问卷末"您所在的老科协组织"是指您当前任职的老科技工作

者协会，如"XX省老科技工作者协会""XX市老科技工作者协会""XX县老科技工作者协会"等。

如果对本次调查有何问题，您可以随时联系我们。联系人：赵景雪、房茂涛　邮箱：sdslkx@sdslkx.net。

"全国老科技工作者作用发挥现状与人才资源开发研究"课题组

2020年6月

1. 您所在的省份是：＿＿＿＿＿＿

您所在的老科协组织属于：＿＿＿＿＿＿

A. 省级老科协组织

B. 市级老科协组织

C. 县级老科协组织

2. 您所在的老科协组织工作人员数量有＿＿＿＿＿＿人，其中专职人员＿＿＿＿＿＿人，兼职人员＿＿＿＿＿＿人。

3. 您所在的老科协组织班子成员中，会长是＿＿＿＿＿＿（专职/兼职）；副会长专职＿＿＿＿＿＿人，兼职＿＿＿＿＿＿人；秘书长是＿＿＿＿＿＿（专职/兼职）。

4.请对本级老科协的经费、场所、设施、人员等"四有"保障情况进行评价

（1）经费：＿＿＿＿＿＿

A. 充足

B. 较充足

C. 一般

D. 较少

E. 缺乏

（2）场地：＿＿＿＿＿＿

A. 充足

B. 较充足

C. 一般

D. 较少

E. 缺乏

（3）设施：_____

A. 充足

B. 较充足

C. 一般

D. 较少

E. 缺乏

（4）人员：_____

A. 充足

B. 较充足

C. 一般

D. 较少

E. 缺乏

（5）本级老科协的党组织建设情况如何（可多选）：_____

A. 设有总支部委员会

B. 设有支部委员会

C. 设有日常工作机构

D. 定期召开"三会一课"

E. 定期发展新党员

F. 有党员档案管理、活动组织等工作制度

（6）其他（请注明）：_____

5. 本级老科协中，老科技工作者目前已经发挥作用的程度如何：_____

A. 非常充分

B. 比较充分

C. 一般

D. 较不充分

E. 未发挥作用

6. 如何评价老科技工作者在以下方面所具有的作用或价值

（1）决策咨询：_____

A. 非常重要

B. 比较重要

C. 一般

D. 较不重要

E. 不重要

（2）科技创新：_____

A. 非常重要

B. 比较重要

C. 一般

D. 较不重要

E. 不重要

（3）科学普及：_____

A. 非常重要

B. 比较重要

C. 一般

D. 较不重要

E. 不重要

（4）推动科技为民服务：_____

A. 非常重要

B. 比较重要

C. 一般

D. 较不重要

E. 不重要

（5）人才培养与学风建设：_____

A. 非常重要

B. 比较重要

C. 一般

D. 较不重要

E. 不重要

7. 近两年，本级老科协主要组织老科技工作者从事过哪些活动（可多选，最多选五项）：_____

A. 参与建言献策

B. 为党政部门等提供科技咨询服务

C. 为企业提供咨询服务

D. 为高校等单位提供咨询服务

E. 教学或科学研究工作

F. 新技术、新产品等研发工作

G. 为科普场馆提供服务

H. 举办科普讲座或培训

I. 就科技问题接受媒体采访

J. 编著出版科普读物

K. 科技下乡

L. 技术推广

M. 医疗义诊服务

N. 兴办实体企业

O. 教育培训

P. 其他（请注明）：_____

8. 未来两年，本级老科协将计划组织老科技工作者开展哪些活动（可多选，最多选五项）：_____

A. 参与建言献策

B. 为党政部门等提供科技咨询服务

C. 为企业提供咨询服务

D. 为高校等单位提供咨询服务

E. 教学或科学研究工作

F. 新技术、新产品等研发工作

G. 为科普场馆提供服务

H. 举办科普讲座或培训

I. 就科技问题接受媒体采访

J. 编著出版科普读物

K. 科技下乡

L. 技术推广

M. 医疗义诊服务

N. 兴办实体企业

O. 教育培训

P. 其他（请注明）：_____

9. 近年来，地方党委和政府为本级老科协提供了哪些支持（可多选，最多选三项）：_____

A. 制定老科技工作者人才资源开发规划

B. 提供经费、场地、专兼职人员等

C. 出台鼓励老科技工作者发挥作用的相关法规政策

D. 建立老科技工作者人才资源开发工作联络机制和机构

E. 加强各级老科协组织建设

F. 发展老龄人才教育培训

G. 转移政府有关职能

H. 其他（请注明）：_____

10. 为了更好地发挥老科技工作者的作用，地方党委和政府还应为本级老科协提供哪些支持（可多选，最多选三项）：_____

A. 制定老科技工作者人才资源开发规划

B. 提供经费、场地、专兼职人员等

C. 出台鼓励老科技工作者发挥作用的相关法规政策

D. 建立老科技工作者人才资源开发工作联络机制和机构

E. 加强各级老科协组织建设

F. 发展老龄人才教育培训

G. 鼓励承接政府有关职能的转移

H. 加强宣传引导，提高知名度

I. 其他（请注明）：_____

11. 近年来，上级老科协组织为本级老科协提供了哪些支持（可多选，最多选三项）：_____

A. 提供学习培训机会

B. 给予工作指导

C. 提供政策咨询

D. 提供建言献策渠道

E. 组织同行交流

F. 共享专家资源与信息

G. 对先进典型进行表彰和宣传

H. 其他（请注明）：_____

12. 为了更好地发挥老年科技工作者的作用，上级老科协组织还应该为本级老科协提供哪些支持（可多选，最多选三项）：_____

A. 提供学习培训机会

B. 加强工作指导

C. 提供政策咨询

D. 提供建言献策渠道

E. 组织同行交流

F. 共享专家资源与信息

G. 加大对先进典型的表彰和宣传

H. 其他（请注明）：_____

13. 影响老科技工作者继续发挥作用的主要因素有（可多选，最多选三项）：_____

A. 本人没有意愿

B. 没有时间精力

C. 个人能力不足

D. 家庭不支持

E. 社会不认同

F. 缺乏经费支持

G. 缺乏渠道或组织平台

H. 缺乏用人信息

I. 缺乏激励机制

J. 缺乏支持性法规政策

K. 再工作的保障制度不完善

L. 其他（请注明）：_____

14. 本级老科协在推动老科技工作者发挥作用方面还应做的工作（可多选，最多选三项）：_____

A. 信息技术服务

B. 政策咨询服务

C. 拓展建言献策渠道

D. 再工作服务

E. 进修学习服务

F. 提供老科技工作者间的交流机会

G. 保障权益

H. 成果推介服务

I. 提供与社会各界交流的机会

J. 科普组织服务

K. 职称评定服务

L. 解决生活困难

M. 其他（请注明）：

15. 本级老科协在自身建设方面存在哪些问题（可多选，最多选三项）：

A. 党和政府不够重视

B. 经费不足

C. 编制不足

D. 缺少工作或活动场所

E. 组织体系不健全

F. 运行机制不规范

G. 会员吸纳滞后

H. 社会影响力有待提高

I. 其他（请注明）：_____

16. 对于加强老科协组织建设和推动老科技工作者人才资源开发，还有没有其他建议，请描述：_____

_____

_____

17. 您所在的老科协组织是：_____

您的联系电话是：_____

附录C 全国临近退休科技工作者状况调查问卷

尊敬的科技工作者：

您好！非常感谢您抽出宝贵时间填写这份调查问卷（以下简称"问卷"）。本问卷是中国科协战略研究院立项课题"全国老科技工作者作用发挥现状与人才资源开发研究"调研工作的一部分，旨在全面了解临近退休科技工作者基本情况和退休后继续发挥作用的意愿、设想及看法，探究老科技工作者人才资源开发的价值意义、存在的问题与障碍，为构建和完善老科技工作者人才资源开发的价值体系、组织体系、服务体系等提供基础和依据。

问卷采取不记名方式填答，所获信息仅用于整体统计性研究和对策研究，不会用于其他目的，我们将保证对您填写的各项信息保密。填写本问卷大约需要 20 分钟的时间，请点选答案前的选框（书面填写请将答案选项填写在下划线上）或在预留位置输入相关信息。请根据您的具体情况据实填写，勿有遗漏，并期望您积极为我们提出意见和建议！在此，课题组谨对您的真诚参与和积极支持表示衷心地感谢！

为帮助您顺利准确地填写问卷，请您阅读以下关于问卷中部分选项或术语的解释：

第一，政治面貌中的"无党派人士"是指在我国政治协商制度中，没有参加任何党派、对社会有积极贡献和一定影响的人士。

第二，"老科协"是老科技工作者协会的简称，是由退离休的老科技工作者和老科技工作者团体自愿结成，并依法登记成立的全国性、学术性、非营利性社会组织。中国老科协是中国老科技工作者的群众组织，是党和政府联系老科技工作者的桥梁和纽带，是中国科学技术协会的组成部分。

第三，问卷末"您所在的单位"是指您的工作单位，请按一级单位名称填写，如"XX 大学""XX 医院""XX 公司"等。

如果对本次调查有何问题，您可以随时联系我们。联系人：赵景雪、房茂涛　邮箱：sdslkx@sdslkx.net。

"全国老科技工作者作用发挥现状与人才资源开发研究"课题组

2020 年 6 月

1. 您的性别：＿＿＿＿＿＿

A.男

B.女

2. 您当前的年龄是：＿＿＿＿＿＿周岁

3. 您距离办理退休手续还有：＿＿＿＿＿＿

A. 1 年

B. 2 年

C. 3 年

D. 4 年

E. 5 年

4. 您的政治面貌是：＿＿＿＿＿＿

A. 群众

B. 中共党员

C. 民主党派

D. 无党派人士

5. 您的最高学历是：＿＿＿＿＿＿

A. 博士研究生

B. 硕士研究生

C. 大学本科

D. 大专

E. 高中/中专

F. 其他（请注明）：＿＿＿＿＿＿

6. 您所在的省份是：＿＿＿＿＿＿

7. 您当前所在的单位性质属于：_____

A. 事业单位

B. 国有（或国有控股）企业

C. 集体企业

D. 私企/民营企业

E. 外资企业

F. 港澳台资企业

G. 社会团体

H. 党政部门

I. 其他（请注明）：_____

8. 您当前的职业身份是：_____

A. 科学家/科学研究人员

B. 工程师/工程技术人员

C. 大学教师

D. 中专/技校教师

E. 中学教师

F. 医生/医务工作者

G. 技术推广人员

H. 科普工作者

I. 科研/教学辅助人员

J. 党委/行政管理干部

K. 其他（请注明）：_____

9. 您当前的行政级别是：_____

A. 无

B. 科级

C. 处级

D. 厅局级

E. 省部级

F. 其他（请注明）：_____

10. 您的专业技术职称是：_____

A. 无职称

B. 初级

C. 中级

D. 副高级

E. 正高级

11. 您是否有被评为特定层次的人才称号？_____

A. 是

B. 否

若是，请选择您被评的人才称号类型，具体内容如下：

（1）国家级人才（多选题）：_____

A. 中国科学院院士、中国工程院院士

B. "万人计划"入选者

C. 全国杰出专业技术人才

D. 国家有突出贡献的中青年专家

E. 享受国务院政府特殊津贴专家

F. 全国技术能手

G. 其他（请注明）：_____

（2）省级人才（请注明）：_____

12. 退休后，您是否愿意继续发挥作用、为社会做贡献？_____

A. 非常愿意

B. 比较愿意

C. 一般

D. 不太愿意

E. 不愿意

13. 退休后，您希望在哪一领域发挥作用？（可多选，最多选三项）：_____

A. 科技创新

B. 科技咨询

C. 政策咨询

D. 人才培养

E. 技术推广

F. 科学普及

G. 其他（请注明）：_____

14. 退休后，您希望通过哪种组织渠道发挥作用？（可多选，最多选三项）：_____

A. 个人自发组织

B. 社区组织

C. 原单位返聘

D. 人才市场或中介组织

E. 老科协及其他社团组织

F. 民办非企业单位

G. 其他（请注明）：_____

15. 就个人愿望而言，您希望退休后在以下哪些方面继续发挥您的作用？（可多选，最多选五项）：_____

A. 参与建言献策

B. 为党政部门等提供科技咨询服务

C. 为企业提供咨询服务

D. 为高校、科研单位提供咨询或服务

E. 教学或科学研究工作

F. 新技术、新产品、新服务研发工作

G. 为科普场馆提供服务

H. 举办科普讲座或培训

I. 就科技问题接受大众媒体采访

J. 编著出版科普读物

K. 科技下乡（利用专业知识为农村、农民服务）

L. 技术推广（为个人、组织推广技术，推动技术应用）

M. 医疗义诊服务

N. 兴办实体企业

O. 教育培训

P. 其他（请注明）：_____

16. 退休后，为了更好地发挥自身的作用，您最希望获得的支持有（可多选，最多选三项）：_____

A. 鼓励老科技工作者发挥作用的相关法规政策

B. 专门的管理机构或者协会

C. 及时提供准确的用人需求信息

D. 给予一定的劳动报酬或者奖励

E. 专门的科普、交流等活动经费

F. 能够申请使用科研基金、平台等政府提供的公共科研资源

G. 工作场所和硬件设施

H. 成果转化平台

I. 建言献策渠道

J. 职称评定渠道

K. 其他（请注明）：_____

17. 对于退休后继续发挥作用，您的主要顾虑有哪些？（可多选，最多选三项）：_____

A. 本人没有意愿

B. 没有时间精力

C. 个人能力不足

D. 家庭不支持

E. 社会不认同

F. 缺乏经费支持

G. 缺乏渠道或组织平台

H. 缺乏用人信息

I. 缺乏激励机制

J. 缺乏支持性法规政策

K. 再工作的保障制度不完善

L. 其他（请注明）：_____

18. 根据您的了解，您如何评价退休后老科技工作者在以下方面的作用

（1）决策咨询：_____

A. 非常重要

B. 比较重要

C. 一般

D. 较不重要

E. 不重要

（2）科技创新：_____

A. 非常重要

B. 比较重要

C. 一般

D. 较不重要

E. 不重要

（3）科学普及：_____

A. 非常重要

B. 比较重要

C. 一般

D. 较不重要

E. 不重要

（4）推动科技为民服务：_____

A. 非常重要

B. 比较重要

C. 一般

D. 较不重要

E. 不重要

（5）人才培养与学风建设：_____

A. 非常重要

B. 比较重要

C. 一般

D. 较不重要

E. 不重要

19. 您对老科协组织的了解程度如何：_____

A. 非常了解

B. 比较了解

C. 不太了解

D. 完全不了解

20. 据您所知，您所在的单位是否有老科协组织或其分支机构：_____

A. 是

B. 否

21. 退休后，您是否有加入老科协组织的意愿：_____

A. 是

B. 否

22. 临近退休，您是否有提前接触了解老科协组织的意愿：_____

A. 是

B. 否

23. 如果您有意愿，退休前，您希望老科协组织为您提供哪些方面的帮助和服务（可多选，最多选三项）：_____

A. 老科协入会引导

B. 退休手续办理服务

C. 政策咨询服务

D. 进修学习服务

E. 提供与专家交流的机会

F. 科普、培训等活动组织服务

G. 其他（请注明）：_____

24. 退休后，您希望老科协组织将来为您提供哪些方面的帮助或服务（可多选，最多选三项）：_____

A. 信息技术服务

B. 政策咨询服务

C. 再工作推荐服务

D. 进修学习服务

E. 解决生活困难

F. 提供老科技人员交流的机会

G. 提供与社会各界交流的机会

H. 向政府反映意见

I. 保障权益

J. 其他（请注明）：_____

25. 您对自己退休后的工作生活有没有较具体的规划或设想，请您描述：
_____
_____
_____

26. 您所在单位的名称是：_____

您的联系电话是：_____

后　　记

在中国老科协的精心指导下，在各级各类老科协组织和广大老科技工作者、临近退休科技工作者等的大力支持下，经山东省老科协、山东财经大学和中国科协创新战略研究院的通力合作，本书才得以顺利出版。

研究中，团队负责人张体勤教授设计规划了整体的研究方案，并对研究方向、政策导向和研究进度等进行总体把控；中国科协创新战略研究院创新评估所副所长张丽同志和山东省老科协秘书处主任王晶同志负责课题研究的协调工作；山东财经大学教师耿新、房茂涛、庄玉梅、李贞、薛靖等承担了课题的方案设计、数据分析、文字撰写等工作；中国科协创新战略研究院张艳欣同志、山东省老科协秘书处赵景雪同志负责沟通协调工作；山东省老科协秘书处王鹏、张晓薇和山东省中国特色社会主义理论体系研究中心杨洋等同志负责调研组织与数据收集等工作；王鹏、赵景雪同志同时还承担了对质性访谈资料的整理工作，山东财经大学人力资源管理专业的部分研究生参与了数据分析和整理工作。本书第一章总论由耿新负责撰写，第二章由李贞负责撰写，第三章由房茂涛和赵景雪负责撰写，第四章由庄玉梅负责撰写，第五章由耿新负责撰写，第六章由薛靖负责撰写。

中国科协老科技工作者专门委员会副主任、中国老科协常务副会长、中国科协原党组副书记、副主席齐让同志亲自主持研究专题讨论、专报评审等会议，中国科协创新战略研究院副院长赵立新同志亲自参加研究专报评审会议和课题结项评审会议，两位领导为研究设计、调研实施及报告修改完善等提出了许多指导性建议，并为本书的最终定稿提出了非常宝贵的修改指导意见。中国科协创新战略研究院和中国老科协秘书处有关同志多次就调研方案设计、研究报告撰写等问题与研究团队进行磋商沟通，并积极协调全国其他省份的老科协组织，为调查问卷的发放与回收、线上访谈的顺利开展提供了多方面的帮助。山东、河北、辽宁、上海、江苏、广东、湖南、四川、重庆、山西、陕西、福建等 17 个省份的老科协组织克服新冠肺炎疫情影响，积极认真地组织老科技工作者、临近退休科技工作者和老科协工作人员填写调查问卷，并提供了翔实的书面材料，帮助研究团队收集到大量一手数据资料；同时组织贡献突出的老科技工作者、经验丰富的老科协组织管理者以及临近退休的优秀科技工作者参加网络视频访谈，帮助研究团队形成了对 27 位典型人物的近 20 万字的质性调研资料。此外，2020 年 8 月底，山东省科协还为研究团队提供机会，帮助团队成员赴日照市对四位山东籍两院院士进行面对面访谈，使研究团队直接聆听到威望高、贡献大、影响力突出的两院院士的声音，也为研究团队丰富深化相关内容提供了重要启示。

在此，我们向为本书撰写过程中提供过支持和帮助的各级领导、专家学者等致以诚挚的谢意！

山东省老科学技术工作者协会
山东财经大学
中国科协创新战略研究院
2021 年 6 月